躬耕天下大事
體豐面福壽人生

庚子中秋雙飲同日　祖臨光於北京

U0349024

祖绍先特为本书所题：躬耕天下大事，体面福寿人生。

耕：泛指农业农事，"躬耕"一词引自《出师表》；体面：意指埃及"体面生活"目标。

體　美
面　美
生　與
活　共

丁鱗撰語

祖詒先書於庚子之秋

祖绍先特为作者所题：体面生活，美美与共。

祖绍先先生，1945年生，国家一级美术师，中国电影美术师，知名书画家，曾任北京电影制片厂副厂长。他曾为《红楼梦》《四世同堂》《骆驼祥子》《瓦尔特保卫萨拉热窝》《乾隆王朝》等数百部影视作品题名，其独有的隶书风格博采汉碑众长，与电影美术设计完美结合，对中国电影美术事业贡献突出。其作品曾与郭沫若、启功、周建人、张爱萍、赵朴初等艺术大师作品同堂展出并广为海内外收藏。现为中国电影美术学会会长、国家新闻出版广电总局美术家协会副主席、中国电影集团书画院院长、中国书法家协会会员、齐白石艺术研究会会员等。

体面生活，意指埃及"2030愿景"目标的具体倡议，由埃及总统塞西提出；美美与共，出自《费孝通论文化自觉》，指各个民族、各个国家的优秀文化互相包容、互相学习。原句为："各美其美，美人之美，美美与共，天下大同。"

文明互鉴

共襄復興

毛广淞先生特为本书题写：文明互鉴，共襄复兴。

毛广淞先生，1955年生，中国古鬵书法传承者和当代毛鬵书体创始人，中国书法家协会会员，中国书协书法培训中心教授，清华大学美术学院培训中心书画高研班毛鬵书艺研修班导师，中国国际友好联络会理事，俄罗斯世界书法博物馆艺术顾问。原武警总部大校警官。其书法作品曾被北京人民大会堂、驻港部队、中国国际广播电台等单位以及萨马兰奇、施瓦辛格、福田康夫，正大集团谢国民、前联大主席让平等国际友人广为收藏。2007年被评为"中国书法十大年度人物"。

2015年，毛广淞鬵体书法被中国国家版权局保护登记。2020年，北大方正字库毛广淞鬵体书法电脑字库全面上线。

文明：意指中国、埃及两大世界文明；复兴：意指中华民族伟大复兴目标以及埃及国家复兴目标。

法老终结者

和她的终极之河

——埃及农业概论

丁 麟◎著

中国农业科学技术出版社

图书在版编目（CIP）数据

法老终结者和她的终极之河：埃及农业概论 / 丁麟著. --北京：中国农业科学技术出版社，2021. 5

ISBN 978-7-5116-5298-0

Ⅰ.①法… Ⅱ.①丁… Ⅲ.①农业经济—概论—埃及 Ⅳ.①F341.1

中国版本图书馆 CIP 数据核字（2021）第 073447 号

责任编辑	白姗姗	
责任校对	马广洋	
责任印制	姜义伟　王思文	

出 版 者	中国农业科学技术出版社	
	北京市中关村南大街12号　邮编：100081	
电　　话	（010）82106638（编辑室）　（010）82109702（发行部）	
	（010）82109709（读者服务部）	
传　　真	（010）82106650	
网　　址	http: // www.castp.cn	
经 销 者	各地新华书店	
印 刷 者	北京建宏印刷有限公司	
开　　本	170 mm×240 mm　1/16	
印　　张	26.5	
字　　数	464千字	
版　　次	2021年5月第1版　2021年5月第1次印刷	
定　　价	168.00元	

"尼罗河，不仅仅是一条河，她还是一条战争之河，一条终极之河，一条文明共享之河。"

——谨以此书献给我的家庭

赠伟大的埃及人民

The Nile River is not just a river, but a river of war, and an ultimate river of shared civilization.

This book is dedicated to my family

And present to the great people of Egypt.

作者简介

丁麟，曾用名丁璘（Lin），男，1975年出生，祖籍河南省唐河县，成长于北京。副研究员，博士研究生，农业竞争情报专业。现任中国驻阿拉伯埃及共和国大使馆一等秘书，曾任中国常驻联合国粮农机构代表处一等秘书［世界粮食计划署（WFP）业务组组长、联合国粮农组织（FAO）业务组组长］。1998年参加工作，在中国农业科学院以及农业农村部先后从事农业信息研究、农业科技管理、农业政策研究、农业行政管理以及农业外事管理等工作。2017年6月荣获WFP常驻外交官"特别贡献"荣誉。著有《饥饿终结者和他的粮食王国——世界粮食计划署概述篇》——农业外交系列丛书之一。

作者联系方式：dinglin@caas.cn

Profile of the Author

Dr. DING LIN, THE FIRST SECRETARY OF the Chinese Embassy in Cairo, Egypt. The former first Secretary of the Chinese Permanent Representative Office to the Rome Based Agencies (RBAs) of United Nations for food and Agriculture in Rome, Italy. He served as team leader of World Food Programme (WFP) affairs, Food and Agriculture Organization (FAO) in China Mission to the RBAs. He is a Chinese author and researcher in agriculture. He was born in 1975 in Tanghe County, Henan Province, and grown up in Beijing, China. His major, begun in 1998, is about agricultural competitive intelligence. He received the "Certificate of Appreciation" for Chinese permanent representative to WFP on the annual session of WFP in 2017.

He is the author of "The Hunger Terminator with Its Food Kingdom-the past, presence and future of WFP" -from the agricultural diplomacy series.

Email: dinglin@caas.cn

序 一

　　欣闻这部展示埃及农业"前生今世"的著作完成，我深深地感受到了作者始终保持高昂的创作激情和坚定的农业情怀，在第二个驻外任期形成了系统化的创作势头，并完成了此书的创作。

　　该著作的创新之处在于，首先，首次以系统的形式将埃及的农业历史与文化以及当今埃及农业重要领域的最新动态、热点和矛盾以及未来发展趋势进行了集中的论述和分析，特别是各类农产品生产与贸易数据齐全，数据分析非常系统，这在目前的同类著作中较为少见，这也体现了作者在常驻意大利和埃及的任期中能够坚持自己的兴趣，对埃及农业进行密切跟踪和分析，这种在业余时间仍能够潜心钻研专业爱好的执着精神值得农业外交官参考和借鉴。其次，在前章对埃及农业历史及文化的叙述中，融合了文学艺术的描写形式，使得原先同类著作中较为零散的农业历史和文化的表述更加系统化，枯燥的数据和表格以及理论表述等因此变得更加生动有趣。第三，作者特别在附件中加入了年代对照表、农业机构、生产与贸易等集中了大量有价值的信息内容，这些信息都来自埃及权威媒体和专家之口，均为一手信息，这也展现了作者平时对信息收集工作的扎实程度。这些已被整理成体系化的大量数据，对于进一步开展中埃农业合作研究具有较高的采信度和价值。

　　期待作者有更好的作品继续问世。

梅方权

教授、博士生导师

国家食物与营养咨询委员会顾问，原常务副主任

联合国食物安全委员会前高级专家指导委员

中国农业现代化研究会名誉理事长

中国农业大学MBA教育中心名誉主任

亚洲农业信息技术联盟前主席

Foreword I

I AM DELIGHTED TO HEAR ABOUT THE COMPLETION OF THIS WORK showing the "Past, present and even the future" of Egyptian agriculture, and I could also receive the author's strong passion and feelings about agriculture that he has always maintained. That is why he formed a systematic creative momentum during his second tenure in Egypt which contributed to this exclusive agricultural monograph undoubtedly.

The innovation of this book is that for the first time it systematically discusses and analyzes Egypt's agricultural history and culture, as well as the latest developments, hot spots, contradictions, and future development trends in agriculture. The data as well as analysis for the production and trade of agricultural products in Egypt are very systematic and comprehensive, which is relatively rare in current country studies of agriculture. This also reflects the author's far sight view during his tenure in Italy and the ability to keep close track and analyze of Egypt agriculture during his tenure in Egypt. This kind of persistent spirit which always concentrates on exploring professional knowledge and takes it as a hobby even in his spare time, is worthy of reference and should followed by all agricultural diplomats nowdays. Secondly, in the previous chapter's narrative of Egyptian agricultural history and culture, literary and artistic descriptions were integrated, which made the relatively fragmented agricultural history and cultural expressions look more systematic, furthermore, the boring data, tables, and theoretical expressions were improved to be more lively and interesting to well fit for more type of readers. Thirdly, to help readers fully understand, the author especially added a collection of valuable information such as chronological tables, agricultural institutions, production and trade, etc. in the appendix. The great majority of information are first-hand from the authoritative media and experts in Egypt, which shows the author's solid ability in information collection. These large amounts of data have been integrated and became synergies in a considerable resource platform, which has highly acceptance and value for the further research of China-Egypt agricultural cooperation.

I hope that the author could continue to bring better works like this to more readers.

MEI Fangquan

Professor and Doctoral Supervisor

Former Executive Deputy Director and Consultant,

the National Food and Nutrition Advisory Committee, China

Former Senior Expert Steering Committee Member,

The Committee on World Food Security (CFS), FAO of the UN

Honorary Chairman of China Agricultural Modernization Research Association

Honorary Director of MBA Education Center of China Agricultural University

Former Chairman of Asian Agricultural Information Technology Alliance

序 二

很高兴看到这本内容系统丰富，同时紧扣时代发展的埃及农业专著问世，本书的亮点在于突破了传统专业学术类书籍的枯燥数据与表格，以一种文学化的语言和历史的观点，将埃及的农业特别是现代埃及农业领域的各个方面进行了系统论述。特别是该书在阐述埃及积极参与包括联合国粮食安全与可持续发展各组织系统在内的国际社区间的农业可持续发展合作，以及共同实现联合国可持续发展目标方面，进行了非常全面和系统的阐述，尤其是对调研重点的把控。体现了本人曾从事的联合国粮农多边外交事务的扎实功底，也反映了作者对粮农外交工作的热爱。此外，本书对埃及农业信息动态的详尽描述也充分体现了作者常年对埃及农业发展的细致观察和对信息的精心整理。

对作者结合农业外交官本职工作的同时又潜心研究获得的更多学术成果表示祝贺，期待更多的著作问世。

王韧

教授

联合国粮食与农业组织原助理总干事

国际农业研究磋商组织原秘书长

中国农业科学院原副院长

Foreword II

I AM VERY PLEASED TO SEE THE PUBLICATION OF THIS BOOK ON Egyptian agriculture, which closely follows the development of the times. The highlight of this book is that it breaks through the traditional expression of boring data and tables of some academic books, and uses a type of literature with literary language and historical perspective, systematically discusses all aspects of Egyptian agriculture, especially modern agriculture. This reflects the author's meticulous observation of Egyptian agriculture and the elaborate information organized over the years.

Congratulations to the author for the higher academic results obtained by combining his agricultural diplomat course while devoting himself to research.

Prof. WANG Ren

Former Assistant Director-General, Food and Agriculture Organization of the United Nations (FAO)

Former Secretary-General, Consultative Group for International Agricultural Research (CGIAR)

Former Vice-president, Chinese Academy of Agricultural Sciences (CAAS)

序 三

感觉作者的第一部全面介绍全球人道主义及粮安、发展国际大协作的专著——《饥饿终结者和他的粮食王国》很有意义。欣闻这第二部本应连续出版的"终结者"系列丛书在三年后才付梓，深深感受到作者对从事农业科技工作以及将农业科技运用到农业外交工作中的热情和特别坚定的信心。作为一名普通的科技工作者，同时也曾与作者在粮农外交领域共事，我感到十分欣慰并热烈祝贺。

面对百年未有之大变局时代，在我国开展大外交、参与大治理的时代，在深入理解和贯彻习近平外交思想的今天，需要这种敢于开拓和善于创新的钻研精神。科技是第一生产力，农业科技是第一生产力的核心。农业科技的国际协作与共同发展进步，不是哪一个国家的事情，也不是农业领域自己的事情，是全球可持续发展的基本要素之一，是构建全人类命运共同体的重要抓手。农业科技的意义就在于能够直接推动人民跨越地域、意识形态的"鸿沟"，实现"体面生活"，实现人类福祉。希望所有关心、热爱农业和农业科技的朋友，共同关注世界的农业，共同维护属于自己的美好的绿色家园。

闵庆文

研究员、博士生导师

中国科学院地理科学与资源研究所自然与文化遗产研究中心副主任

政协第十三届全国委员会农业和农村委员会委员

联合国粮农组织全球重要农业文化遗产科学咨询小组共同主席

东亚地区农业文化遗产研究会执行主席

农业农村部全球重要农业文化遗产专家委员会主任委员

中国生态学学会副理事长

Foreword III

I HAVE READ THE AUTHOR'S FIRST BOOK— "THE HUNGER terminator with his food kingdom", and feel it is very meaningful. I am glad to hear that the second one of the "terminator" series, which should have been published continuously, was released three years later. I deeply feel the author's enthusiasm with firm confidence in engaging in agricultural science and technology work and applying agricultural science and technology to agricultural diplomacy. As a friend of the author, I feel gratified and congratulate him for it.

In the era of great changes in the past hundred years as well as the era of major country diplomacy with Chinese characteristics, we need the spirit of pioneering and innovation in understanding and implementing Xi Jinping's diplomatic thoughts. Science and technology are the primary productive forces, and agriculture in science and technology lay in the core of the productive force. The international cooperation and common development and progress of agricultural science and technology are not the business of any country or the agricultural field itself. It is one of the basic elements of global sustainable development and an important starting point for building a community of shared destiny for all mankind. The significance of agricultural science and technology lies in directly promoting people to fill the "gap" between regions and ideologies, realize "decent life" as well as human well-being. I hope all friends who care about and love agriculture and agricultural science and technology should pay attention to the world's agriculture and jointly defense their own beloved green homeland.

MIN Qingwen

Research Fellow and Doctoral Supervisor

Deputy director of the Center for Natural and Cultural Heritage at the Institute of Geographic Sciences and Resources Research, Chinese Academy of Sciences

Member of the Agricultural and Rural Committee of the 13th CPPCC National Committee

Co-Chair of the Scientific Advisory Group of the Globally Important Agricultural Heritage Systems (GIAHS), Food and Agriculture Organization of the United Nations

Executive Chair of the East Asia Research Association for Agricultural Heritage Systems (ERAHS)

Chairman of the Expert Committee on GIAHS, Ministry of Agriculture and Rural Affairs, People's Republic of China

Vice president of the Ecological Society of China

自 序

　　本书完成之时，正是我在开罗的"蜗居"公寓——扎马莱克岛上默罕默德路的扎马莱克27号（Zamalek Residence 27）远眺旖旎的尼罗河（Nile River）上银光闪闪的三角帆徜徉碧波之际。无数个凌晨目睹着窗外凤凰花在开罗的迷雾中尽情绽放，无数个文字伴随着扑窗而来的清香跃然纸上。12月也是最后一个子夜，合上书稿，内心深处如同在罗马时我深爱着的伦敦路50号（Viale Londra 50）一样，只不过又多了一份在埃及疫情下"吾心安处，即吾家"[①]的生活阅历和"动静等观"[②]的情怀。

　　我在上一个任期撰写关于世界粮食计划署的专著时，想到了一个最适合的名字——"饥饿终结者"，这次常驻埃及，我再次发现"终结者"不但依旧适用，而且更加富有意义。因为世界文明的融合是时代潮流，任何人都无法阻挡，只要遵循"万物并育而不相害，道并行而不相悖"[③]这个道理，文明的更替就不会重复简单而粗暴的"终结"轮回，而是"终结"之后的"重生"和再次"复兴"。近现代的埃及对"法老"其实只是形式上的终结，"世界潮流，浩浩荡荡，顺之者昌，逆之者亡"[④]，就如同寓意着"轮回"的莲花形状的滚

---

① 苏轼，北宋，《定风波》。
② 佛教用语。
③ 《礼记·中庸》。即万物竞相生长，但是彼此之间并不妨害；日月运行、四时更替各有各的规律，相互之间并不冲突。《中庸》是中国古代论述人生修养境界的一部道德哲学专著，原属《礼记》第三十一篇，是儒家经典之一，相传为战国时期子思所作。其内容肯定"中庸"是道德行为的最高标准，把"诚"看成是世界的本体，认为"至诚"则达到人生的最高境界，并提出"博学之，审问之，慎思之，明辨之，笃行之"的学习过程和认识方法——摘自百度百科。
④ 孙中山，1916。

滚而下的尼罗河，在这条浩浩荡荡的文明共融的激荡潮流之中，这个"终结"却将意味着埃及人连同他们文明的"涅槃"与"重生"，乃至实现再次伟大的"复兴"。"万物得其本者生，百事得其道者成"①，埃及人民如亦遵循此道，则将意味着甚至也有机会、有能力再次实现民族伟大的复兴。

我这本书因此也无意中成了"终结者"系列丛书中的第二本。虽然在写作过程中无时无刻不感觉到研究和著述这条孤独之路的艰辛和迷惘，特别是2020年新冠疫情（COVID-19）在埃及的肆虐，在带给我考验和挑战的同时，也为我营造了一次在煎熬中与自己的内心充分对话的良机。每每看到努力搜集的那些看起来毫无关联的呆板的信息在无数个日日夜夜的积累和嬗变之中，逐渐构成了一幅"壮丽的画卷"，每每听到埃及好友的真挚问候，得到同事的真心帮助，我就知道我真的并不无为，真的并不孤单，真的并不迷惘。我无法用笔墨对所有给予过我帮助的朋友们的感激逐一描述，但我想我的潜意识将再次忠实地记录所有的感动瞬间，并会在特定的时刻进行回放。

埃及一直就是我梦寐以求的地方，在第一个意大利驻外任期，就曾经在罗马（Rome）的人民广场（Piazza del Popolo）和卡塔尼亚（Catania）的大象喷泉（Fontana dell'Elefante）仰望着利剑般刺破蔽月氤氲的方尖碑和镌刻在上面魔幻般的象形文字，沉醉其中久久不愿离去。也曾在都灵（Torino）与那个著名的埃及博物馆"失之交臂"，皆因粮农多边外交繁忙，4年甚至未曾领略那座仅次于埃及博物馆和大英博物馆的世界第三大埃及主题博物馆而抱憾至今，因而萌发了撰写埃及农业的想法。在意大利未曾撰写意大利农业，却写起了埃及农业，这可能在冥冥之中，将我的第二个任期居然就真的带到了埃及。踏上埃及的这片热土，诸多优秀前辈有关埃及农业的丰富研究加之埃及无处不在的农业"活情况"，成了本书的有益补充，亦加速了本书的完工，同时也使我在埃及的业余时间自此变得无比充实和紧张。

在本书撰写过程中，埃及的形势特别是农业发展也在不断变化。因此，本书即便完成，仍不能反映其最新动态。出书不是最终目的，虽然本书叙述的埃及农业历史及其变迁与本人所从事的中埃双边外交工作并不相关，仅仅是安心于这个"碎片化"的时代，置身于"碎片化"的疫情，珍惜着"碎片时间"，

① 西汉，刘向，《说苑·谈丛》。意：世间万物，只有保住根本才能生长；一切事情，只有符合道义才能成功。

并笃定"河海不择细流，故能就其深"①这个信仰，夙兴夜寐②般地在茫茫文海搜寻着前人的研究成果以及对埃及农业最新动态和成就进行"苦行"般持续不间断的积累、积累再积累。最终以著作的理想形式将埃及的农业历史与文化、现状与未来系统地展现在读者面前，为中埃战略合作伙伴的深化提供参考乃至有可能带来福音，最终更好地服务于中国的农业外交工作大局才是最终目的。本书由于收集整合了近几年埃及很多农业领域最新的生产、科研、经贸、合作信息，亦适合作为研究或教学参考资料。为保持学术思想的"多样性"，供读者拓展思路，文中引用的大量数据出自不同政府及民间权威机构、学术团体、智库及媒体，数据存在一定的不一致甚至矛盾之处，出现的观点也可能存在不一致乃至谬误，我想这正是学术探讨的魅力之所在，也是作为日后同行或埃及文化爱好者交流研讨的一个综合性平台的价值之所在。最后，文中出现的一些个人观点也并非准确客观，仅供参考。因个人能力及学识所限，书中仍然难免还会有很多其他错误，恳请更加专业的读者谅解。

"从前所受，皆为大略，一蹴而就于繁赜，毋乃不可！"③

这本在上个驻外任期以及回国的两年期间因多种原因未能付梓而"沉睡"的著作，不得不在这个任期内姗姗来迟，只是不可避免地"丰腴"了一些，更促成了这样一个奇妙的巧合。有了"终结者"系列丛书中的第二本，我很自然地会联想到，会不会"一蹴而就"般地出现"终结者"系列丛书中的第三本、第四本……又都会是谁的"终结者"和他的另外哪些更神奇的"瑰宝"或"挚爱"呢？

2020年12月31日

---

① 西汉司马迁《史记·李斯列传》。意：江河湖海不拒绝细小溪流的汇入，所以能成就它的深广。

② 出自《诗经·卫风·氓》："夙兴夜寐，靡有朝矣"，意思是指早起晚睡，形容非常勤奋。

③ "一蹴而就"取自：宋·苏洵《上田枢密书》："天下之学者，孰不欲一蹴而造圣人之域"。本句取自：清·吴趼人《痛史·原叙》。原文意为：从前所受的苦大部分都可以忽略，一步就达到复杂深奥，不是不可以。引申意为：实际上就是在告诉人们，不要做什么事都想一步登天。

Self Preface

WHEN THIS BOOK WAS COMPLETED, I WAS LOOKING OUTSIDE the window of my "Snail Residence" apartment in Zamalek Residence 27, Cairo, surmounting the charming Nile River. I could glance at the gleaming silver triangular boats wandering in the blue waves. During countless early mornings, it witnessed the flamboyant flowers bloom outside the window, through the foggy city of Cairo, and countless words leaped on the paper together with the gentle fragrance entering from the window. The last midnight of December, I closed the manuscript and I felt just like I did many years ago, in my beloved apartment in Rome "Viale Londra 50". Except for having accumulated a new life experience of being in Cairo during the pandemic, and having learned that "As long as my heart is calm here, it is my hometown" [1], the further is to keeping the feeling of "The beholding of all things as equal and immaterial" [2] in my heart under the attack of the pandemic in Egypt.

When I was writing a monograph about the WFP in my last tenure, I thought of a title such as— "Hunger Terminator". Now in Egypt, I once again found that the word "Terminator" is not only applicable but also meaningful. Because the integration of world civilizations is the trend of contemporary time, no one can stop it, but only follow the principle of "all things grow together but without harming each other, and all roads go parallel without contradiction." [3] By following this principle, then the replacement of civilizations throughout history, will never merely be interpreted according with repeated and crude "Termination" style

---

[1] SU Shi (1037AD-1101AD), Northern Song Dynasty "Ding Fengbo".

[2] Buddhist terms: The movement and static of things are equal and relative. Movement is static, and static is also dynamic. There is stillness in movement, and movement in stillness. Therefore, when observing things, you should observe the movement and stillness in equal measure.

[3] The Doctrine of the Mean, By Confucius Written ca. 500 B.C.E.

"End", but will become seen as "Rebirth" and "Resurrection" after the so called "Termination". "The tide of the world is vast and mighty, those who follow it will prosper and those who go against it will die" [1], just like the Nile River rolling down with the shape of a lotus flower, that implies "Resurrection". In the turbulent trend of this mighty civilization and communion, these "Terminations" will mean the "Resurrection" of the Egyptians and their civilization, and even the realization of another great "Renaissance". "All things live by what they are, and everything goes by the way it goes." [2] If the Egyptian people follow this principle, it will mean that they could have the opportunity and ability to realize a great national rejuvenation again.

This book thus became the second book in the "Terminator" series. Although I feel the hardships and confusion of this lonely road of research and writing by day and by night in the writing process, especially during the raging of COVID-19 pandemic in Egypt 2020, it has brought me tests and challenges, but also a good opportunity to have a full dialogue with my heart in the suffering. Every time I see the seemingly irrelevant and dull information that I have collected through hardship, in the accumulation and evolution of countless days and nights, gradually constitute a "magnificent picture", and every time I recieve the sincere greetings and the helps from my colleagues, I know that I am not doing nothing, I am not alone, and I am not confused. I can't use pen and ink to describe the gratitude of all the friends who have helped me one by one, but I think my subconscious will faithfully record all the moving moments again and replay them at specific moments.

Egypt has always been my dream place. During my first tenure in Italy and once in Piazza del Popolo in Rome and Fontana dell'elefante in Catania, I was fascinated by the magic hieroglyphs carved on the obelisk for a long time.I also "missed" the famous Egyptian museum in Turin. Due to the busy work of food and agriculture diplomacy, I couldn't even enjoy the world's third largest Egyptian-

---

[1] Sun Yat-sen (1866-1925), leader of the Republican Revolution and of the KMT, leader of China's modern democratic revolution.

[2] Shuo Yuan (Garden of Saying or anecdotes), LIU Xiang, Xi Han Dynasty.

themed museum after the Egyptian Museum and the British Museum and regret it so far, so the idea of writing about Egyptian agriculture sprouted. It's amazing that I began to write about Egyptian agriculture in Italy but not Italian agriculture. This may be the fate, which lead me to meet the second tenure to Egypt. Stepping into this hot land of Egypt, I found that the rich research of many outstanding predecessors on Egyptian agriculture, combined with the ubiquitous agricultural "first-hand vivid information" in Egypt has become a useful supplement to this book, speeding up its completion and enabling me to take advantage of my spare time which has become extremely fulfilling and meaningful.

During composition work, everything in Egypt, especially agriculture was constantly changing. Therefore, this book cannot reflect all the latest developments, even if it is completed. What I could do was just focus on my cherishing this "fragmented time" accompanied by this "fragmented pandemic" in a "fragmented era" , and affirming the belief that "Rivers, lakes and seas do not refuse the inflow of small streams, so they can achieve their depth and breadth at last" [1], thus, I tried the pilgrimage of writing. By doing so, the past, present and future of agriculture of Egypt are now being systematically presented to readers. Since this book collects and integrates the latest information on production, scientific research, economic, trade, and cooperation information in almost all the agricultural fields in Egypt in recent years, it is also suitable as a reference material or teaching reference for country studies. In order to maintain the "diversity" of academic thinking and allow readers to explore new ideas, the large amount of data cited in the article comes from multiple government and private authorities, academic groups, think tanks, and media as well. There are certain inconsistencies, contradictions and even errors in the data and the views that may appear also. I think this is the charm of academic discussion. Finally, some personal opinions appearing in the article may not be accurate and objective due to the limitations of personal ability and knowledge, there may be some more other errors

---

[1] 《Records of the Grand Historian.biography of LI Si》, SI Maqian (145BC-?) , the Western Han Dynasty.

in the book which I have not mentioned above. I am sure the professional readers will understand.

"Accomplishment at one stroke but must be under ascetic practice accumulation." [1]

With the termination of the second book, I would naturally think of whether the third and even fourth edition of the series will be released at "one stroke" and who will be the next "terminator" ?

Deny Lin

December 31, 2020

---

[1] Shangtian privy book, by SU Xun, Song Dynasty.In fact, The extended meaning is : it's telling people not to do everything in a single step.

前　言

　　正如本书的姊妹篇——《饥饿终结者和他的粮食王国——世界粮食计划署概述篇》所言，"即便是一己之力，你亦可有所作为"[①]。再伟大的事业，从来都是一点一滴积累而成。关键在于您是否愿意在平凡的生命中期待着一种"永世永生"的感觉。以一种"朝拜""苦行"般的信仰，去迎接这"涅槃"之后的辉煌。这就是本书的写作初衷，或者说是本人希望做出的一点点浅薄尝试。

　　埃及对于很多人来说是陌生但却充满神秘和好奇的地方。前往埃及旅行是很多人的多年梦想，但其中许多人可能没有产生过正确的期待，仅仅是满足一下自己的好奇心。对于那些能够亲手触摸埃及的人来说，除从世界历史课程中学到的有限知识之外，很难在短短旅途之中继续解读出这个神秘的国度曾经拥有和已经改变了世界的力量。我们今天的生活，多多少少甚至还残留着古埃及依稀的文明闪光。今天我在这里向您介绍的埃及的一些事情，就如同介绍我们自己的一些事情一样令人亲切和熟知，这就是埃及农业。

　　在人类文明正式登场之前，埃及已是个不折不扣的沙漠国度，然而巨大的尼罗河却赫然穿沙而过，在这片炙热的"烈火"之地奔腾咆哮了无数个世纪，没有发生任何变化，特别是自从奥格多德（Ogdoad）[②]诸神"盘古开天地"[③]

---

① David M Beasley，Executive Director of WFP，2017.
② 古埃及打破黑暗和混沌创世纪的神，同时诞生的还有Nun、Naunet、Hu、Haunet、Ku、Kauket、Amun Amaunet。其中Amun（阿蒙）神是所有人类的父亲。
③ 盘古，中国创世纪之神，诞生方式与埃及的神话描述极为相似。

般的神话到拉美西斯国王以至埃及艳后时代数千年以来，在有限的文献记载中，甚至这片土地也似乎从未改变过。但是却在沙漠腹地留下了令人惊骇的鲸鱼骨架和"游泳者洞穴"①，想想看这也是我们这个星球的一个奇迹。在这样一个充满着无数奇迹的地方，率先诞生了人类最绚烂的文明之一，也就丝毫不足为奇了。

埃及的一切似乎都吸引着每年蜂拥而至的游客，甚至2020年的新冠疫情也没有阻挡人们好奇的步伐。金字塔、神庙、陵墓和古代木乃伊令人充满遐想和为之疯狂。然而，最令人着迷的却应该是始终伴随着埃及反反复复的不断沉沦和复兴的国运而萦绕其中的神奇的农业。埃及的农业不仅改变了自身的命运，也改变了整个世界的格局。

时至今日，世界格局的不断变革，冲突和挑战的丛生，导致全球资源低效利用和生态环境日益恶化，已经成为制约全球粮食安全和各国农业自身可持续发展的重大问题。走注重资源节约、环境友好、生态稳定和产品优质安全的农业绿色发展的道路已经成为未来各国现代农业发展的必然选择。特别是新冠疫情又给这个世界带来了一场"百年未有之大变局"，对埃及而言，农业也将因此产生深远的影响，发生重大的变革。

埃及作为中东和北非地区地缘政治中心，也是传统农业大国，高度现代化和集成的农业解决方案或许能够从长远解决埃及当前最为忧虑的粮食安全、水资源短缺、气候变化等挑战和危机。面向未来，埃及发展现代绿色农业是推动其经济可持续发展的必由之路，埃及农业的发展是否具备生命力，是否有能力迎接下一次农业革命，是否能够真正实现塞西总统所承诺给所有埃及公民的"体面生活"？

想要回答以上问题，就需要对埃及农业的方方面面尽量获得一个系统和全面的数据分析。为尽量全面反映出埃及的农业发展全貌，在本概论中，将按照传统的撰写形式，即从历史有记载的记录至尽可能最新的农业发展动态，本书埃及主要农业数据的截止时间是2020年12月②。此外，为尽量生动反映出所有农产品的动态，在附录的农产品一览表中，未集中采用埃及中央统计局的统一

---

① 即"Cave of Swimmers"，撒哈拉沙漠Gilf Kebir山区的一个古代岩石艺术洞穴，位于埃及新河谷省与利比亚交界，大致出现在新石器时代（Neolithic）之前，也就是12 000年前，同期近东上古石器时代（Epipalaeolithic Near East）正式出现农业。

② 一些更新至2021年3月。

数据，而是采用埃及主流媒体及专业网站的最新发布，因此，数据会与埃及中央统计局的有关数据有出入。此外，在本书第二章有关农产品产量等数据中，列出了很多分月统计数据，这些数据也是采自埃及主流媒介的即时最新发布，为方便读者掌握有关最新和最真实的动态以及发展趋势，因此也结合一些最新的市场信息一并列出。

本书还有一个特点，就是在平日不断的积累过程中，形成了"概论"和"综论"的分类思想，即按照时间线的传统概论写作方式，以及不受限制的"自由式"撰写。概论的传统写作方式在意大利驻外期间就已经产生并开始创作，是对埃及既往农业历史的纯学术研究。如果进入到"综论"的写作过程中，就有可能涉及更多类型的调研工作内容，需要更多的积累之后的适当时机完成。这对同样有类似兴趣和创作背景的读者来说，也可能是一个"经验分享"。在意大利期间完成的《饥饿终结者和他的粮食王国——世界粮食计划署概述篇》，大约也应该有第二部"综论"，但是因时间原因作罢，成为暂时的遗憾。这种分类的思想在埃及概论的创作过程中，得到了更加充分的实践论证，因此更有可能完成。在长达4年的驻外过程中，对埃及农业的持续关注和信息整理，完全有可能尝试完成"综论"撰写，或者依照现有模式形成埃及的农业、农村和农民概论三部曲。

最后，这本书可作为研究人员和专业人士以及研究生的参考之用。不过，基于这本准专业论述的通俗特性，我相信书中丰富的最新资讯和经重新演绎的埃及农业历史也会激发所有关注埃及农业的人的兴趣，因为，"我能感受到埃及作为一个农业大国的力量"[1]。

您愿意期待这本综论的"诞生"吗？

---

[1] Noke Masaki，日本驻埃及大使，2020。

Preface

AS THE COMPANION CHAPTER OF THIS BOOK- "HUNGER TERMINATOR and His Food Kingdom-World Food Programme Overview" says, "Even by your own power, you can make a difference". [1] No matter how great a career is, it has always been accumulated bit by bit. The key lies in whether you are willing to look forward to a feeling of "eternal life". Holding a belief of devotion like the "pilgrim" or the "ascetic", endeavoring to reach the bliss of "Nirvana". This was my original intention, or that is to say the superficial attempt I tried to realize in writing this book.

Egypt is an unfamiliar place to many people, but full of mystery and curiosity. Traveling to Egypt is a long dream for many people, but most of them may not have the right expectations, just to fit their own curiosity. For those who have really touched Egypt with their own hands, apart from the limited knowledge learned from the world history courses, it is difficult to fully understand-in a short visit- the power that this mysterious country once possessed and has changed the world. In our lives today, there is still more or less a faint flash of civilization of ancient Egypt. Today, I am here to introduce you some aspects of Egypt, such aspects are familiar to us, as they are about Egyptian agriculture.

Before the "official debut" of human civilization on earth, the place where Egypt is located, had become a totally desert-siege-world. However, the grand Nile River pierced through the sand and has been roaring in this hot "fire" land for countless centuries without any change. Especially since Ogdoad[2], the gods "opened the earth and the sky to create the world" [3]. Thereafter, from the age of

---

[1] David M Beasley, Executive Director of WFP, 2017.
[2] Ancient Egyptian god who broke the dark and chaotic creations, and also Nun, Naunet, Hu, Haunet, Ku, Kauket, Amun Amaunet were born at the same time. The god Amun is the father of all human beings.
[3] The Chinese god of creation, born in a way that is very similar to the Egyptian mythological description.

King Ramses and even Cleopatra thousands of years ago, in the limited written reference, it seems to have never changed. However, it left an astonishing whale skeleton as well as the "Cave of Swimmers" [①] in the hinterland of the desert. Think about it, this is really a miracle of our planet. In such a place full of countless miracles, it is not surprising that one of the most splendid civilizations of mankind was first born here.

Everything in Egypt seems to attract tourists who flock here every year, even COVID-19 has not stopped people's curiosity. Pyramids, temples, tombs and ancient mummies instate people's reverie and even madness. However, the most fascinating thing should be the magical agriculture that has been always accompanied by Egypt's repeated decline and rejuvenation. Egypt's agriculture changed not only its own destiny, but also the pattern of the entire world.

Today, the continuous changes in the world structure and the proliferation of conflicts and challenges have led to the inefficient use of global resources and deterioration of ecological environment, which have now become a major issue, restricting global food security and sustainable development of agriculture in various countries. Taking the path of green development of agriculture, and focusing on resource conservation, environmental friendliness, ecological stability and product quality and safety have become inevitable choice for the development of modern agriculture, in all countries in the future. In particular, the COVID-19 pandemic has brought a "major change unseen in a century" to the world. It also brought profound impacts and major changes to Egyptian agriculture.

As the key country in the geopolitical center of the Middle East and North Africa, Egypt is also a traditional agricultural country. A highly modernized and integrated agricultural solution may help Egypt to solve its most worrying challenges and crises: such as food security, water shortage, and climate change on the long run. Facing the future, the development of modern green agriculture in Egypt is the

---

① An ancient rock art cave in the Gilf Kebir mountain area of the Sahara Desert, located at the border of Egypt's New River Valley Province and Libya. It appeared roughly in the Neolithic period (Neolithic), which is 12000 years ago, during the same period that agriculture officially appeared in the Epipalaeolithic Near East.

only way to promote sustainable development of its economy. Will the development of Egypt's agriculture maintain its vitality? Will it be able to well match the next agricultural revolution? Will this country truly be able to realize what President Sisi promised all Egyptian citizens: "A decent life"?

In order to answer the questions above, it's necessary to have a systematic and comprehensive data analysis on all aspects of Egyptian agriculture. In order to reflect the panorama of Egypt's agricultural development, this introduction on Egyptian agriculture will follow the traditional format, that is, from the historical records to the latest agricultural development trends as far as possible. The cut-off time of agricultural data in this book is December 2020. In addition, in order to reflect the dynamics of all agricultural products as vividly as possible, in the agricultural product list on the attached table, the unified data of the Central Bureau of Statistics of Egypt is not used centrally, as are the latest releases of Egypt's mainstream media and professional websites. Therefore, the data will be different from the relevant data of the Egyptian Central Bureau of Statistics. In addition, many monthly statistics are listed in the second chapter of this book on agricultural product output. These data are also collected from the mainstream media of Egypt. In order to facilitate readers understanding of the latest and real development trends, some latest market information have also been listed together with them for readers' information.

Another feature of this book is that in the process of daily information accumulation was carried out through the classification method of "summarization" and "comprehensive review", that is, the traditional writing method of introduction according to the time line, and the unrestricted "free style" writing. The first part of my writing began during my first tenure in Italy. Therefore, although at that time I was engaged in bilateral diplomatic affairs with Egypt, it did not involve my composition work. It is just a result of my pure academic interest in the agricultural history of Egypt. When I began writing the "comprehensive review", it may have involved some diplomatic affairs with Egypt, which still need to be completed at an appropriate time after the end of my tenure in Egypt. It may also be an "experience sharing" for readers with similar interests and writing background.

The "Hunger Terminator and His Kingdom of Food-An Overview of the World Food Program" completed in Italy should probably have had a second "comprehensive review", but it was a temporary regret to give it up due to time limitations. "In the process of writing the introduction of Egypt, the idea of classification has been more fully demonstrated in practice, so the two types of books are more likely to be completed one by one. During the four-year stay abroad, it will probably be possible to complete the "comprehensive review" by paying more attention to Egypt's agriculture and sorting out information.

This book is aimed at researchers and professionals, together with postgraduate students. However, based on the unique characteristic of popularity of this professional treatise, I still believe that all rich and up-to-date information and reinterpreted history in the book, would also stimulate advanced undergraduate students and those interested in the application of this knowledge of agriculture affairs in Egypt because "I could feel the power of Egypt as a great agricultural country" [1].

Are you willing to look forward to the "birth" of this review?

---

① Noke Masaki, Ambassdor of Japan to Egypt, 2020.

目　录

引 言

　　作为和中国一样拥有悠久历史的文明古国，埃及古老的农业生产及其灿烂的农业文化带给现代世界的不仅是来自壁画上令人震惊的视觉冲击，更是人类对未来农业可持续发展困局的深深思考。埃及同时也作为一个灾难深重的国家，其农业在数千年的漫长历史上经受了无数次冲击和考验，作为中东和北非地区的传统农业大国，当今埃及的农业发展面临资源环境约束和粮食安全双重压力：人多地少矛盾突出，实现粮食自给压力较大；水资源的日益短缺和权益之争以及过快的人口增长速度成为限制农业发展的主要因素；脆弱的疾病疫病防控体系给农业的可持续性发展带来了巨大的不可确定性。这些问题给埃及农业发展及粮食安全带来巨大挑战，迫切需要埃及居安思危，在现代绿色农业发展方面寻求出路。

　　在与灾难的不懈抗争过程中，埃及不断通过谋求合纵与创新策略，以开放的姿态吸收来自不同制度文化形态的优秀经验和宝贵资源，为己所用。坚持"非洲一体化"理念，大力推动沙漠农田开垦以及水资源开发与利用，通过设施农业、盐碱地农业、生物农业、灌溉农业等特色产业内挖潜力，带动农业整体提质增效，通过特色果蔬产业等外拓资源，大力推行多样化的农业发展战略。这些新思维、新手段为有效应对新冠疫情等突发危机，未来打破束缚其可持续发展的瓶颈和桎梏提供了多种解决方案。

　　埃及对农业合作的国际化之路同样也坚持"多元化"战略，与联合国粮农机构及相关国际组织、区域组织和重要国家、研究机构和公共私营部门等广泛开展多年的农业可持续发展合作，吸取了丰富的国际扶贫与发展经验，也吸引了广泛的援助力量和资源。

埃及未来农业现代化的出路只有建立在健康稳固的国内经济环境以及自由流动的国际贸易基础之上，并与周边及重要国家建立良性的农业产业互动与贸易循环，才能够将现代农业的最大红利分享给广大埃及人民。充分借鉴成功的发展中国家的经验，充分利用符合自身实际的国际区域性合作倡议，是埃及农业实现可持续发展的捷径。

中国与非洲的发展息息相关，与埃及的发展更是紧密相连，中埃间历经风雨的"好兄弟、好伙伴"的友谊是构建中非命运共同体的真实写照，中埃间"守望相助"的情谊是深化中非战略合作伙伴关系的坚固磐石。在当今中非共同构建国家命运共同体的最佳时期，在助推非洲新经济增长点全面开花之际，非洲的可持续发展却一次次经受接踵而至的各种灾难考验。2020年席卷全球的新冠肺炎不仅对非洲的发展造成了严重的冲击，也给中非战略合作带来了新的挑战和更大的机遇。

面对因灾难带来的各种危机的挑战，对于发展中国家特别是处于不断动荡的北非地区的埃及来说，首先寻找并推进一个适合的国家及地区治理模式以应对危机远远要比参与全球治理更具迫切性和实用性。不管采用哪种模式的国家治理，一个没有国家民族特色的农业体系甚至将影响这个国家的外交走向，不面向民生的农业可持续发展及粮食安全战略更难以帮助任何一个困境中的国家走出泥沼。

面对因挑战所产生的各种难得的机遇，对于有着极具特色和多样性农业体系的埃及来说，敢于创新勇于突破常规去实现自身诉求要比单纯的"民粹主义"更有意义。如能充分利用任何外来的机遇妥善地解决人口、水资源、土地等与可持续发展之间的矛盾，有效地缓解外来气候、环境、疫病、灾害等公共安全对粮食安全带来的冲击，那么共享共建将是推动机遇真正形成财富的唯一途径。

在全球旧有治理体系面对新时代各民族实现共同发展、全人类追求命运共同体的目标和要求下显得捉襟见肘的时候，大胆借助"一带一路""中非论坛""中阿论坛"等开放的多边机制公共平台，遵循非洲将在"以非洲人的方式，解决非洲人的问题"模式下，以全球科学治理模式，探索一条后灾害时期的有效合作机制，打开全球粮食安全和农业可持续发展危机与挑战的关键症结，解决资源的低效利用和日益恶化的生态环境，注重资源节约、环境友好、生态稳定和优质安全的绿色农业发展道路已成为未来一个国家发展现代农业的不二选择。

2020年对于非洲来说是充满希望的一个10年的开始，整个非洲大陆经济增长预计将继续超过其他地区，尽管将面临很多挑战，但是非洲有潜力实现所有可持续发展目标（SDGs）。非洲大陆国家将继续占据全球10个增长最快的经济体中的7个，埃及也将继续占据非洲经济增长最快的经济体之一。因为埃及预期在2022年6月底之前的经济增长率将达到5.1%，并且将会在接下来的2年加速增长到5.6%。毫无疑问，埃及已成为对非洲大陆经济增长贡献最大的国家之一。

埃及的农业现代化之路对埃及的民族复兴具有重大意义，在这种情况下，应高度关注中埃共同构建农业可持续发展的理念，积极推进将中国的成功治理模式与埃及"2030愿景"对接，共同参与全球公共危机预警和应对之中，将中国减灾经验变为国际经验，以共享、共商等绿色发展理念，助推中埃的农业共同进步之路，将两个最古老文明的血脉重新联结在一起，共同实现民族复兴之路。

对于来自世界上最大发展中国家中国的经验而言，实施"走出去"战略是中国农业可持续发展取得成功一个重要标志，农业"走出去"对人多地少、资源匮乏的中国意义重大，对于同样人多地少、资源短缺的埃及一样意义特殊。埃及必须走出尼罗河，埃及人必须再次跨越尼罗河，这条生命之河之所以伟大，是因为埃及曾经的伟大，埃及未来的复兴和伟大，绝不能仅仅依靠尼罗河，隐藏着"努比亚之水"的茫茫大沙海乃至浩瀚的撒哈拉实际上是埃及最大的"宝藏"。寻找埃及的未来，决不能够仅仅企盼于生命之河的再次伟大，应该放眼寻找埃及新的"生命之河"，埃及才能够实现真正的伟大。

新的生命之河在哪里？就在绿色农业。

埃及是"一带一路"倡议的重要战略合作伙伴。中国农业绿色发展的许多成熟技术和成果非常契合埃方需求，双方合作潜力巨大。加强中埃农业绿色发展相关合作，既可以支持埃及农业可持续发展，也可以将中埃农业科技合作的成功经验进行复制，使更多的国家受益。

非洲普遍落后但是潜力丰富的农业待开发资源，使其成为中国实施农业"走出去"战略的重要目标市场和"市场多元化"战略的重点地区。多数非洲国家对与中国进行农业合作有着强烈愿望，希望借此提高其粮食生产水平，缓解粮食危机，这为中非农业合作提供了良好的机遇。加之中非在农业领域具有很强的互补优势，农业科技领域的合作潜力巨大，合作的机会与空间广阔。

中国是农业大国，农业是基础产业和优势产业，改革开放40多年取得了举世瞩目的成就。中国的农业科技也取得了长足进步，装备水平明显提高，农业可持续发展势头强劲，部分农业科技水平已居世界领先地位：在实用农业技术领域如作物和畜牧生产、设施园艺、农业机械化、农村生物质能源、植物病虫害综合防治、农产品加工、食用菌栽培等拥有成熟技术和设备，特别是近年来在转基因抗虫棉新品种、高效生物防治、耐盐碱水稻、高产高抗小麦、烈性动物疫病防治、高效节水灌溉技术、人工智能农业、卫星遥感农业等高新农业技术领域产生了一大批成果，且在非洲地区推广具有经济、适用和易掌握的特点，非常适于广大非洲国家。此外，中国与非洲国家在化肥、农药、饲料、种质资源交换、农业信息技术等领域的合作潜力也非常巨大。

作为正值发展关键时期的埃及，如果能够更积极看待中埃之间的农业科技合作和技术、产品交流的意义，将毫无疑问会有效支持埃及农业的可持续发展，又可同时缓解双方各自的农业资源不足和市场狭小的双重压力，达到"双赢"乃至"多赢"的目的。

资源、粮食、灾难、合纵、创新、发展之争，同样也是历史之机遇，抓住这些机遇，埃及的"生命之河"必将脱胎成为一条"绿色之河"，焕发出新的生机。

Introduction

AS ONE OF THE EARLIEST CIVILIZATION IN THE WORLD LIKE China, what Egypt's splendid ancient agriculture as well as agricultural heritage contribute to the modern world is not only the stunning visual impact of the wall frescoes, but also the sustainable development of human agriculture in the future. As a disaster-ridden country, the agriculture of Egypt has withstood countless frustrations and tests in thousands years of long history. As a traditional agricultural country in the Middle East and North Africa, agriculture in Egypt today faces two important problems: resource and environmental limitations and food security challenges. The contradiction between more people and less land is prominent; the pressure to achieve food self-sufficiency is greater. Increasing shortage of water resources, disputes over rights and overly rapid population growth rate have become the main factors restricting agricultural development. In addition, the fragile disease prevention and control system has made sustainable development of agriculture more unfeasible. Continuous development has brought great uncertainty. These problems will inevitably bring huge challenges to Egypt's agricultural development and food security. Worthy to mention, Egypt urgently needs to be vigilant for danger in times of peace; aligning with the modern green agriculture is a choice second to none.

In its unremitting struggle against disasters, Egypt has been actively seeking, through vertical integration and innovative strategies, the best practices and valuable resources from different countries and cultures to adopt. Egypt has promoted the overall improvement of agricultural quality and efficiency, adhere to the ideal of "African integration" and tapped potential internally. This could be done throgh promoting the reclamation of desert farmland and the utilization of water resources, agriculture facilities, saline agriculture, biological agriculture, irrigation agriculture and other characteristic industries. The country has also expanded resources externally with fruit and vegetable industry and vigorously promoted diversified agricultural development strategies. These new methods and ideas will effectively break the constraints, the bottlenecks and shackles of sustainable development and provide a variety of solutions as well.

Egypt also adheres to the "diversification" strategy, in the internationalization of agricultural cooperation. It has carried out extensive cooperation on sustainable development, with UN Food and agriculture agencies, international organizations, regional organizations and important countries, research institutions and public and private sectors, for many years. It has drawn rich experience in international poverty alleviation and development and attracted a wide range of aid forces and resources.

Only on the basis of sound and stable domestic economic environment and free flow of international trade, the establishment of benign agricultural industry interaction and trade cycle with neighboring and important countries, can Egypt share the greatest dividend of modern agriculture with the Egyptian people. It is a shortcut for developing countries to win the success by fully utilizing their own experience in agricultural sustainable development.

China is closely interrelated with the development of Africa, especially to Egypt. The friendship for "good brothers and good partners" experienced by China and Egypt is a true portrayal for building a community of common destiny between China and Africa. Moreover the "stand together with mutual assistance" between China and Egypt is rock solid. Now is the best time for China and Africa to build a community of common destiny jointly. While boosting new economic growth points in Africa. Africa's sustainable development has been tested by various disasters one after another. The COVID-19 pandemic, which swept the world in 2020, has not only caused a serious impact on Africa's development, but also brought new challenges to Sino-African strategic cooperation. However, it comes as a new opportunity.

Facing the challenges of various crises brought about by disasters, it is far more urgent and practical for those developing countries in North Africa, especially Egypt, to find and promote a suitable national and regional governance model to deal with the crisis, rather than to merely participate in global governance. No matter which model of national governance is adopted, an agricultural system without national characteristics will undoubtedly encumber the diplomatic decisions of the country. More seriously, the strategy of sustainable agricultural development and food security unfocused on people's livelihood will never help those countries out of the mire if they are trapped.

"Every coin has its two sides". Facing all kinds of rare opportunities caused by the above mentioned challenges, it could be meaningful for Egypt because of its unique and diverse agricultural system, as well as the courage to break through a rigid mechanism and realize it's innovation. If Egyptians could make full use of external resources to properly solve the contradictions among population, water resources, land and sustainable development, and effectively alleviate the external impact, such as climate changes, environment deterioration, diseases, disasters and other public crisis like that of food security, then the golden principles of "Jointly built, Shared and win-win" would embrace them and help to pave the way to real wealthy destiny—that's how the "decent life" looks.

When the early model of global governance will not well match the "common development" and "common destiny" for all ethnic groups and even all mankind in the new era, the "Belt and Road" "China-Africa Forum" "China-Arab Forum" and other multilateral public platform, could be the exclusive way for "solving African problems in African way". They could explore an effective cooperation mechanism in the post-pandemic world with a global scientific governance model, and break the bottleneck of global food security and sustainable development of agriculture. The aim is to solve the inefficient use of resources and the deteriorating ecological environment, and achieve resource saving, environment-friendly, ecological stability, high-quality and safety of green agriculture development in the future.

2020 is the beginning of a promising decade for Africa, where the economic growth across the continent is expected to outpace that of other regions. Despite the challenges, Africa has the potential to achieve all the Sustainable Development Goals (SDGs). Countries in African continent will continue to occupy 7 of the world's 10 fastest growing economies, and Egypt will continue to be one of Africa's fastest growing economies. Because, Egypt's economic growth rate is expected to reach 5.1% in the fiscial year ending June 2022, and will accelerate by 5.5% in each of the next two years. Egypt has undoubtedly become one of the largest contributors to the continent's economic growth.

The road of agricultural modernization in Egypt is of great significance to the national rejuvenation of Egypt. In this case, China and Egypt should pay close attention to build a concept of sustainable agricultural development jointly, promote the docking of China's successful governance model with Egypt's "vision 2030" actively, participate in early warning and response of global public crisis, and turn China's disaster reduction experience into international experience. Sharing the concept of green development, promotes the common progress of agriculture in China and Egypt. It also reconnects the blood of the two oldest civilizations to realize the expectation of national rejuvenation jointly.

For the experience of China, the largest developing country in the world, the implementation of the "going out" strategy is an important symbol for the success of China's agricultural sustainable development. The agricultural "going out" strategy is of great significance to China where the problem of overpopulation and not enough arable land, is also of special significance to Egypt which is facing the same problem. Regarding this, Egypt must search beyond the Nile River, and Egyptians must leap further. The greatness of the Nile River is steemed from the greatness of the ancient Egyptian civilization, but the revival and the renaissance of Egypt cannot merely rely on the Nile River any more. The "great sand sea" hiding in "Nubian water" and even the vast Sahara are actually the biggest "treasure" that Egypt owns. While looking to the future of Egypt, we should not only look behind to the greatness of the "river of life" again, but also look forward to a new "rivers of life" in Egypt. Through these "elements of life" Egypt can catch its true greatness.

Where is the "river of life"? -Green Agriculture.

Egypt is an important partner of the "Belt and Road" initiative. Mature Chinese technologies and achievements of green agricultural meet the needs of Egypt, thus there is great potential for cooperation between the two sides. In order to strengthen the Sino-Egyptian cooperation on green agricultural development we should not only support the sustainable development of agriculture in Egypt, but also apply the successful experience of agricultural science and technology cooperation between China and Egypt, to benefit more countries.

Africa is generally undeveloped but has rich potential agricultural resources to be developed, which makes it an important target market for China to implement the "going out" strategy and a key area of "market diversification" strategy. Most African countries have a strong desire for agricultural cooperation with China, hoping to improve their food production level and alleviate the food crisis, which provides a good opportunity for China−Africa agricultural cooperation. In addition, China and Africa have strong complementary advantages in the field of agriculture, so there is a huge potential for cooperation in agricultural science and technology.

China is a large agricultural country, and agriculture is a basic and advantageous industry. The past 42 years of reform and opening policy witness the remarkable achievements of China. It has successfully utilized 10% of the world's arable land and ended hunger with the 21% of the world's population. China has also made great progress in agricultural science and technology, the equipment has been significantly improved, the momentum of agricultural sustainable development is strong, and some agricultural science and technology have ranked the world's leading position: in the practical of agricultural technology, such as crop and animal husbandry production, facility horticulture, agricultural mechanization, rural biomass energy, integrated control of plant diseases and insect pests, agricultural product processing, edible fungus cultivation etc. In recent years, a large number of achievements have been made in new transgenic insect resistant cotton varieties, efficient biological control, Saline-Alkaline Tolerant rice, high yield and high resistance wheat, severe animal disease control, high-efficiency water-saving irrigation technology, artificial intelligence agriculture, satellite remote sensing agriculture and other cutting edge agricultural techniques, which have the characteristics of affordable, applicable and easy to master in Africa. In addition, the potential for cooperation between China and African countries in the fields of chemical fertilizer, pesticide, feed, germplasm resources exchange and agricultural information technology is also great.

Egypt is in a critical period of development, if we can adopt a more positive perspective of the significance of the Sino-Egyptian agricultural, science and technology Cooperation. It will be undoubtely effectively support Egypt's agricultural sustainable development, and alleviate the dual pressure of the shortage of agricultural resources and the narrow market of both sides at the same time. The goal is to achieve of "Win-Win Cooperation" and even "Multi-Win Cooperation".

The disputes over resources, food, disaster, cooperation, innovation and development are also historic opportunities. Seizing these opportunities, the "river of life" in Egypt will be reborn and transform into a "Green River" to radiate new vitality.

第一章

资源之争

第一节　埃及农业的起源

众所周知，埃及是世界古文明发源地之一，古埃及文明又是围绕着尼罗河萌动和发展的，尼罗河是古埃及文明发展的基础。埃及古文明的演变史，同样也是一部鲜活的农业文明演进史。古埃及人依靠和利用尼罗河，创造了一个又一个的农业发展奇迹。

早在古埃及的文明萌动之时，也就是大约在公元前3500年，古埃及的首个真正意义上的王朝形成之时，农业就逐渐开始固化为一种社会形态，早在埃及第一王朝时期，埃及人就掌握了尼罗河的定期泛滥规律，学会并熟练应用各种水利设施和技术对两岸的农田进行自然灌溉。古埃及人非常有智慧，他们围绕着尼罗河而建的水利工程是古埃及传统文化和尼罗河文明的结合体。水利工程的建设大大提高了古埃及农业的发展速度，促进了古埃及社会经济发展。伴随着古埃及的31个王朝以及后续无数外族统治的更迭而不断得到进化、融合、补充与完善。特别是从公元前525年开始，波斯人在埃及先后统治了两个时期，共计130余年。被波斯征服期间，埃及的社会经济组织及农业生产发生了巨大的变化，这个时期见证了古埃及文明消亡链条上的起点，同时也见证了古埃及农业文明的又一次复兴（图1-1）。

图1-1 古埃及农业生产壁画

"我是波斯人，我来自波斯，我夺取了埃及"的大流士一世①为埃及的农业再次复兴做出了重要贡献。其在埃及西部沙漠哈里杰绿洲（Kharga Oasis）②引进新灌溉技术，在东部沙漠地区开通尼罗河至红海的运河，在一定程度上促进了埃及农业和贸易的发展，成为大流士统治埃及期间的最大政绩之一。虽然运河是大流士出于战略目的以及掠夺财富用途而建造，但是这条运河的开通实际上推动了埃及的农业走出小农，迈出了规模农业的一步，运河承载着埃及人迈入东部沙漠和红海沿岸谋求更好生计的梦想。

此外，这些来自波斯的"埃及法老"还将波斯普遍采用的一种称为"Qanat"③的农业灌溉技术引入埃及的沙漠绿洲地区，促进了埃及绿洲农业的发展。到了托勒密王朝时期（Ptolemaic Dynasty）④，法老们将埃及土地收归自己所有，加强水利建设，大力开发农田，最为成功的例子就是开发了法尤姆

---

① 大流士一世（Darius I，公元前550年—公元前486年），也被称为大流士大帝（Darius the Great），他是阿契美尼德王朝皇帝，埃及法老，以及薛西斯一世的父亲。他在埃及称法老期间，埃及农业极大改进。
② 亦作Kharga或el-Kharga，埃及西部沙漠中最大的绿洲，在埃及瓦迪杰迪德（al-Wadi al-Jadid）新河谷省。南北长320千米、东西宽48千米。发展的农业灌溉系统改良了土壤，适合种植椰枣、棉花、麦类、稻谷、橄榄、三叶草（饲料）、蔬菜、葡萄、柑橘等多种作物，也适合养殖耐旱杂交牛和家禽。
③ 或称坎儿井，一般认为兴于古伊朗（波斯）从山上引水至平原的暗渠工程坎尔孜（Karez），距今约3000年历史。2016年入选联合国教科文组织文化遗产目录。
④ 或称托勒密埃及王国，公元前305至公元前30年。是马其顿帝国君主亚历山大后，埃及总督托勒密一世所开创的一个王朝。托勒密王朝被公认是古埃及历史上最后一个王朝。

绿洲（Fayum Oasis）^①。这个位于开罗南部郊区以加龙湖（Qarun Lake）为核心的巨大绿洲既解决了军队的安置和军粮补给等问题，又发展出了具有埃及文化特征的绿洲农业经济社会。这种绿洲农业和中国古代自汉唐以来在新疆的军事屯田制度有类似的地方。这种以绿洲为核心的农业体系不仅缓解了尼罗河谷的人口压力，还促进了其他地区的农业经济发展，反过来也有效地使军队保持了可持续的战斗力，从而使埃及的法老们长期称霸地中海，保持着地中海粮仓的美誉。当然也为日后多个文明的接踵而至埋下了伏笔。

埃及的这种绿洲农业具有鲜明的干旱与洪涝交替的季节性特征，这些也使得埃及的农民在长期的农业经济生活中形成了极具规律性的活动。这种规律性的农业活动加上数千年来古罗马文明、波斯文明等多种文明的搅动和融合，也逐渐在埃及形成了多种文明共存的独具特色的沙漠绿洲农业。到了近代，随着上下埃及的统一完成，社会政治趋于稳定，经济体系不断完善，埃及的农业活动也逐渐多样化，特别是随着与欧洲、亚洲不断密切的贸易往来，埃及的农业多样性也进一步得到充分体现。埃及这种得天独厚的地理、气候、水文和土壤等条件驱使来自世界各地怀着"埃及情节"的探险家、投机者纷纷涌入，带来了大量先进的技术手段和理念，也不断融入埃及人的生活之中。随着近现代科学技术的不断发展，绿洲农业已经不能满足埃及人的更多生存和发展需求，更为先进的灌溉和生产技术使得更多的埃及人纷纷迁移聚集到尼罗河两岸居住，特别是更为集中在尼罗河三角洲一带。埃及近现代的农业随之慢慢建立了河谷三角洲以及绿洲混合的多元化的农业形态和生产体系。

埃及尼罗河三角洲的农业形态和世界各地的由冲积平原形成的农业体系很相似，主要依靠上游河水的定期泛滥带来的丰富养分发展以湿地为主的农业。众所周知，尼罗河的定期泛滥是造就尼罗河三角洲发达农业体系的最主要原因。但是如果仅仅利用河水本身的自然泛滥而进行漫灌式的农业生产，则很难完全满足不断聚集到这里的越来越多的人口对粮食的越来越大量需要。为了确保每年的收成，特别是王室的奢侈需求，古埃及人自第一王朝起，就开始兴修各种水利设施，包括较为原始的水库、堤坝等水利系统，以及特有的绿洲低地和盆地灌溉系统。到了近代，随着埃及最后一个王朝——法鲁克王朝（The

---

① 埃及法老第十二王朝的统治者首次利用沼泽地发展农业而形成，改变了法尤姆最初的农作物循环体系，一度成为罗马粮仓。法尤姆享有十分重要的战略地位，同时也是埃及最大的农业产区之一。

Faruk Dynasty）[1]的结束，共和制度下的埃及对现代化的绿洲农业寄予的期望越来越大。

随着埃及的农业体系日臻完善，另外一种农业体系——运河农业，也成了埃及农业体系多样化的一个重要支撑因素。毫无疑问，埃及是世界上第一个运用运河系统发展农业的国家，其在古埃及第十二王朝阿门奈姆哈特（Amenemhat Ⅲ）时期，也就是公元前1800年前后在开发法尤姆绿洲过程中开凿的尼罗河与绿洲之间的小运河要比中国隋炀帝时期开凿的隋唐大运河[2]早了2 000多年，而这段时期的中国还处在商朝刚刚建立的时期。埃及开凿的内陆绿洲与尼罗河及其支流的小运河，也就是通常所说的"法老运河"，是世界上有据可查的最早的运河。"法老运河"在使用过程中并不能满足古埃及人的需求，埃及的法老在之后继续开凿了举世闻名的连通地中海和红海的人工运河。大约在古埃及第二十七王朝大流士（Darius Ⅰ）时期，也就是第一个波斯王朝时期，公元前500年左右，古埃及人开凿了现在的苏伊士运河（Suez Canal）的雏形。这个时期，古罗马的共和国才刚刚建立。其实苏伊士运河的开凿历史甚至可以追溯至古埃及第十二王朝，即辛努塞尔特三世法老（Senusret Ⅲ，其名字即为"苏伊士"一词的来源）为了实现其"通往东方"的梦想而开凿。这个时期甚至要比前面提到的法尤姆绿洲"法老运河"还要早100多年。这项伟大的水利工程经历了1 500多年的尝试和等待，并在拉美西斯（Rameses）时代后期一度曾被废弃，但终于成功地连接了红海与地中海，实现了法老们的美好愿望。古埃及修建运河虽然历经风雨，却造就了埃及农业的多样性，从而最终推动埃及农业不断进步。

公元前350年前后，埃及第三十一王朝初期的史学家曼涅托（Manetho），将埃及第一王朝至其当时所在的埃及第三十一王朝，把埃及一共分为31个朝代，之后学术界将曼涅托之后的第三十二王朝即托勒密王朝重新列入，又有现代学者在此基础上将上古埃及朝代重新划分为33个王朝（含前王朝、第三十二王朝）及以下几个时期（表1-1），详细农业纪年对照表见附表1。

---

① 法鲁克家族王朝1805年在奥斯曼帝国统治下，自立为埃及总督。他的后裔中有10人曾统治过埃及，福阿德·法鲁克（1920—1965）是最后一任国王。
② 隋唐大运河，公元605年开凿，以洛阳为起点，经杭州，至北京，全长2 700千米。

表1-1　古埃及简明记录表

王朝		时间
古风时代（前）	0. 前王朝时期	（前王朝、第一王朝，公元前3300年至公元前3100年）
	1. 早王朝时期	（第一、第二王朝，公元前3100年至公元前2686年）
	2. 古王国时期	（第三至第六王朝，公元前2686年至公元前2181年）
古典时代（早）	3. 第一中间期	（第七至第十王朝，公元前2181年至公元前2040年）
	4. 中王国时期	（第十一至第十四王朝，公元前2040年至公元前1786年）
	5. 第二中间期	（第十五至第十七王朝，公元前1786年至公元前1567年）
	6. 新王国时期	（第十八至第二十王朝，公元前1567年至公元前1085年）
帝国时代（中）	7. 第三中间期	（第二十一至第二十五王朝，公元前1085年至公元前752年）
	8. 晚王国时期	（第二十五至第三十一王朝，公元前752年至公元前332年）
希腊化时代（晚）	9. 托勒密时期	（第三十一至第三十二王朝，公元前332年至公元前30年）
罗马统治时代（后）	10. 后埃及时期	（埃及行省，公元前30年至公元639年）

一、尼罗河河养农业

（一）尼罗河与埃及农业的关系

"Egypt is a gift of the Nile，and the Nile is a gift of Egypt."[1]

埃及是世界古文明发源地之一，她之所以能够孕育出地球上曾经最灿烂文明的国度，是由于地球上最伟大的河流——尼罗河。尼罗河这条非洲的"终极之河"全长6 853千米，流经东北非9个国家。据说发源于卢旺达的纽恩威国家公园（Nyungwe National Park）[2]，在这个"云腾致雨，结露为霜[3]"的"非洲

---

[1] 穆罕默德·穆尔西（Mohammed Morsi），埃及前总统。"埃及是尼罗河的礼物，尼罗河也是埃及的礼物。"
[2] 成立于2005年，坐落在卢旺达西南角，是非洲最大的保护山地雨林公园。雨林中的溪流向东汇入尼罗河成为尼罗河最远的源头，向西流向刚果河。公园丰富的地貌使这里成为动物多样性丰富的区域。
[3] 《千字文》，中国传统蒙学三大读物之一，南北朝时期编纂、一千个汉字组成的韵文，语句平白如话，易诵易记，并译有英文版、法文版、拉丁文版、意大利文版，是中国影响很大的儿童启蒙读物。

之肺",浸润世间万物的珍贵雨露无声无息地凝结为大地的汩汩细流,而这些纯净无瑕的涓涓细流又昼夜不息地汇聚在一起,沿着东非腹地的鲁文佐里山脉(Rwenzori Mountains)[1]形成的"湖链走廊"(Lake Kivu、Lake Edward、Lake Albert、Lake Kyoga),蜿蜒旖旎,海纳万水,最终实现"涅槃",满载着乌干达境内维多利亚湖(Lake Victoria,又名Victoria Nyanza)中的"彩色精灵"——慈鲷[2]的祝福,翻越过横亘在维多利亚—尼罗河(Victoria-Neil)上壮观的默奇森瀑布(Murchison falls)[3](图1-2)向北义无反顾地冲向了无比广袤的中非腹地大平原,开始了那令时间都为之凝固、令沿途生灵都为之震撼的无比壮丽的旅程。

图1-2　默奇森瀑布(Murchison falls)

无论是寒冷阴暗的悠远高原,还是危机四伏的荒蛮湿地,无论是碧波浩渺的大湖,还是野性飞扬的大草原,抑或是浩瀚无垠的大沙海,都无法阻止她一

---

[1] 乌干达和刚果(民)两国边界上的山脉,南北长约130千米,最大宽度50千米,位于爱德华湖和艾伯特湖之间。鲁文佐里国家公园位于乌干达西南部平原和鲁文佐里山南麓的丘陵上,面积1 978平方千米。

[2] 维多利亚湖慈鲷(Victoria Cichlid)多为红、黄、蓝、黑,以其鲜艳的外表闻名。其艳丽的色泽在群养方式下更能焕发神采。代表品种有太阳神、红背天使、红尾天使、翡翠天使、七彩天使、斑马天使、黄腹艾伯特等。如今在维多利亚湖慈鲷濒临灭绝。

[3] 即卡巴雷加瀑布(Kabarega falls),旧称"默奇森瀑布",以地质学家默奇森(Roderick Murchison)之名命名。距离维多利亚尼罗河汇入艾尔伯特湖(Lake Albert)处32千米,落差120米,整体瀑布分3级,第一级落差40米。

路的咆哮奔腾而下，这就是白尼罗河（White Nile）（图1-3）。随着发源于埃
塞俄比亚高原的青尼罗河（Blue Nile）在苏丹境内的加入，她将积聚在非洲雨
林和高原的精华和营养，毫无私心地撒播在了肥沃的尼罗河三角洲，毫无悬念
地滋养着从古至今埃及人的身心，给他们带来了勃勃生机和无尽的智慧。这
条世界上最长的跨越多个气候带的传奇河流，哺育着这里生生不息的人民的
同时，也造就了这里独特的农业历史和文化。埃及早期的农业就是尼罗河赋予
的农业。从古埃及神话的角度，尼罗河更是埃及生存和发展的象征以及世间
万物生灵的源泉。自古埃及人颂扬的神话中的尼罗河洪荒之神哈匹（Hapi）以
来，尼罗河一直是埃及身份的一个代名词，更是历代法老和普通劳动人的精神
支柱。

图1-3　南苏丹境内的白尼罗河

"神圣之风伴着音乐，吹过你黄金的琴弦，

在日落时分，拥抱了你，犹如拥抱每一片云；

你的翅膀上，闪烁着天际映射的斑斓。

你行过天穹，心喜欢悦；

你的清晨和黄昏之舟都遇上好风；

在你面前，玛特高举她决定命运的羽毛，

为你歌唱，

阿努的殿堂，

因你的伟名而喧嚣……①"

尼罗河两条最主要的支流青尼罗河和白尼罗河分别发源于东非埃塞俄比亚高原和中非雨林，青尼罗河虽然长度不及白尼罗河，但是其丰沛的径流量和可怖的冲击力几百万年来在东非高原造就了世界上最深、最长的壮观峡谷——东非大裂谷。青尼罗河沿着大裂谷一路咆哮而下，行进在埃及境内时，势头远远超过了白尼罗河，其数倍于白尼罗河的水量，向北流到苏丹首都喀土穆（Khartoum）附近时与白尼罗河交汇为一，正式被称为尼罗河。尼罗河向北穿过苏丹边界进入埃及的阿斯旺（Aswan）地区，再一路向北流经开罗后分成若干支流，分别注入地中海，以开罗（Cairo）、亚历山大港（Port Alexandria）和塞得港（Port Said）为顶点形成了著名的尼罗河三角洲。

埃及境内的尼罗河谷长达1 200千米，但宽度仅有16～50千米，往东西两侧纵深处就是荒蛮浩瀚的东部沙漠和利比亚大沙漠。由于多年的定期泛滥冲击，两侧平原留下了大量富含营养的黑色冲积沃土，非常适于耕种，尤以不断冲刷而形成的冲积扇中的土壤最为肥沃，这一地区可用于耕种的总面积大约为1.6万平方千米，而埃及95%以上的人口大都密集地居住在这里。

尼罗河是埃及最重要的水源来源，目前埃及总人口约为1.04亿人，埃及人口基本上都生活在尼罗河沿岸和尼罗河三角洲，尼罗河是埃及不折不扣的"母亲河""生命之河"。尼罗河对于沿岸地区的农业生产具有决定性意义，古埃及所孕育出的无比灿烂炫目的文明与大自然的馈赠——尼罗河是密不可分的。尼罗河不仅为沿岸农业生产提供了灌溉水源，涵养了地下水源，造就了沿岸稳定的宜居的生态环境，更重要的是带来了肥沃的土壤和源源不尽的生物多样性资源。在某种程度上，可以将尼罗河比作是中国的黄河。

尼罗河文化与黄河文化唯一的不同点就在于：尼罗河是一条终极之河。之所以称之为"终极之河"（Ultimate River），是因为所有因她兴于此的文明，都已为她所终结，或更为她所涅槃。

尼罗河河水每年的径流量随着气候和环境的变化也发生着巨大的变化，在每年9月丰水季的径流量可能是3月枯水季的40倍之多。尼罗河的旱季河水清澈

---

① 《亡灵书》，是古埃及的宗教诗文集，是祭司为死去的人作的经文。反映了古埃及人的宗教信仰、风俗习惯及征服自然的愿望，时称"白昼通行书"。通常写在纸草卷上放入墓中，被称为祭文，这些祭文在大约公元前3700年时已被广泛应用。在公元前1400年左右，这些祭文广泛用于民间，称之为亡灵书。

迷人，宝石蓝般的河水与蔚蓝的天空浑然一体，造就了埃及人对蓝色的迷恋与痴情。尼罗河的雨季则浑浊殷红，轰鸣而下，令人心悸。一旦暴发持续降雨，河水往往漫出河床，淹没两岸的庄稼和房屋，形成一片泽国。在每年7月初尼罗河上游地区连续的暴雨导致山洪迸发，超量的雨水无处倾泻，唯有顺着河道狂奔而下，导致水位暴涨，加之尼罗河中下游因地势原因有多处的较上游更显著的落差，因此形成了多处壮观的瀑布及峡谷，最显著的就是自苏丹喀土穆到埃及阿斯旺的1 400千米河段，是尼罗河落差最大的一段，落差近300米。著名的"尼罗河六瀑布"和一系列峡谷就集中在这一带。落差形成的重力效应，加之巨量的洪水，使得满盈的河水如脱缰的野马般能够轻而易举地冲垮古埃及原始和脆弱的河堤。到了9月，水位平均上涨8米左右，随着水位涨至极限并冲破堤岸，决堤的河水会在瞬间淹没所有能够抵达的低地，处处一片泽国。直到10月底，整个中北部非洲的雨季才算过去，尼罗河水才随之退去，一切又恢复往常。然而，大量富含营养的黑色淤泥却沉积在广大的洪涝地区，使得贯穿埃及的尼罗河流域成为世界上最肥沃的地区之一。

尼罗河的泛滥与洪水是埃及农业不断得以焕发青春的源泉。数十个世纪以来，如同我们古老的地球沿固定路径行进的海洋洋流一样，尼罗河形成的固有生态与环境系统推动着其在埃及境内绵延了1 000多千米的河谷地带定期发生泛滥与洪水。一代又一代古埃及人在与洪涝斗争的过程中，逐渐意识到洪涝的无可避免与农业丰收的必然联系。在不断地经过痛苦和挫折，在不懈地经历实践与总结，终于寻找并掌握有效的应对方式，接受并适应了"与洪水共存"的生活方式。

古埃及人对每年尼罗河洪水泛滥的最高水位的观察和记载似乎非常感兴趣和执着，他们很早就把有关记载雕刻在尼罗河祭器或神庙码头上。一个例子就是，古埃及人很早就发现尼罗河河水水位常年的平均高度为27英尺（1英尺≈0.305米），但是泛滥时期的水位高度却是不可预测的。有意思的是，如果河水的高度低于27英尺，这里很快就会出现饥荒，而且蝗灾还有可能随之暴发。在《圣经·出埃及记》曾将蝗灾列为埃及的十大灾难之一。然而如果河水的水位超过27英尺，则又会出现水灾。因此，古埃及人借此掌握了对尼罗河水位进行测量和监测的技术，在尼罗河的泛滥即将来临时都会对水位进行预测。在埃及境内沿着尼罗河分布的主要城市的河流主干线上，都设有非常古老的尼罗河水位标尺。现在在开罗的AL Manial岛的最南端，就矗立着一座古老的尼罗河水位标尺塔（Nilometer），这个标尺塔甚至因其制作精美而成了一个颇具人气的景点（图1-4）。

图1-4　尼罗河水位标尺塔（Nilometer）

另一个例子就是古埃及人对尼罗河沿岸土地的划分和治理。上文提及古埃及人在不断经历着尼罗河泛滥带来灾害的同时，他们也充分意识到这种周期性泛滥的河水造就了尼罗河沿岸非常多样性的土壤和地貌环境，这些为他们的农业生产带来了巨大的机遇。古埃及人很早就知道将尼罗河沿岸土地，根据其灌溉程度的不同，划分成不同的用途。尼罗河下游的三角洲地带是河水冲击和泛滥平原，这里是埃及最肥沃的土地，绝大多数农作物都是产自这里。得益于常年的泛滥和农民周而复始的轮作，尼罗河三角洲形成了极具养分的黑色沙壤土。在这里可以种植最好的水稻、小麦以及各种果树。而在远离三角洲平原顺着尼罗河溯游而上，就是较为复杂的沙漠、荒涂和一些绿洲组成的待垦地带。这里只要有足够的水源，随时就可以开发成肥沃的耕地，但是需要发达、科学的明渠灌溉网络或者充沛的地下水资源。继续溯游而上，就是埃及著名的黑白沙漠、大沙海和利比亚大沙漠，这里只有通过暗渠以及地下水才能发展农业生产。在那片面积广袤的沙漠中，最著名的就是图什卡盆地（Toshka Basin）以北如同珍珠项链般串在一起的五大绿洲①（图1-5）。

---

① 锡瓦绿洲（Siwa Oasis）、巴里斯绿洲（Baris Oasis）、哈里杰绿洲（Kharga Oasis）、拜哈里耶绿洲（Bahariya Oasis）和费拉菲拉绿洲（Farafra Oasis）。

图1-5 尼罗河沿岸

最后，需要提及的就是埃及在红海另一侧的西奈半岛。这个至今仍然荒蛮的令人充满无限遐想巨大半岛，中部高山耸立，丘陵连绵，处处是荒渺无人的狂野之地，和美国的大峡谷有着惊人相似的地貌特征，特别是著名的白色大峡谷（White Canyon）。这片主要由西奈山脉形成的半岛发展农业极其困难，只有北部平原和南部沿海的狭长地带可以发展相应的农业。

埃及人以这种固定方式应对按时到来的泛滥季节，埃及人的这种与危机共生存的"历史性格"，与埃及在新冠病毒（COVID-19）疫情下提出的"与疫病共存"的生活方式有异曲同工之处。古埃及人根据在尼罗河谷地播种粮食作物的季节规律，将一年分为三个季节，分别称之为夏卯"Shemu"（3—6月）、阿赫特"Akhet"（7—10月）和佩雷特"Peret"（11月至翌年2月）。尼罗河上游主要为热带草原性气候，在7—10月，降水会导致尼罗河下游洪水泛滥，无法从事农业生产活动。而11月至翌年2月，洪水消退后，肥沃的土壤出露，利于农耕。

在上述三个季节中，阿赫特"Akhet"被称作洪涝季，意思是从每年的7月开始一直持续到10月。在这段泛滥季里，尼罗河两岸的耕地悉数被淹没，农民不得不开挖各种灌溉水渠，将多余的河水引到未经灌溉的干旱土地上。这样一来，保障了对河水最大化地利用。尼罗河在泛滥季节过去以后的这段时期被称为佩雷特"Peret"，也就是农耕季。这个季节是埃及的冬季，一般是从当年11月开始一直持续到翌年的2月。埃及的农作物，特别是小麦等大宗农作物的播种时间一般就在3—4月，大约在7月收割。从3—7月的5个月里，埃及经历的这样一个较为干燥的季节，在古埃及时代被称为夏卯"Shemu"，也就是收割季[1]。总之，尼罗河一年一度的定期泛滥被埃及人称为"尼罗河的礼物"，如果没有泛滥的光顾，古埃及的农业就不会存在和发展，当然以农业作为赖以生存基础的古埃及也就会不复存在，可能早早就化作了西部大沙海（the Great Sand Sea）里的戈壁和荒漠。

尼罗河作为世界上最长的河流，其滚滚不息的河水为埃及芸芸众生和这里繁衍生息的生命带来了永恒的希望和对生命轮回的信仰。如果凝视尼罗河，以及在入海口附近的三角洲（图1-6），就会发现形状很像盛开的莲花，而古埃及时代的孟菲斯（Memphis）、底比斯（Thebes）等城市以及现在的开罗（Cairo）、亚历山大（Alexandria）、塞得（Said）、苏伊士（Suez）等城市就像是镶嵌其中或散落周边的洁白莲籽。在埃及的象形文字中，莲花即轮回和再生之意。这与来自东方佛教中的莲花寓意不谋而合，这也许成为人们对埃及文明起源和归宿津津乐道的一个原因吧。

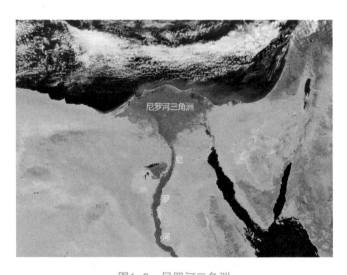

图1-6　尼罗河三角洲

---

① 埃及旅游管理局，2020。

面对如此暴虐但是又极其慷慨的尼罗河，古埃及人充分利用尼罗河定期泛滥的有利条件，年复一年地对其进行不懈的改造和辛勤的劳动。对于尼罗河水的治理来说，主要内容就是对各种大型水利与灌溉工程的兴修与维护。古埃及人通过排涝、引水上岸、兴修水库、筑坝开渠、明暗结合等手段，将尼罗河的水源利用发挥到了极致。此外，他们更是通过开凿运河，对尼罗河河养农业的规模实现了远程的扩充，极大地拓展了农业生产所涵盖的范围，提升了农业的附加值，甚至沟通了与东方和欧洲的农业贸易往来，尼罗河的恩赐在漫长的历史长河中不断演绎而真正成了一种"取之不竭"的恩赐。

在农业技术的使用方面，古埃及曾在漫长的数十代王朝时期显著影响了周边的民族，为人类的农业技术发展打下了坚实的基础。早在公元前3100年，古埃及即根据农耕实践的需要，发明了世界上最早的太阳历法。在古王国时期（公元前2686至公元前2181年），埃及的农业生产技术得到了快速发展。原始木犁、木耙及镰刀等农事工具的使用加速了尼罗河两岸灌溉农业的效率。古埃及人借此可以大范围地种植大麦、小麦、稗、亚麻和各种蔬菜水果。引种的葡萄和橄榄经过不断驯化和改良，也非常适宜在这片土地上生长，埃及的酿酒及油料产业逐渐发展起来。随着农事活动的增加，人力无法满足更繁重的农事劳动，人们对畜牧业的需求成倍增加。之后随着青铜器的开始应用，埃及出现了更为高效的农具，适于深耕的新型金属犁得到推广，极大地提高了农业生产效率。此外，由于在新王国（New Kingdom）之前普遍使用的水罐（Pitchers）灌溉效率很低，加之干旱季节农田对水源的需求很大，很快一种能大幅提高水渠灌溉效益的桔槔[1]，也就是古埃及的"沙朵夫"（Shadoof）[2]（图1-7），得到了广

图1-7　"沙朵夫"

---

[1] 桔槔（jié gāo），中国古代农书中的工具，杠杆的一种，用于取水灌溉。

[2] 当洪水在9月中旬开始退去时，农民们堵住运河储存水源，利用一种名叫做"沙朵夫"的机械灌溉装置，把水从运河里输送到农田中浇灌作物。

泛应用。到了新王国时期（公元前1570至公元前1085年），埃及的农业生产开始推行轮作制，土地的生产效率得到进一步的挖掘。

（二）古埃及农业的基本形态

在古埃及的农业形态方面，很多历史学家已有详细描述，本文仅根据需要进行整合并作综合概述。古埃及文明以农业为核心，在其农业形态方面，由于来自尼罗河丰沛的水源和营养，古埃及很早就已实现了自给自足的农耕社会，日常所需的所有食物都可以较轻松地通过农事活动获得。古埃及的农业主要包括种植业、牧业和渔业，其中最主要的种植业提供日常基本生存的粮食及蔬菜，主要可以分为谷物、经济作物和园艺作物。谷物主要种植在尼罗河沿岸经过泛滥形成的肥沃的河滩上，种类以大麦为主，其次是小麦，另外还有豆类，主要是鹰嘴豆、小扁豆、蚕豆等。古埃及人注重谷物，他们以这些谷物作为主食，大麦和小麦通常被用来制作面包和啤酒。古埃及人制作面包至少可以追溯至拉美西斯时代，那个时代就已经有了皇家专用的面包坊。与面包一样，啤酒也是古埃及人每天都会食用的主食，虽然制作工艺粗糙，口感不太好，但由于营养丰富，却是劳动者的首选（图1-8）。

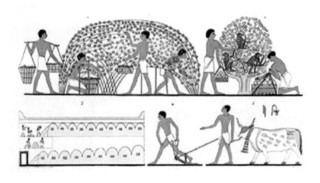

图1-8 壁画——有关采收无花果、粮仓和耕耘

经济作物主要包括可以用来织布和编织绳子的亚麻。尼罗河沿岸到处都生长着亚麻和纸草，因此古代埃及人很早便学会了使用亚麻作为原料进行纺织。而无处不在的纸草则被古埃及人开发成为制作鞋子、小船以及席子的原料。特别是埃及人使用纸草而发展出的"造纸术"成了古埃及文明最为神秘的技术之一。其著名的"莎草纸"比中国著名的"宣纸"要早数千年，虽然莎草纸在纸

张质量和书写手感等方面远不及制作精美、样式繁多的宣纸（图1-9）。

图1-9 壁画——有关播种、耕耘和收获莎草

在园艺作物方面，古埃及人主要种植的蔬菜有洋葱、韭菜、大蒜、萝卜、卷心菜、黄瓜和莴苣等。主要的水果品种有葡萄、无花果、石榴和椰枣等。在古埃及的王朝后期，由于与欧洲、波斯以及东方的交流密切，特别是自中东陆续引进了苹果、西瓜、橄榄、石榴、甜瓜等水果。在希腊的法老王时期出现了梨、桃子、樱桃和杏仁等。此外，由于花卉业的发达，埃及各类花卉种类繁多，因此古埃及的养蜂业也得到了长足的进步。埃及的妇女们普遍参与养蜂并采集蜂蜜，同时用这些蜂蜜制作各种甜点。因此，糖类食品的消费成为埃及人重要的日常生活食品。古埃及人还广泛种植葡萄用来酿酒。此外值得一提的是埃及的棉花，古埃及人凭借其丰富的经验和高超的种植技术，发展出了特有的棉花产业，时至今日，柔软亲肤、强韧耐用的埃及棉已成为其在国际市场上的知名产品。

在畜牧业方面，古埃及人日常家养的牲畜主要有牛、绵羊、山羊、驴、猪等。到后来随着多种文明的迁入，大约在公元前1600年，从亚洲引进了马和驴。此后埃及人的家畜群体中还陆续增加了骆驼、羚羊、瞪羚、大角野山羊等来自其他大洲的物种。公元前1400年之后由于埃及的气候变得更加干旱，人们的饮食习惯也随之变化，一些野生动物如野驴、野牛、羚羊、河马、鳄鱼、鸵鸟、水禽和各种鱼类数量减少，慢慢成为古埃及的皇室和贵族的"特供"品。尽管如此，他们在饮食方面依然和古罗马贵族一样奢靡。不过，确切地说应该是反过来，据传古罗马乃至之后法国皇室的一些"特有"的饮食习惯，如鹅肝，就是源自古埃及贵族的饮食习惯，在古埃及的壁画中就有古埃及人手擎鹅

颈进行"填鸭",以获得美味鹅肝的场景,以及和鸭子嬉戏的生动雕塑形象①
（图1-10）。

图1-10　雕塑——游泳的女人与鸭子形状的勺子

此外,他们还在尼罗河流域捕猎野猪甚至河马和各种各样的鱼,如鲶鱼、罗非鱼、鲈鱼等,其中,尼罗河鲈鱼（Lates niloticus, 别名African snook）②是尼罗河特有物种（图1-11）。在家禽方面,埃及人饲养鹅、鸭子、鸽子以及鹌鹑等多种禽类,甚至还饲养鸵鸟、鹭及

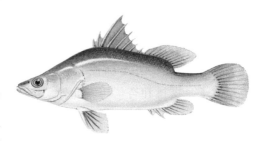

图1-11　尼罗河鲈鱼

鹰。公元前14世纪古代埃及人热衷饲养鸵鸟,但是很少食用,人们对其羽毛和蛋更感兴趣,羽毛常被做成奢华的扇子,而蛋常被做成容器。此外,出于对诸神的崇拜,在托密勒王朝时期古埃及人还将诸如神圣的朱鹭和猎鹰③作为精神象征而格外重视,例如法老哈夫拉王座雕像,他的背后就站立着代表荷鲁斯神的猎鹰像,古埃及人对鹰的崇拜直到罗马时期亦如此狂热。甚至今天埃及共和国国旗及国徽中就有一只鹰的形象。但是埃及人尤其喜爱饲养鸽子,野鸽和信

---

① 游泳的女人与鸭子形状的勺子,约新王国时期第十八朝（公元前1391年至公元前1337年）,从这件物品中可见古埃及人对家禽的熟悉和喜爱。
② 汤姆·多兰（Tom Dolan）为《大英百科全书》（Encyclopaedia Britannica）所绘制,由芝加哥自然历史博物馆（Chicago Natural History Museum）洛伦·P·伍兹监制（Loren P. Woods）。
③ 朱鹭的崇拜与月神托特（Thoth）有关,猎鹰的崇拜与太阳神荷鲁斯（Horus）有关,这两种鸟都有特殊的祭祀场所,并且经常同时祭祀。托特是古埃及神话中智慧之神,同时也是月亮、数学、医药之神,荷鲁斯则是法老的守护神,王权的象征,同时也是复仇之神。其荷鲁斯之眼（The Eye of Horus）广为人知。

鸽在托勒密王朝、罗马治下的埃及时期的大部分村庄广泛饲养。埃及人饲养动物的目的多种多样，有的是作为食物，有的是制成皮革，有的则是用来取奶，还有将畜禽的粪便进行收集，用作肥料。

在农业生产过程中使用的工具方面，古埃及人很早就学会了使用各种生产工具，特别是在材料更新方面，对农具的快速更新换代帮助他们很快提升了劳动效率，使得古埃及的农业生产效率长时间处于较高的水平。一般来说，古埃及人用于农业生产的农具主要有犁、镰刀、锄头、叉子、铲子等。他们使用木质的工具时间并不长，青铜制造的农具很快便替代了原有的笨拙的木质工具。这也帮助他们成倍地提高了工作效率。此外，他们也充分学会了使用牛、驴、羊等动物帮助他们进行各种耕作以及加工等劳动。

根据现有的研究文献，古埃及人经过多年的实践，结合当地独有的气候环境条件，在最重要的农产品——谷物的耕作过程中逐渐形成了自身独有的特点，根据埃及遗留在各地的陵墓壁画中以及残存文献中记载的有限的农事活动场景描写，基本可以概括为八个阶段。第一个阶段就是开犁，在最原始的阶段，也就是公元前2500年埃及第五王朝时期以前青铜犁还未出现的阶段，通常只能用木制的斧来犁地，或结合畜力进行劳作。由于劳动工具简陋，劳动效率极低。而且一般在耕种之前，古埃及的法老甚至还会第一个下田破土，主持"开犁"仪式，这有点像中国的古代帝王每年主持的"春耕大典"[①]。之后随着金属犁的广泛采用，播种变得简单和规范，随着劳动生产率的提升，谷物的产量也获得飞跃式的提升。第二个阶段是播种，很长一段时期采用的是人手工播种。播种是一项颇具挑战性的工作，古埃及的农民必须面对毁灭农田种子的各种动物，例如鸟类、河马、蝗虫、老鼠甚至流浪的牛。此外，为防止鸟啄食种子，他们还采用了很多办法掩埋种子或驱赶。为了吓跑鸟类，他们发明了稻草人，并保护农作物免受破坏，有利于收成。农民还与放牧人合作，把羊或者猪赶入撒好种子的田地，让它们将种子踩进土里。第三个阶段是谷物一旦成熟，农民便使用镰刀等工具进行收割。这个过程和现代收割过程基本类似。第四个阶段就是捆扎和运输，古埃及的农民一般将割下来的谷物全部进行捆扎，之后用驴等驮至干燥的地方进行保存，不过好在埃及处处不缺乏这样的地方。

---

① 皇帝春耕，被称之为"亲耕"。自中国周代，皇帝立春之日亲自耕地松土，以示重农劝稼，祈盼丰年。明清两代，到先农坛祭祀先农神并亲耕。《宛署杂记》记载，大明王朝的皇帝曾"圣驾躬耕籍田于地坛"。

第五个阶段就是对谷物的初步加工，也就是打谷脱粒，方法也较为原始，基本是靠人力或驴子等畜力进行较为粗放的碾磨，一些打谷的歌谣形象地描述了这种场景，这些歌谣的精彩之处不仅在于对农事活动场景的描写，更有劳动者丰富的感情色彩融入其中，颇有些中国古代《诗经》①里的《硕鼠》②描述农事活动的生动场景。其中《打谷人的歌谣》是这样唱的：

"给自己打谷，给自己打谷

哦，公牛啊，给自己打谷吧！

打下麦秸来好给自己当饲料，

谷子都要交给你们的主人家。

不要停下来啊，不要停下来，要晓得今天的天气正风凉③。"

由于加工粗糙，制作出来的面包含沙较多，相传这是导致古埃及人牙齿普遍不好的原因。至中王国时期，采用了牛等更多的畜力以及一些磨制工具，使谷物与谷壳得到更加彻底的分离。第六个阶段是再加工阶段，多半是由妇女们用木叉和扫帚等将谷壳和稻草进行进一步筛除和分离，使得谷物纯度更高。第七阶段就是最终的筛选，即用自制的筛子将剩下的谷壳和一些草籽及细小的砂石过滤掉。面包的制作得以由此变得更加细腻。最后第八个阶段就是成品的保存，古埃及人把经过多个流程加工好的谷物通过陶瓦罐等放置在干燥阴凉的地窖等处储藏起来以备烘焙和食用。

在埃及的农业经济体系中，农业土地税是一个重要的调节农业经济运行的杠杆。税收是国库的主要收入，更是法老王朝最主要的收入来源和维持其统治的主要工具。在古埃及30多个王朝的漫长时期，古埃及农民和埃及统治阶级形成了较为独特和稳定的关系，特别体现在农业经济体系之中。古埃及的农民和世界上其他地区的奴隶制、封建制的农民一样，除了既定的服务统治阶级的劳动以外，还有服从繁重徭役以及修建各种浩大公共工程的义务。

---

① 《诗经》，中国已知最古老的民间诗歌总集，写于公元前11世纪至公元前6世纪，对农民思想感情、生活习俗和自然现象有精彩的描述。农事活动描述见附件脚注。

② 《诗经·硕鼠》：硕鼠硕鼠，无食我黍！三岁贯女，莫我肯顾。逝将去女，适彼乐土。乐土乐土，爰得我所。硕鼠硕鼠，无食我麦！三岁贯女，莫我肯德。逝将去女，适彼乐国。乐国乐国，爰得我直。硕鼠硕鼠，无食我苗！三岁贯女，莫我肯劳。逝将去女，适彼乐郊。乐郊乐郊，谁之永号？

③ 《庄稼人的歌谣》《打谷人的歌谣》和《搬谷人的歌谣》是少数通过墓壁形式保留下来的古埃及劳动歌谣，据信是公元前16世纪十八王朝时期的作品。

古埃及由于先于世界其他地方实施了精确的土地测量与分配制度，因此古埃及的土地制度在很早就已经相当完善，古罗马的土地分配制度多多少少也参考古埃及的做法。古埃及的土地占有与分配形式主要有三种。第一种是农民的份地。也就是根据法老的意志，将不同的土地按份分给不同的农民长期拥有。份地的形式实际上就是土地私有化的雏形，份地在古埃及就成了私人财产，并且允许公开买卖。第二种是土地农庄。这种性质的土地规模一般较大，普通农民难以驾驭，权属也多归王室及贵族官僚拥有。他们通过奴隶与雇佣大量的破产农民为之耕种。此外还有法老因战功等原因分封给高级将领以及官僚的封赐土地，以及地方各级官吏分得的服役份地，这些均是以法老的名义赐予的，可以享受极其优惠的待遇以及世袭，但是还需向法老缴纳一定的贡赋。第三种是古埃及特有的土地形势，即埃及神庙农庄。这类土地约占古埃及全部可耕地的15%，形式与王室贵族的特权农庄相似，但可免交赋税。由于古埃及王朝期间，上下埃及的战争频繁，大量的战俘奴隶成了这种土地形式的最优质的人力资源，因此古埃及的神庙农业也因此一度兴盛。

然而，随着战争的演进和王朝频繁更迭，古埃及的农民越来越多地受多种统治阶级的压榨剥削，阶层分化日益复杂、矛盾日益激烈，一些成了小奴隶主，一些成了小资本者，但更多的农民成了依附富农和奴隶主的佃农，甚至破产失业，直接沦为统治阶层的债务奴隶。

后期王朝时代的古埃及（公元前1085至公元前525年）由于罗马帝国、波斯帝国的接踵而至，基本处于分裂和地方势力割据的散乱状态，国家实力衰弱不堪，已经没有作为一个统一的强大的国家应有的任何资本，其农业发展基本处于停滞状态，农业经济体系固化不再创新。

公元前8世纪埃及进入铁器时代，主要生产小麦、麻布及陶器，商品货币关系也有所发展。古埃及早期经济以集体为主，整个民族围绕大规模的国家工程运转，后期的王室农庄及神庙农庄把部分土地佃出，使农民的个体经济得以发展。但深刻的阶级分化与尖锐的阶级对立，使埃及终于无法摆脱衰弱，公元前525年被波斯征服。

对于古埃及农业体系的具体形态，很多早期来埃及探险的欧洲人多有提及。法国人弗里德里克·卡约（Frederic Cailliaud）①在19世纪他的Travels in the Oasis of Thebes（《底比斯绿洲游记》）等一系列埃及考察记录中有过详细和形象的描述。

（三）近代埃及农业的基本形态

近代埃及的农业主要是指拿破仑结束在埃及的短暂统治，自19世纪以来进入到在奥斯曼帝国占领埃及的时期，也就是法鲁克家族对埃及的11代王朝统治，以及埃及的民族英雄穆罕默德·阿里（Muhammad Ali）②发动的独立革命时期。

这段时期，埃及的农业得到了一定的恢复和发展。在奥斯曼帝国统治时期，埃及在农民中推行的是包税制，也就是先将土地收归国有，再通过一些固定的形式承包给奥斯曼帝国的贵族、军队和埃及的马穆鲁克人，再由这些掌握了大片土地的"特权"包税人将土地分租给农村，再由村长将已经高度分散的土地最终分给最底层的农民进行耕种。这种"层层转包"的土地给上层阶层带来的最直接好处就是高额的利润，而最终转嫁给农民的就是负担沉重的各种"苛捐杂税"。例如，每一位得到土地的农民每年最少需要上交两种税：总税和分包税，也就是国家层面的土地税（国税）和层层剥削的余额税（各承包人的税）。不同的分包税所有人可以将所征土地税的1/5上交国家，1/5交给地方政府，剩余的3/5归为己有，当然，如果可能的话，自己还可以获得更多。其他形形色色的苛捐杂税竟然多达70余种。很显然，如此多层级的税收是很难到达国家层面的，这也给不同层级的剥削者带来了极大的便利条件。在这种恶性循环下，税收无法到达国库，当然也就不能"取之于民用之于民"了。在这种情况下，埃及的农业经过一段时间的休养生息之后又不可避免地再次陷入下一次危机。

---

① 生于1787年，法国探险家和科学家，他在埃及取得了巨大成绩，出版了《麦罗埃及白尼罗河游记》（Travels to Meroë and the White Nile）、《上下埃及游记》（Travels in Upper and Lower Egypt）以及《埃及记述》（Description de l'Éypte）等知名著作。本小节图1-8选自他从本尼哈桑的阿蒙涅姆赫特和姆霍特普三世墓壁上临摹的有关采收无花果（注意树上的狒狒）、粮仓和耕耘的壁画。本小节图1-9选自他从吉萨、贝尼哈桑和卢克索的陵墓中临摹的有关播种、耕耘和收获莎草纸的壁画。
② 被苏丹任命为总督的穆罕默德·阿里（Muhammad Ali，1769—1849年，1805—1848年在位）在埃及取得了实际统治权后，在埃及实行了一个半世纪的阿里家族统治。

二、埃及的农业文化

（一）古埃及农业文化遗产

埃及农业长期的演变发展，是伴随着多达31个古埃及本土王朝的更迭及古希腊、波斯、古罗马、阿拉伯等多种文化的重新洗礼以及融合，形成了世界上独一无二的多样化农业文化特征。接踵而至的代表着不同文明精华的统治者，在不约而同欣然地接受将自己也称为法老的同时，很自然地带来了迥异的风俗习惯，特别是农业生产体系，伴随着数百年乃至上千年的统治，深深地融入了古埃及人的血液之中。例如古代波斯王朝统治阶级推崇的"农奴与农庄农业"体制、古罗马皇室喜爱的"园艺农庄式农业"文化以及后来不请自来的奥斯曼帝国统治埃及期间带来的"村社和部族"农业文化等。

由于古波斯人推崇农业，统治阶级鼓励人民从事农业劳动生产。他们在信仰中就将农业认为是宇宙最高之神阿胡拉·马兹达（Ahura Mazda）①所热爱的。因此古波斯人的重农轻商思想十分严重，在他们看来甚至"万般皆下品，唯有农民高"，农民的地位甚至要高过商人。古波斯为了发挥农业生产的优势，采取了集中管理方式，即将属于国家和贵族的大量土地集中由战俘农奴或者佃户进行耕种。不属于国家的私有土地则由那些拥有土地的自耕农结合在一起组成农庄。

统治古埃及的罗马帝国同样重视农业，农民甚至是组成"古罗马军团"的主体。历代王朝的古罗马人执着地热爱着、留恋着共和早期的农耕生活。他们认为：农兴则民安，农稳则国盛。到了罗马帝国的共和后期，罗马人为了维持其覆盖地中海沿岸疆域的巨大支出，以及罗马贵族阶层奢靡的消费，在新征服的埃及设置行省并大肆掠取粮食等农产品，特别是古埃及的法尤姆（Fayum）等"绿洲粮仓"。随着古罗马殖民阶层的生活日趋奢靡，埃及各地各种品类繁多的农场庄园应运而生，大量的养鸟场、养鸡场、养鱼池、狩猎场等极大地丰富了埃及各阶层的生活模式，深刻地改变了古埃及人的农业思想。

近代埃及在被奥斯曼帝国统治时期，受到了奥斯曼帝国典型的农本社会影响，导致埃及的小农经济一度成为主流农业形态。奥斯曼民族农民普遍采用的休耕和轮作技术的家庭传统耕作方式也被传入埃及，也造成了埃及近代农业生

---

① 古代波斯神话中善界的最高神。

产粗放管理、自给自足的保守、落后形态。由于伊斯兰教法规定农民不得放弃农田，且不得撂荒。另外也严禁农民未经允许进行迁徙或自由流动，农民必须完全依附于土地。因此近代埃及在奥斯曼帝国统治时期，农民被严格限制了人身自由，加之埃及近代各种纷争不断，来自后期崛起的英国势力渗透的影响，埃及农业因此长期处于停滞和缓慢发展之中，特别是奥斯曼帝国从印度引进了棉花，并在统治埃及时进行了推广还实行专卖制度。1840—1850年，埃及成为以棉花为主的单一作物生产国，埃及棉花开始登上历史舞台并大放异彩。然而随着帝国的崩溃，埃及取消了棉花专卖制，外国资本趁机进入并迅速控制了埃及优质棉花的出口贸易。

在上述多种农业文化的洗礼和融汇下，埃及的农业文化呈现出一种特有的多元化共存和发展的特点，并借助尼罗河巨大的包容性，在长期共存中还形成了一种"和谐"的发展模式。这种独特的农业社会形态反过来也明显地影响了埃及人特别是埃及农民的观念和思想。

古代埃及的社会形态是农业主导的社会，在生产力不发达和战争频发的时代，农业的发展决定着统治阶级和整个国家的生死存亡，农业生产与社会的方方面面都有着密切联系，农产品甚至在某些特定和战乱时期具备货币属性，因此绝大部分人所从事的工作都需要和农业生产发生密切的关联。由于古代的埃及已经建立起了完备的农业体系，农业生产与流通对于古代埃及来说不仅是皇室、贵族和奴隶主统治全职农民、佃户、农奴、奴隶等的具体手段，更是充满社会性的经济活动。统治阶层和那些食利阶层通过对农业经济活动的密切掌控，不仅强化了阶层的特权，更为他们谋求在其他领域更多的资源创造了便利条件。埃及的广大底层农民不仅要完成日常繁重的生产劳动，还要根据统治阶层的喜好和利益完成农业生产以外的工作，例如屯田垦荒、开掘运河、大兴土木、扩充军备等属于强迫的劳役。

埃及特有的生态环境也造就了埃及独特的农业生产与生活环境。埃及具有显著的沙漠生态与绿洲生态相结合的特点，加上异域特别是伊斯兰文化的影响，埃及在很早就形成了独特的"花园农业及休闲文化"。最早的农场休闲花园早在公元前2200年左右就存在了。那些环境优美、浪漫优雅的花园和近在咫尺的荒蛮沙漠形成了独特对比。法老和皇室及贵族都在这些鲜花、芳草、曲径、鱼池、亭台组成的花园中休闲或进行神圣的宗教活动。统治阶级如此，富农和其他阶层也都多多少少受到了这种农业文化的影响，家庭、农庄、领地、采邑等具备条件的地方都充分展现了埃及独特的多元农业文化。

今天，农业依旧是埃及社会不可或缺的重要组成部分。埃及人仍然深深地相信慷慨的尼罗河是他们永远"取之不尽用之不竭"财富的源泉。埃及在农业领域取得和积累的财富，远远超过了其他行业所能带来的财富。埃及古老而多样化的农业历史文化是他们宝贵的精神财富和引以为豪的荣誉。他们在农业领域勇敢的开拓精神和包容意识毫无疑问地将继续鼓舞现代乃至未来的埃及人不断探索。

（二）埃及农业文化遗产

"绿洲农业"是埃及最著名的农业文化遗产项目之一。其极具特色的绿洲农业是埃及农民长期积极改造农业并成功建立起适应恶劣气候条件的农业体系的最成功经验之一。这种以枣椰农业和橄榄树、苜蓿等农作物种植进行完美结合，配合节水灌溉技术，最大化满足当地人需求的农业体系，充分展示了绿洲农业的发展潜力，其中"锡瓦绿洲"是埃及最具代表性的绿洲农业之一。此外，"法尤姆盆地"（Fayum Basin）、"盖塔拉洼地"（Qattara Depression）等低地以及著名的大沙海"五大绿洲"链组成了埃及独特的绿洲农业。

1.锡瓦绿洲

锡瓦绿洲（Siwa oasis）是位于开罗以西的浩瀚西部沙漠中的一个规模较大的洼地绿洲，海拔-20米，面积1 050平方千米，耕地2.3万费丹（Fedan）[①]，其中椰枣和橄榄的种植面积占93%，居民仅2万余人。作为一个传统农业产区，锡瓦绿洲是埃及独特的椰枣等耐旱作物的最大产地之一。

锡瓦地区的地下水资源蕴藏量丰富，但是水源盐碱程度较高，因此这一带遍布大大小小的温泉达200多眼。锡瓦人经过长期的选择和培育，在当地成功驯化并种植了适应当地土壤和水源条件的各种植物、果蔬和粮食作物。由于地处沙漠腹地，发展工业的可能性微乎其微，因此农业一直是锡瓦最主要的经济活动，也是锡瓦农民生计的基础。目前，在锡瓦种植有近30万株椰枣树，椰枣年产量大约2.5万吨，约占埃及全部椰枣产量的2%。锡瓦地区还种植着近10万株橄榄树，年产量与椰枣相当，大约为2.75万吨。此外，还有小麦、大麦和粟等谷物种植，锡瓦大约有46种可以种植的农作物。在畜牧业方面，主要产出绵

---

① 1费丹≈0.42公顷，余同。

羊、山羊和鸡等。

在蔬菜水果生产方面，锡瓦地区生产多种蔬菜、水果和一些药用植物。主要是柠檬、无花果、桃、杏、葡萄、番茄、黄瓜等蔬菜和水果，此外还盛产一些特殊的药用和香料植物，例如莫卢基亚（Molukia，拉丁名*Corchorus olitorius*，长蒴黄麻）[①]、锡瓦留兰香（Siwa spearmint，拉丁名*Mentha spicata*，又称绿薄荷）和卡尔卡德（karkade，拉丁名*Hibiscus sabdariffa*，又名玫瑰茄）[②]。这些极具特色的经济作物为促进锡瓦的农业可持续发展和农民增收、就业提供了良好保障。

锡瓦地区的另一个著名的特点就是其生物多样性和独特的生态功能。锡瓦的绿洲是全球重要的植物遗传资源原生地储存库，特别是已经适应了当地独特环境且具有典型地域特色的椰枣、橄榄和相关次生作物因绿洲环境生长而形成的高品质作物而广为人知。由于椰枣的高营养特性，在维持当地农民的生计和营养改善等方面发挥着重要作用。在动物多样性方面，锡瓦堪称绿洲的"生物乐园"，小小的绿洲中生活着至少2种两栖动物、28种哺乳动物、32种爬行动物、52种昆虫、92种土壤生物和各种鸟类。在上述这些物种中，有一些物种在锡瓦地区是独特的。

锡瓦绿洲农业主要以密集种植的椰枣为主，根据不同的地域环境和水肥特点，辅以水果、蔬菜、饲料作物和谷类等作物相互套种。锡瓦农业是一种立体的多层农业结构布局，椰枣在最高层级，水果等位于中间高度，其他离地面1米左右的低矮农作物位于最低层级。这种多层农业种植体系在田间形成了独特的微气候循环，有助于不同的作物在生长过程中"各取所需"。多年的农业实践，也使得锡瓦地区的农民形成了一整套科学的种植技术手段（图1-12）。

在锡瓦农业的发展中不断造就的独特的社会与文化价值体系方面，其长期与世隔绝而发展出一种独特的农业文化遗产。这种文化遗产在其各种农业生产模式和令人赏心悦目的农产品中得到了淋漓尽致的体现，尽管其中一些因为历史的原因已经消失了，但大部分依然保存完好。例如，锡瓦出产各种精美的棕榈叶编织和装饰的制品以及可以追溯到托勒密王朝时期的一些传统农艺产品和手工艺品。

---

① Mulukhiyah或mulukhiyyah是Corchorus olitorius的叶子，通常被称为犹太锦葵、麻黄麻，被用作蔬菜。在中东、东非和北非国家中很流行——维基百科。

② 又称芙蓉茶，是埃及乃至邻国苏丹的一种流行饮料，大多数东非人将其简称为苏丹茶。

图1-12　锡瓦绿洲卫星地图（左）和种植区分布（右）

（资料来源：Google earth，Salah Abdelwahab El-Sayed，2017）

除锡瓦地区独特的自然景观外，其特殊的农业灌溉系统值得关注。锡瓦绿洲下面的蓄水层中水含量很丰富，通过科学的钻探打井，可以非常便捷地开展大规模生产。锡瓦地区周边就是著名的大沙海（Great Sand Sea），然而这些沙海并非"死亡之地"，与绿洲接壤的戈壁与荒漠只要开发出适量的水源，就能够开垦出具有较高肥力的耕地。埃及其他遍布在西部沙漠中的大大小小的绿洲同样都具备开垦的潜力。锡瓦农业注重对水资源的最大化利用，其常见的灌溉方式是在大小不等的盆地中进行传统的地面重力灌溉。这种方法直接而简单，水源浸出简易快速，同时具有低能耗和低资金需求的特点。

2. 法尤姆盆地

法尤姆盆地（Fayum Basin）位于开罗以南88千米，是埃及中部萨卡拉行省（Saqqara）以南的一片巨大洼地，著名的萨卡拉金字塔[①]坐落在附近。法尤姆盆地是尼罗河谷的径流形成的一片独特的巨大洼地，低于海平面45米，位于尼罗河西岸，面积约1 827平方千米。形成于大约7万年前的河水泛滥，同时也形成了旁边面积达1 000多平方千米的加龙湖（Lake Garun）。在功能上它介于尼罗河流域灌溉区和沙漠绿洲之间，尼罗河的一条主要河道——巴哈尔·尤素福运河（Bahr Yussef）提供了绿洲的灌溉，其他众多支流和水渠将这里分割成

---

① 即左塞尔金字塔（Djoser Pyramid），又称阶梯金字塔（Step pyramid），或为埃及第一座金字塔，第三王朝法老左塞尔（Djoser）陵墓，或公元前2667至公元前2648年建造，被认为是最早的由方石组成的大型建筑。

无数块小绿洲，为法尤姆盆地的农耕提供了丰富的水源和营养。

公元前4000年，古埃及挖掘出尤素福运河，把尼罗河水引入这一区域，因水源充沛可进行各种农作物种植和畜禽养殖，被认为是世界上第一处真正意义上的农业耕作区，有着"埃及粮仓"的美誉。

法尤姆盆地在史前时期是淡水湖，现今盆地内的湖泊已成为大型咸水湖，并形成了独特的生态环境。新石器时代这个地区就出现了埃及最早的农业生产，是埃及中王国和托勒密时期的王室活动中心。

法尤姆盆地的地势特点对该处绿洲农业发展产生了积极影响。法尤姆洼地总体较低，且低于尼罗河谷地，便于通过灌渠（优素福运河）引水自流进入法尤姆洼地，渠水还可以通过自流带来富含营养的泥沙，从而保持了绿洲的土壤肥力。法尤姆盆地内部东南高西北低，所引入的水通过放射状的灌渠自流灌溉至法尤姆绿洲全境，并依地势排灌结合，良好和科学的排灌系统还有利于控制土地次生盐渍化（图1-13）。

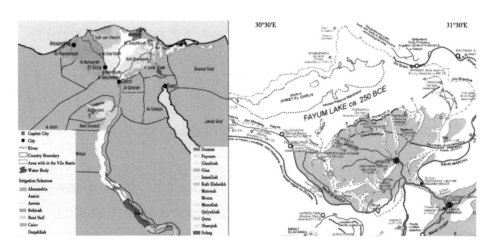

图1-13　法尤姆盆地位置和灌溉分布

（资料来源：Researchgate，2020）

3. 盖塔拉洼地

盖塔拉洼地（Qattara Depression）在埃及西北部沙漠中，是一片面积约为1.8万平方千米的洼地，北部靠近地中海的沿岸是陡坡，向南倾斜，最低点在海平面以下133米，距地中海约56千米，呈扇形向西南部的大沙海扩散，洼地内多沼泽、盐滩，是世界十大洼地之一。该洼地在南部凹陷地带有具潜力的油田储量，本身巨大的洼地所具备的水能利用潜力也在推动学者和埃及政府不断探索该地区的农业、渔业以及清洁能源的开发价值，包括尼罗河老三角洲地区在内的这片广袤的洼地具备种植橄榄树，以及套种大麦、小麦、苜蓿、玉米和向日葵（油料作物）等作物的潜力，但是对灌溉需求巨大（图1-14）[①]。

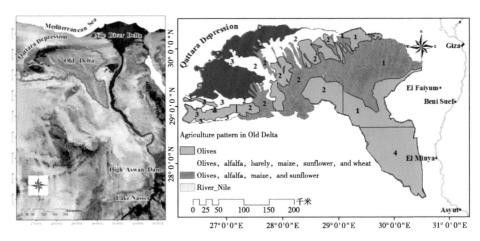

图1-14　盖塔拉盆地（老三角洲）卫星地图和橄榄等农作物种植分布

（资料来源：Mariam G. Salem，2012）

埃及中央公共动员和统计局（CAPMAS）2006年的统计数据显示，尼罗河三角洲地区的玉米和小麦的自给率分别为64.7%和57.9%。埃及人均谷类和油料作物消费分别为329.6千克和3.4千克。这反映出该地区对于满足埃及的谷物和油料作物不断增长的需求的重要性[②]。

2021年3月，埃及推动一项名为"新三角洲"（New Delta）的大型土地开垦计划。该项目位于Al-Dabaa，即盖塔拉盆地边缘，占地面积达100万费丹。该地区的土地没有任何污染，土壤肥沃，可以种植包括蔬菜、水果和大田作物在内的农作物，此外靠近北海岸的海港。总投资600亿~700亿埃磅，主要依靠地下水进行灌溉。

① Mariam G. Salem，2012.

② Mariam G. Salem，2012.

第二节　埃及农业的基本特点

埃及自古以来就是一个传统的农业国家。由于埃及是中东北非地区人口最多的国家，所以从经济、政治和社会层面来看，农业都是保障埃及粮食安全的基础产业，一直以来也都是埃及的支柱产业之一。由于埃及境内沙漠和荒漠的面积占据绝大部分国土，沙漠、戈壁及零星分布的低地绿洲、潟湖和沙洲自然成了埃及主要的地貌特征。埃及自古以来形成的上述特殊的地理形态，造就了长期以来单一依靠其境内全长1 350千米尼罗河供水的河谷农业、开罗以南300余千米纵深的开罗三角洲、河谷周边以及绿洲的旱地沙漠混合农业耕作方式，共同构成了埃及独特的农业生产结构。

19世纪以前甚至追溯到古埃及，由于灌溉技术落后，水利设施以及手段还很原始，因此埃及人在每年充分利用尼罗河的周期性泛滥所提供的水源补给以及泛滥所带来的丰富有机质对秋冬农作物进行灌溉。在近代，由于人类水利改造能力的提升，大坝、运河等水利枢纽的不断建设，埃及对农业的调控能力也发生了质的飞跃。

埃及的国土总面积100.145万平方千米，境内总体地形相对平坦，大部分地区属于低高原，开罗三角洲海拔平均在20米左右。埃及境内96%的土地是荒漠及沙漠，大田作物耕地面积约340万公顷，仅占国土总面积的3.4%左右，农作物种植面积625万公顷，农业用地面积378万公顷。近年还在沙漠中开垦了相当规模的土地，有近120万公顷，约占农地面积的30%。然而由于城市化进程较快，加之政府对农业用地的控制不力以及自然流失等原因，自2011年以来埃及的农地流失多达8万公顷，一些其他机构甚至估计高达15万公顷[①]。

埃及的主要作物为小麦，约占总耕地面积的33%。埃及的土地具有人均占有量少、可开发土地资源有限和土地类型单一、耕地比重小两方面特性。农业是埃及经济的主要支柱之一，埃及农业生产总值对该国国民生产总值（GDP）的贡献一直处于较高水平，早在1970年就占GDP总量的29%，当年约占国民就业的50%[②]。在2000年至2017年期间平均为13.2%。近年来，则一直徘徊在

---

① 国际粮食政策研究所（IFPRI），2020。
② 国际粮食政策研究所（IFPRI），2020。

11%～18%波动。2020年埃及农业产值为1 483.245亿埃镑（EGP）^①，占GDP的11.11%。农业劳动力占全国劳动力的21%，有562.9万人直接从事农业行业，农村人口5 477万，占全国总人口的56.8%。埃及政府重视耕地开垦，鼓励青年务农。

经过近年来的不断改革，埃及的农业生产实现了稳定增长，目前成为其经济开放政策下首当其冲和见效最快的部门之一。但近年来，埃及人口呈爆炸性增长。2006年埃及总人口还只有7 650万，在此后不到6年时间里猛增18%以上，净增约1 450万人。2020年2月12日，埃及宣布人口超过1亿人。

埃及人口居住高度集中。埃及国土面积在中东和非洲地区并不算大，且大约95%的国土面积为无法居住的荒漠，能够居住的国土面积只有5万多平方千米。因此，埃及人口近一半集中在面积约2.4万平方千米，也是最富庶的尼罗河三角洲地区。此外，首都大开罗地区一地的人口就高达近2 000万，占全国人口的近1/4。基于上述原因，预计埃及未来对关乎其民众生计的小麦等主粮的需求将呈现显著的增加趋势。对此，埃及的相关内政外交手段也将发生相应的调整，以适应埃及巨大的供需矛盾。

一、农业生产资料方面

埃及政府为了促进农业发展，实行对化肥等农资和农业项目的投入高补贴政策，农业灌溉用水则实行免费制度。埃及每年消耗大约550万吨化肥，消耗量排在首位的是硝酸铵、硫酸铵和尿素等氮肥，约370万吨，其中超过70%在本国生产。位居第二的是磷肥，约125万吨。排名第三的是钾肥，162万吨。埃及年进口大约1万吨叶面肥和生物刺激素。最受欢迎和需求最大的微量元素是EDTA和EDDHA螯合产品^②，而最受欢迎的叶面生物刺激素制剂是氨基酸和海藻产品。腐殖酸是生物刺激素进口市场的最主要产品，市场规模达5 000吨，其中的88%产自中国。

2020年由于出口和新冠疫情导致运输和物流业务不畅，以及时值农作

---

① 1埃镑≈0.415人民币。
② 施用微量元素营养产品是解决微量元素缺乏的主要途径，尤其是施用螯合态的中微量元素已经得到认可。常见的螯合剂包括EDTA、DTPA、IDHA、EDDHA、HBED等，其中EDTA最为常见。但是由于环保原因，欧盟已开始禁用（或限制使用）EDTA、DTPA等作为表面活性剂或螯合剂。

物生长期，化肥价格曾经一度上涨，下埃及为4 500～4 600埃镑/吨，马特鲁省（Matruh）和上埃及为5 000埃镑/吨。10月初每吨尿素的价格下降到4 000～4 200埃镑。

为了弥补化肥生产的不足，埃及积极寻求通过多种方式生产化肥，其中通过对农产品有机废物进行回收生产化肥正在成为一种新的途径。2020年11月，埃及农业和土地开垦部宣布已回收204.67万吨稻草，并已在6个省份建立了731个堆放稻草的仓库，用以大规模压缩粉碎处理并建立肥料堆。此外，为了积极在农村推广该项举措，该部还广泛举办培训，以提高农民对焚烧稻草和农业废弃物（特别是夏季作物的危害）的认识，并积极引导农民回收农业有机废物并创造更多的价值。为了加大对农业有机废物的综合利用，埃及石油部门还投资2.1亿欧元实施了农业废物回收项目，联合埃及石油化工控股公司、埃及通用石油公司（SIDPEC）、Petrojet公司和埃及木材技术公司（WOTECH）在Beheira省建立中密度纤维板（MDF）工厂，使用稻草秆生产中密度纤维板（MDF），并在家具、建筑材料和装饰等领域开发出新产品。该项目是埃及石油部门为支持该国积极应对环境挑战，加快对农业有机废物的综合利用，推动多种经济开发和附加值提升的重要倡议而实施的解决方案之一，也是埃及石油和矿产资源部在其扩展石化工业的计划中实施的最重要的项目之一，旨在通过一系列新项目，为埃及的众多石油工业提供更多的原材料投入本地市场。

二、土地开垦方面

埃及的土地开垦是其基本国策之一。由于特殊的地理条件，埃及的可耕作土地极为有限且高度集中，形成了世界上最独特的几乎完全依赖河流的河养农业国家之一。面对如此发展瓶颈，不断拓展尼罗河两岸的土地纵深横向开发成了埃及解决粮食问题最直接的手段。此外，埃及西奈中部和北部也是未来埃及土地开垦最具潜力的地区之一。塞西总统近年来多次发表谈话要求政府加快增加西奈中部和北部的农业用地开垦进度，体现了埃及对土地开发相当重视的程度。

对此埃及还通过"百万费丹""埃及的未来"等系列国家可持续发展倡议，并将上述可持续发展倡议作为大力推动的沙漠土地改造国家综合发展计划中的一部分。根据不同地区的开发进度，埃及还将其在该国西北部的新三角洲（New delta）、图什卡（Toshka）和东奥瓦纳特地区（East Owainat）的开垦计划作为优先开发项目。

埃及鼓励所有公共私营部门和个人投资者参与开垦荒地。为了加速扩大耕地面积，埃及政府还对所有垦荒者提供了从政策、金融到技术的全方位扶助措施，包括农机低息贷款、免费水源、升级换代灌溉模式以及土地税减免等，以激励埃及农民及各方开垦荒地的积极性。

三、现代农业装备方面

埃及的农业装备主要指农机产业。该产业长期存在弱质、分散、依赖等显著特点，机械化水平从历史上看长期处于较低水平，但是近年呈现不断增长的趋势。为大幅提高埃及的劳动生产率和土地产出水平，在20世纪80年代起，埃及农业部制订了一个五年农业机械化发展规划。此后埃及政府在第四个五年计划（1997—2002年）中也提出了全面提升农业机械化水平的规划，并计划投巨资支持该国的农机化产业发展，此外埃及还对农机设备的生产和进口实施了积极的政策。2009年埃及农业机械设备的市场规模为12亿美元，占当时国内生产总值1 891亿美元的0.06%左右，2017仅拖拉机的市场销售规模就增至约10亿美元[1]。特别是随着小型农场控股的巩固和信贷条件改善，埃及的整个农机市场在2017年至2021年期间将实现持续正增长的势态[2]。2020年，全球农机市场规模约为922亿美元，预计2025年为1 130亿美元[3]，预计埃及的国内农机市场规模也将随着产业的壮大而占据更多的份额。到2021年，随着埃及国内生产总值将增至5 737亿美元，埃及劳动力状况和信贷环境的持续改善特别是对农业机械化的支持，埃及必将迎来农机市场的快速增长机遇期[4]。

但是埃及的农机产业仍存在以下几个较为突出的问题，首先是本国农业机械原创研发能力较弱，长期依赖欧美国家的农机进口。其次行业及其产业人员技术能力不足，对于引进的先进农机设备的操作不熟练，维修配套设施和技术有限，零配件的供应渠道还不畅通。第三是普通农民购买大中型农机设备的能力不足，政府对购买农业机械的金融扶持措施还不够灵活多样，农机营销市场仍然不成熟，难以形成有效的内部市场循环。最后是管理制度与协作体系不完

---

① Ken Research Pvt ltd.，2017.
② Ken Research Pvt ltd.，2017.
③ MarketsandMarkets Research Private Ltd，2021.
④ 中非贸易研究中心，2017。

善，还没有形成中国大型农机跨区联合服务等高效生产的理念[①]。

　　以上仅仅是埃及农业在生产投入过程前端的三个基本特点，埃及农业因其存在较多历史遗留问题，特点和问题诸多，需要循序渐进地解决。首先，粮食供需长期存在较大缺口，导致严重依赖进口粮食，其次，自身的粮食产量无法满足人民日益增长的需求，因而导致社会不稳定因素增加，例如农产品价格波动、农村生活质量等影响面较大的社会问题。埃及作为全球最大的小麦进口国和重要的农产品战略物资进口国，所有的农业问题和发展方向必须围绕人口与可持续发展理念予以解决，必须加大对人口过快增长的控制力度，加快农业生产技术的升级换代、农业装备的引进和创新、粮食安全体系的构建、农产品物流和仓储体系的建设以及农业技术人才的培养和利用，这样才能真正形成具有埃及特色的农业体系。

第三节　埃及农业的发展历程

　　本节主要探讨近代特别是英国殖民期间前后埃及的农业发展历程。早在1882年英国的殖民统治下，埃及的农业经济发展不仅长期处于缓慢状态，更在英国的自身利益引导下，逐渐形成"单一作物种植模式"的政治性农业体系。在英国入侵前的60年中，埃及的耕地面积从1821年的200万费丹增加到1881年的500万费丹，增加了1倍多。然而在英国入侵后的65年中，埃及的耕地面积增加到598.4万费丹，农户407万，仅增加了100万费丹。可是同一时期内，埃及的人口却猛增2倍多（从680万增加到1 900万人）。埃及今天的农地矛盾早在19世纪的殖民时期就已经埋下了祸根。

　　英国殖民者为了维持在埃及的统治并最大可能地获得资源，在埃及保留了封建统治者作为其代理人。因此在埃及形成了以法鲁克王朝（The Faruk Dynasty）为代表的封建地主阶级，这是英国统治埃及的主要政治和社会基础。法鲁克国王（Faruk I，1936—1952年在位）作为亲英地主阶层的最高代表，其本人就占有了埃及最大和最优质的土地资源。其王室成员和贵族占有的土地更是难以估量，但至少占有了全国可耕地的1/4以上。埃及其他地

---

① 张帅，2010。

主阶层和集团另外占有了埃及200多万费丹的土地。其中占农户总数仅2.9%的封建主却占有全国耕地的55.8%，特别是仅占农户总数0.4%的法鲁克王公贵族、宗教长老、大地主和资本家占有埃及全部土地的35%。而占农户总数94.3%的近200万户小农却只占有土地总面积的35.4%，平均每户占有的土地仅0.8费丹（每户至少需要2费丹土地才能维持最低生活），此外还有150万农户因完全没有土地而沦落为失地农民，被迫成为受奴役的佃农和雇农。在当时的埃及，佃农必须将农作物收获的75%～80%交给地主和贵族农场主，再经由他们盘剥之后提供给英国殖民者。由于殖民的野蛮掠夺和王室贵族及地主的层层盘剥，埃及农民基本长期处于生存的边缘，无法像他们的祖辈那样进行农业开发和创新。

英国与埃及法鲁克王朝共同推行的单一作物的殖民地农业经济形态最典型的体现就是棉花产业。在这种农业形态模式的驱动下，埃及的棉花总产值占整个农业总产量的一半左右，生产的棉花有85%左右出口至英国进行加工。这些价廉质优的原料为英国纺织工业的兴起和繁荣注入了源源不断的动力，也带动了近代英国整个工业的进步。英国资本家完全垄断了埃及的棉花出口，他们通过巨大的价差赢得了丰厚的利润。在埃及生产的皮棉以4～5埃镑/坎塔尔（Qantars）①的价格出口至英国，运回英国织成棉织品后，再以高达100～200埃镑的价格销售给埃及。在这样的高剥削形态下，埃及的社会矛盾愈发尖锐，体制弊病严重阻碍了经济特别是农业的正常发展。另外，社会贫富分化日益严重，普通民众根本无法享受劳动成果和应有的社会福利，绝大部分埃及人如同金字塔巨大的底座一样，他们就是埃及经济的塔基，而真正富有的人只是塔尖而已，人民在"现代法老"的独裁下生活痛苦不堪，因此形形色色的民主革命运动也随之风生水起，封建地主阶层在失去了民意支持下也维持不了多久。1952年埃及终于爆发"七月革命"（July Revolution of Egypt），也称"七·二三革命"，推翻了法鲁克王朝，原有的单一制农业生产结构也随之崩塌。

埃及1952年7月23日的这场革命是埃及历史的转折点，它不仅是一场民族的民主革命，更是一场彻彻底底的"土地革命"。大革命爆发之前，埃及的土地呈现高度集中化的状态，不到6%的埃及特权阶层拥有超过埃及65%的土

---

① 亦称"担"，伊斯兰国家重量单位，也是埃及棉花计量单位，1担即1坎塔尔，约合50千克。埃及1包≈327千克≈720磅，1千克≈2.20 462磅。

地，更有不到0.5%的埃及贵族阶层拥有埃及1/3以上的肥沃土地。这些土地的垄断者对他们所拥有的土地实行专制控制，通过收取高额租金获取巨大利益，这些土地的租金占所租土地生产性收入的75%以上。这种高地租以及来自银行收取的高利率，迫使埃及的小农和农民沦为失去独立能力的佃农，成为"被饥饿、疾病和死亡包围的受剥削群体"①。埃及的土地改革之前的农民生存状况与法国大革命之前的法国农民的悲惨状况具有惊人的历史相似之处②。埃及农业的这种状况使得之后发生的农民运动和大革命的原因变得更加容易理解。

埃及大革命导致埃及废黜国王法鲁克离开后，同时成立的革命指导委员会立即宣布没收王室及封建地主的土地，并在9月9日颁布了埃及著名的《土地改革法》，即第178号法律。9月11日，第178号法律开始推动埃及的土地改革进程。该法律颁布了许多规定试图纠正埃及原有的土地规定，例如禁止土地所有者拥有200费丹以上的土地。但是，有两个以上孩子的埃及人可以拥有300费丹土地。

土地租金的上限设定为该地块土地税值的7倍；所有土地租赁期限至少为3年；政府建立合作社，确保每位农民拥有5费丹土地。这些合作社成员共同享有肥料、农药和种子等物资；参与农业生产的工人最低工资为每天18皮亚斯特③。此外，法律还规定，在其规定的限制范围内重新分配所有者拥有的任何土地。

第178号法律最初遭到总理阿里·马哈·帕夏（Ali Maher Pasha）的反对，支持埃及地主阶层利益的帕夏提出了埃及土地所有者可以拥有500费丹土地所有权的建议，但是遭到了埃及革命指挥委员的反对并被迫辞职，随后穆罕默德·纳吉布（Muhammad Naguib）取代他并通过了该法律。1958年，《土地改革法》进行了修订，修改了其中的3项规定：政府用来偿还被没收土地所有者的债券利息降低到1.5%；从政府购买土地的人将获得40年（此前为30年）的还款期限；买方支付的政府附加费降低至10%。1961年，政府再次修改了该法，将土地所有权的最高限额降低到100费丹。

历经坎坷的埃及土地改革法终于从法理上对埃及旧王朝皇室家族和贵族以及地主阶层拥有土地的使用权进行了约束和限定甚至进行了剥夺。自此，地主

---

① 阿努瓦尔·阿卜杜勒·马勒克（Anoar Abdel Malek），埃及历史学家。
② 罗伯特·斯蒂芬斯（Robert Stephens），历史学家。
③ 1埃镑=100皮亚斯特，约0.44元人民币（现值）。

阶层无偿享有的土地一律被没收并进行重新评估。对地主和富农个人占有的土地进行了严格的限制，规定一般不得超过100～200费丹（不包括其后代两个子女每人50费丹土地特权）①。更为重要的，1952—1960年全国耕地的99%被政府征收，产生的大量重新待分配土地由政府统一征购，然后按低价（每费丹140埃镑，分30年付清）出售给数以万计被解放出来的无地、少地农民。法令还规定在征购的土地上原先从事耕作的贫农有优先购买权，每户可购买2～3费丹。这种革命性的土地改革运动在埃及的历史上前所未有，极大地调动了农民的生产积极性，同时也促使一些大土地所有者向工商业资本家转化，有利于埃及经济的发展。此后，埃及又先后于1961年、1969年连续颁发了两个土改法令，旨在不断缩短征收地主土地的赔偿期限额、提高年息，减免农民交付的地价，以至取消农民分配土地所需缴纳的手续费和利息②，从而达到不断减少私人拥有土地的效果，鼓励更多的农民种植土地。埃及政府采用这种渐进的方式，用10多年时间逐步完成了彻底的土改，从而避免了土地的不断集中和垄断。

虽然埃及的土地改革轰轰烈烈，但是显而易见，由于千百年来形成的土地生产模式和各阶层的依存模式已经根深蒂固，仅仅靠"疾风骤雨"的改革很难彻底解决问题，而且由此产生的遗留问题还会发酵和变异，产生更多新的问题。例如，在土地再分配过程中由于民主和监督机制不完善，加之革命刚刚成功，百废待兴，法令制度不健全，导致新的一部分既得利益者成了新的"隐性贵族和资本家"，这些人和原来未被剥夺殆尽的旧贵族和资本家很容易再次结成"利益集团"，使土地改革的力度不断生成"妥协"的结果，例如前面提到的对贵族和地主"超量"拥有土地的"额外"征税措施以及其后代仍然能够享有的部分土地特权等，这些都为新利益阶层铺设了更大的"想象空间"和"回旋余地"。因此，真正有利于农民的改革效果反而被大打折扣，一些地方

---

① 如超量拥有土地，则超过部分按原土地税的70倍作价，可五年分期付款。凡不足5费丹的农户都有权分得土地，但要分期偿付地价，30年内还清，年息3%，另付政府15%的手续费；地租的最高限额不得超过原土地税的7倍，分成制的地租不得高于纯收入的1/2。
② 第二个土改法（127号法令）：私人土地限额由200费丹降到100费丹，每户从300费丹减少到200费丹；鼓励地主分地，征收土地赔偿期限额缩短为15年，年息提高到4%；农民交付的地价减免一半。第三个土改法令（50号令），私人土地限额减少到50费丹，每户为100费丹；超过限额的土地属于国家，取消农民的手续费和利息；两年内完成土改。

利益集团和掌权者甚至再次"媾和"①，对土地进行再次"蚕食"。随着埃及社会在不断动荡和改革中前进的同时，矛盾和冲突也在不断地积累和加剧。为了解决农村的土地分配问题和由此引发的尖锐矛盾，埃及"铁腕"纳赛尔适时提出了"耕者有其田"的口号，以图在维护土地私有制的前提下解决土地问题。

因此，埃及的整个"土改运动"过程充满了激烈的斗争。在纳赛尔的强大压力下，在妥协无望的情况下，埃及的旧贵族和大地主家们纷纷采用各种办法抛售、转让和分散土地进行"止损"。在前后3次大规模的土改中，埃及政府共如愿征得103.7万费丹的土地，而农民最终获得了大约82.2万费丹土地，约34.4万户农民得到土地，每户农民大约仅获得2.4费丹土地，约合15亩。尽管如此，这个数量也仅仅达到埃及全部农户数量的8.5%，仍然还有大量的农民处于"失地"状态。纳赛尔"耕者有其田"的宏伟目标并没有完全达到，只是暂时缓解了埃及多年来在农村土地权属问题上长期积弊而导致的不断激化的矛盾。

不过，纳赛尔这种大刀阔斧式的改革还是极大地削弱了埃及地方封建地主的势力，经过这几场"风暴"的洗礼，埃及境内拥有超过100费丹以上的大地主基本上消失殆尽，小农及其土地所有制得到了快速发展。到1960年末，拥有20费丹及以下的中小农户占埃及所有农户总数的99.7%，拥有的耕地面积占全国总耕地面积的87.4%，为农村资本主义经济的发展奠定了基础②。

总体来说，埃及的土地改革从根本上消除了土地垄断阶层的政治影响。但是，改革的最主要贡献也只是对15%的埃及耕地进行了重新分配。到20世纪80年代初，埃及的土地改革因非农业人口的大量产生而被迫中止。随着安瓦尔·萨达特（Anwar Sadat）的强权政治在埃及的稳固以及因政治需求对地主阶层的不断妥协，埃及土地改革法律的权威被大大削减，直至最终被废除。

尽管埃及的农业体制改革几乎可以算得上是埃及历史上的"创举"，为埃及的农业经济发展以至于整个社会和政治的稳定发展打下了较为稳固的基础。但是必须明确的是埃及的最优先发展目标，不是土地改革乃至整个农业改革，而是工业化。这和整个近现代非洲的发展趋势是高度一致的。

---

① 音构，亦作"媾"。这里指秘密达成肮脏交易。

② 迦玛尔·阿卜杜尔·纳赛尔（Gamal Abdel Nasser，1918—1970年），埃及第二任总统，前任为纳吉布，他被认为是历史上最重要的埃及领导人之一。

因此埃及近年来历届政府都在持续努力实现经济多样化，力图改变单一的经济结构，同时也穷极一切途径提高粮食生产，扩大土地开垦面积。为了实现上述目的，埃及的做法显得"简单粗暴"，就是发动一切资源推动巨型基建工程建设，在拉动经济的同时，实现就业、减贫、贸易，当然还有农业的快速发展。最显著的例子就是埃及半个世纪以来不断开发的新城以及新首都建设，在事关农业增产领域，大兴农田水利工程，著名的阿斯旺高坝就是一项对农业生产将会产生深远影响的大型水利综合工程，体量巨大的高坝不仅造就了世界第一的人工湖，还直接扩大了尼罗河谷地与三角洲的灌溉面积，建成10年间，帮助下游共开垦了47万公顷土地。尽管大坝建成之后又过去半个世纪，尼罗河沿岸流域的可耕地土壤肥力出现持续下降的状况，下游土壤盐碱化面积不断扩大，高坝库区及下游尼罗河水质恶化，河床遭受严重侵蚀，三角洲海岸线内退等负面情况开始不断显现。阿斯旺高坝近期给埃及人民带来的巨大经济利益还是更多地掩饰了其未来的各种不确定性。特别是2020年6月埃塞俄比亚的"复兴大坝"建成试水，毫无疑问地将会给下游埃及的未来带来"双重不确定性"。

第四节　埃及农业的矛盾根源

埃及位于非洲东北部，地处欧亚非三大洲的交界地带，其境内的苏伊士运河连接着大西洋与印度洋，是世界上最重要的海上交通航线之一。埃及自古以来就是农业主导整个社会的国家，长期以来在相对宽裕的人口规模下，农业的发展借助尼罗河周而复始的泛滥带来的农业轮作规律而显得稳定而协调。埃及每年利用尼罗河泛滥所提供的水源补给对秋冬农作物进行灌溉，利用泛滥的富营养沉积物对土壤进行修复和补充。随着自19世纪初欧洲工业革命而来的农业机械技术传入，埃及的农业逐步建立起了两年三熟的轮作体系，粮食一度多年实现自给自足，并获得了"尼罗河的粮仓"的美誉。

埃及因其较为特殊的地理位置，成为跨非洲、阿拉伯文化以及地中海文明的综合体，数千年来不断的民族大融合、大迁徙，给埃及造就了极其复杂的文化与政治基础，埋下了难以厘清的社会症结和矛盾。与之而生的农业体系及文化别具特色的同时，矛盾同样十分尖锐和突出。埃及不论在非洲还是在阿拉伯世界中都属于工业化程度较高和民族资产阶级形成较早的国家之一，纵观埃及的近现代史，埃及连年不断的殖民、革命与独立战争环境不断刺激着埃及工业的发展，至第二次世界大战结束，埃及工业提供了国内所需消费品的86%，从业人员占总就业人口的8.4%[1]。20世纪五六十年代，随着埃及民族主义势力崛起，埃及开始奉行进口替代战略，连续的几届"强人政治"均雄心勃勃试图通过发展具有本国特色的工业体系，彻底摆脱延续了几个世纪对西方的经济依附，从而实现彻底的民族独立，再次复兴在阿拉伯世界的领导地位。至70年代，埃及转而奉行经济自由化和"对外开放"政策，埃及的GDP年均增长一度达到8%~9%，但是其相对过于高速的工业化进程，却因国内基础设施的落后以及科学技术、教育、文化等滞后原因导致了经济的一度停滞，尤其是农业的增长放缓、对进口食品的依赖提高，以及相关贸易进出口失衡等负面影响。这也导致了埃及时至今日依然未发展成具有坚实基础和强大抵御力的现代农业体系，更无法建立起一整套完备的粮食安全及预警体系。

由于埃及近年来工业化的进展并不顺利，因此对农业的可持续发展亦造成了较为明显的负面影响，使得农业长期以来面临着矛盾重重。

首先，第一个主要矛盾就是工业化不足无法带动农业进步，同时所导致的就业不充分和不平衡，加之人口激增、通货膨胀的共同影响所造成的"痛苦指数"（Misery Index）[2]的不断飙升。

工业化当然是解决就业问题的最有效途径之一，然而埃及在这方面的潜力还远远没有发挥出来。因此大力推动工业化应当成为埃及长期解决严重失业问题的重点努力方向。特别是一条适合自身特点的工业化之路也是解决农业发展乏力的有效手段。

其次，埃及农业的第二个主要矛盾是水源权益的矛盾和水资源开发能力不足而导致现代绿色农业发展只能成为"空中楼阁"。埃及农业生存与发展主要依赖于尼罗河水源以及占比不大的地下水资源。随着尼罗河水资源分配的争端不太可能为埃及争取更多的水资源，埃及当下能够保住已有的水资源配额已经实属不易。现代绿色农业以及工厂化农业的发展需要更多的水资源保证，埃及

---

① 田文林，2016。
② Arthur Okun，1968.

必须在现有的水资源矛盾中寻找突破口,通过大力发展节水农业、盐碱农业(Sailine Agriculture)等,同时充分借助农业科技,打破农业发展与水资源之间的矛盾。

埃及农业的第三个主要矛盾就是土地资源权益的矛盾。埃及虽然独立时只有约2 500万人口,但农业资源极度稀缺,耕地仅占国土面积的4%,其中2/3集中在尼罗河三角洲平原。这种失衡的经济地理条件以及所形成的特殊农业形态,会造成更为严重的区域差别和贫富差距。埃及土地的私有化和集中现象近年来愈演愈烈,私人对公共农地的蚕食也越来越严重,导致农业生产用地被挤占现象更加普遍。

一、人口激增的矛盾

曾经的古埃及人丁兴旺,生活富足,特别是在拉美西斯二世(Ramesses Ⅱ)时代,其财富和人口都达到了空前的高度,一度成了世界的财富中心。然而如今时光斗转、斯人已去、物是人非。现在埃及这片土地总人口已经超过1亿,人口问题将成为未来决定农业乃至整个社会发展的问题。

自世界银行有数据记载以来,埃及人口一直保持着增长的趋势,2010—2019年10年间增加人数1 762万人,但与之对应的小麦产量却没有持续增长,在2008年、2010年、2013年和2015年甚至出现了−3.6%、−15.52%、−2.94%、−2.41%的负增长。在农村人口方面,自1997—2007年农村人口占总人口比例持续降低至56.9%的最低点之后,开始呈现逐步增长势头,2019年达到5 700万人,接近埃及总人口的60%。埃及人口的增长大约有55%是由农村人口增长贡献的(图1-15)。

人口过快的增长打破了埃及农业的承载能力,给本就不稳定的农业带来了更多的不确定性,且人口过多也将成为严重削弱埃及经济发展的主要危机。自2014年以来,埃及人口以每年240万的速度增长,到2030年,预计埃及人口将达到1.25亿,政府用于人口的预算将超过6 000亿埃镑。到2050年人口可能再翻一番,达到2亿,其中大多是0~10岁年龄段,因此在10年内,埃及的育龄人口将会成倍增长[1]。而开罗早在1989年常住人口已达1 300万,还有200万流动人口,因此开罗的实际人口已经超过1 500万,而同期北京只有不到1 025万人

---

[1] 马德布利(Mostafa Madbouli),埃及总理,2020。

口①。开罗人口目前仍以每年至少35万的速度增长。

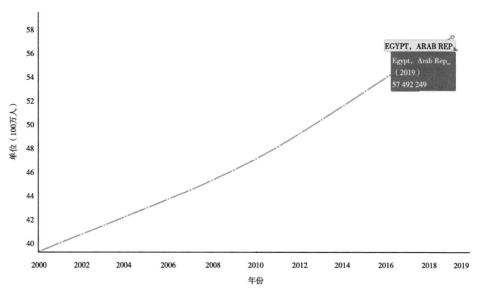

图1-15　埃及农村人口的数量变化（2010—2019年）

（资料来源：世界银行，2020）

　　埃及人口过度集中在主要大城市也导致了全国范围的农业生产和劳动力分布的极度不均衡。开罗和亚历山大两个最大的工业化城市集中了全埃及工厂企业和产业工人的70%，吸引了全国资本投资的一半以上，因而造成了埃及其他地区的农业投资少，农村和农业普遍落后，发展非常缓慢。这种类似中国的城乡经济"二元体系"②导致了经济发展不平衡，城乡差别极大。埃及也因此产生了农村人口大量过剩的现象，导致农村地区特别是贫困率发生较高的上埃及地区的农村生活水平和农民生活质量与埃及的大城市差距非常悬殊，大量的农村劳动力盲目流入城市，造成了各种城市问题，劳动力过剩反而成了城市管理者最为头疼的问题。与此同时，偏远地区的农村却因劳动力不足而逐渐失去活力③。

---

① 中国统计年鉴，1991。
② 城乡二元结构一般是指以社会化生产为主要特点的城市经济和以小农生产为主要特点的农村经济并存的经济结构。这种广泛存在于发展中国家的城乡生产和组织的不对称性，也是落后的传统农业部门和现代经济并存、差距明显的一种社会经济形态。
③ 陆庭恩，彭坤元，1995.非洲通史（现代卷）［M］.上海：华东师范大学出版社。

随着近年来埃及的现代化进程不断加剧，特别是近些年工业化的思潮不断占据主流，埃及实现复兴的呼声不断增高，埃及的人口持续快速膨胀，由此导致埃及的粮食负担逐渐加重，粮食安全问题愈显突出。由于目前埃及所实施的重工轻农的发展战略，造成农业投资占国家投资的比重偏低。2020年6月，埃及总理马德布利（Mostafa Madbouli）宣布在过去6年里，埃及的开发项目投资达4.5万亿埃镑，涵盖了所有行业。然而在农业领域，虽然过去6年农业的发展实现了前所未有的飞跃，共实施了281个项目，耗资260亿埃镑，但埃及的农业投资与工业投资相比依然略显单薄，由此致使农业发展长期处于相对滞后的状态，不断增长的粮食产量依然无法赶上人口快速增长的步伐。埃及的粮食安全问题已经成了阻碍埃及国民经济发展的重要因素之一。这个曾依靠尼罗河的慷慨馈赠而哺育人民的国家，逐渐陷入粮食危机，不断来自国际机构的粮食安全警告也给埃及敲响了警钟。

由于农村人口众多和历史原因，埃及农村土地呈现持续分裂状态，加之城市化的进程加剧，埃及的农地流失将更加严重。预计到2025年，城市化将导致特别是尼罗河三角洲地区肥沃的农业土地大量流失，导致80%以上的农民持有的土地少于3费丹，这种状况将使埃及的小农未来面临相当大的压力[1]。

埃及农村人口不断增长带来的另一个影响就是农村收入不平等现象加剧。占埃及人口25%的贫困人口收入的40%来自农业收入。埃及庞大的农村人口需要获得土地，但由于人均占有土地水平很低，只有少数农民真正拥有足够的土地。这种现象导致大量贫困人口被迫在非农业部门寻找工作，因此造成了这个国家的贫困农村人口却都严重依赖非农就业以减少收入不平等的特殊现象。埃及政府为埃及43%的农村贫困人口提供了非农就业收入，但政府已经雇用了远远超过他们能够使用的劳动力数量，这种矛盾导致出现了更多的社会争论和问题。一些人主张大量追加政府就业以减少收入不平等现象，然而这并不是根本的解决途径。在埃及，增加非农业收入确实可以部分减少不平等现象，这是因为大量的少地、无地贫穷农民被"赶出"了农业部门而进入非农业部门。尽管在农村，农业收入与土地所有权正相关，但这种土地所有权分配不均，更加有利于富农和地主，埃及农民是典型的弱势群体，无论在土地分配还是收入分配

---

[1] Kamal Saleh，2014.

上都没有话语权①。

伴随城市化的发展，埃及城市人口也在不断增加。随着城市生活水平的提高，城市人口的出生率要高于死亡率，进而使得埃及城市的自然增长率不断上升。而城市除了每年新增加的新生婴儿外，农村人口移居城市也是城市人口不断增加的一个重要原因。2003年城市人口所占比例达42.9%，2014年达到了43.1%，据联合国专家预测，由于城市化的快速发展，埃及城市人口的比例将增至2050年的62.4%。城市人口的增加带来的直接后果就是对粮食需求量的增加，但同时埃及耕地面积却在不断减少，加之前文提到的农地矛盾、人地矛盾尖锐，从客观上限制了农业的发展和粮食生产的进一步提高。

二、水资源权益的矛盾

尼罗河流经非洲的11个国家，分别是卢旺达、布隆迪、刚果民主共和国、坦桑尼亚、肯尼亚、乌干达、厄立特里亚、埃塞俄比亚、苏丹、南苏丹和埃及，最后流入地中海。尼罗河得名于希腊语"尼洛斯"（Neilos），流域面积约3.35×10^6平方千米，占非洲大陆面积的10%。白尼罗河和青尼罗河是尼罗河的两条主要支流，它们汇合在苏丹首都喀土穆，形成尼罗河的干流。白尼罗河发源于布隆迪，流经赤道的维多利亚湖（Lake Victoria）、基奥加湖（Lake Kioga）和蒙博托湖（Lake Mobutu Sese Seko），然后流经苏丹的苏丹沼泽②。

长期以来，埃及相对于其他尼罗河的共同流域国家具有不对称的权力优势以及长期以来对完全控制尼罗河水资源的决心，这是由于对尼罗河水流可能中断所带来的上游威胁的恐惧。对此埃及历代统治者长期以来一直致力于控制尼罗河源头，以确保下游水源的不间断。穆罕默德·阿里（Muhammad Ali，1769—1849）在他统治埃及期间首创了埃及强权下统一尼罗河流域的宏伟战略，并通过一系列战争，最终在1820年征服了苏丹并控制了埃塞俄比亚，直到英国在埃及的殖民时代开始③。他甚至坚信，"埃及的安全与繁荣只有通过向那些能够阻止埃及获得水源的国家展开攻势才能得到充分保证"。

由于尼罗河水量充沛，加之埃及在古代和近代地区强势的存在，历史上很

① Richard H., Adams, Jr, 2001. Nonfarm income, inequality and poverty in rural Egypt and Jordan[R]. Washington DC：The World Bank.

② Swain, 2011.

③ Youssef M. Hamada, 2017.

少出现因水资源紧张而困扰的问题，而且尼罗河两岸东西部沙漠腹地亦分布着大量绿洲，地下水资源丰饶，只是在近现代以来，随着工业化步伐的不断加快，对自然资源的过度索取，加之人口剧增、环境破坏以及周边国家的纷纷崛起而对水资源分配不断提出了新的主张，埃及水资源的困扰和由之而生的发展问题和政治矛盾因此逐步升温。此外，全球气候的显著变化导致地区生态改变等因素也在不断削减埃及的人均水资源占有量，特别是随着埃塞俄比亚复兴大坝的兴建和迅速投入使用，埃及被迫将水资源问题提升到国家和民族"生死存亡"的高度对待（图1-16）。

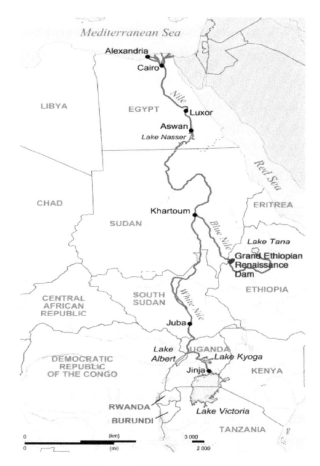

图1-16　东尼罗河及其子流域

（The Eastern Nile and Source：Blackmore and Whittington，2008）

　　埃及的自然降水稀少，难以解决用水问题，除了北部沿海极少数地区多年平均降水量在400毫米以上外，埃及绝大多数区域都属于热带沙漠气候区，年降水量不足200毫米，全国平均只有18毫米[①]。因此，流经埃及全境的尼罗河是埃及唯一解决水资源问题的途径。埃及95%的水资源依赖于尼罗河，根据目前尼罗河沿岸国家达成的协议，埃及占有尼罗河水源份额为每年555亿立方米。而水资源的使用量从2002—2003年度的666亿立方米增加到2011—2012年度的745亿立方米，增加了23.7%。此外，埃及在沙漠分布的一些绿洲中每年还可提供地下水大约10亿立方米。在这种情况下，埃及的年均缺水量仍高达210亿立方米。2019年埃及的年缺水量突破300亿立方米大关，该国每年需要900亿立方米的水才能满足生产和生活的各项需求。

埃及的人均水资源占有量随着人口的迅速增加在不断地减少，已从1870年的人均6 000立方米减少到如今的600立方米，而当时的人口仅为1 000万，如今已增至1亿。根据埃及全民动员和统计中央机构（CAPAMAS）在2019年发布的最新统计信息，埃及已达到水资源短缺水平，居民人均用水量663立方米，预计到2025年，居民人均拥有水量将降低至582立方米，下降12.2%。而在1947年，埃及人均用水量还为2 526立方米，1970年的时候还能达到1 672立方米。

在农业灌溉水资源利用方面，埃及97%的水依赖于尼罗河水，而埃及过亿的人口仅依靠占国土面积5%的农田生存。埃及还是非洲唯一对水进行多次循环利用的国家，但是长期持续使用循环水将会导致水的盐碱化程度加剧。埃及用水80%以上均为农业用途，仅2000年全国就消耗了683亿立方米的水资源。对此，埃及采用多种方式弥补水资源与农业用水需求之间的巨大差异，例如通过水循环再利用回收技术等可持续解决方案，以及开发利用地下水等形式，以确保农业生产、土地开垦和生活用水需求。2005年，埃及通过水循环等方式再利用了127亿立方米水资源，其中通过农业灌溉水渠、回收处理废水和地下水再利用3种方式，分别获得了72亿、29亿和23亿立方米的额外水资源。

在埃及的水源越来越紧张的今天，对有限的水资源进行充分的循环再利用是当务之急，埃及政府在2020年7月宣布，将在全国实行现代化灌溉系统，到2037年对灌溉项目的投资将达1万亿埃镑，目标是节约每一滴水。埃及的有识之士也普遍意识到埃及越来越有限的水资源将成为埃及实现可持续发展目标和保持在非洲的领先地位最大的障碍。埃及各界也在通过各种途径不断强化人民

[①] 《金字塔报》，2019.3.29。

对水资源的保护和爱惜。在2019年3月22日世界水日，埃及金字塔群、卡纳克神庙（The Amun Temple of Karnak）①和萨拉丁城堡（Saladin Castle）②还被特意打上了蓝色灯光，以进一步宣传埃及的水资源保护意识（图1-17）。

图1-17　埃及古萨（Giza）地区胡夫金字塔群

　　埃及国际合作部目前正在与多个国家和组织开展水资源领域的伙伴合作，至今已共同实施了43个项目，价值50亿美元，主要用于为埃及公民提供清洁水和卫生服务。为了帮助埃及在水资源利用方面的能力持续提升，欧盟（EU）也在2020年前后针对埃及发起一项持续多年的重点行动倡议，名为"EU4WATER"，旨在改善水质、改进水资源管理、扩大水资源范围以及为水资源管理创造更好的软硬件环境③。预计欧盟将会投入多达1.2亿欧元的资金用于埃及的水资源开发与利用。欧盟资助的这一计划，旨在增强埃及用水安全，实现对水资源的可持续化管理。该项节水合作将覆盖埃及12个省份，惠及1 500万人口，特别是那些农村地区贫困的弱势群体和城市贫民。美国国际开发署（USAID）也长期参与了埃及的水资源保护、开发与利用合作。自1986年以来，美国已投资2.43亿美元扩展了开罗中央供水系统，该系统为500万人提供清洁水服务。迄今为止美国已累计投资超过35亿美元，为2 500万埃及人提供了生产清洁水的设施、技术以及相应的卫生服务④。USAID近期与埃

① 又称"阿蒙大神殿"，始建于中王国时期第十二王朝（公元前1991年至公元前1783年），位于埃及城市卢克索北部，是古埃及帝国遗留的一座壮观的神庙。
② 位于开罗城东郊的穆盖塔姆山上，是12世纪时期萨拉丁为抗击十字军东侵而建造。
③ Daily News Egypt，2020.11.17.
④ Daily News Egypt，2020.11.17.

及较为重要的一个合作项目是"水卓越中心"项目（The Center of Excellence for Water）。该项目是USAID重点资助的一个项目，由开罗美国大学（the American University in Cairo）实施，项目涵盖美国的众多知名大学如坦普尔大学（Temple University）、犹他州立大学（Utah State University）、加州大学圣克鲁斯分校（University of California at Santa Cruz）和华盛顿州立大学（Washington State University）以及埃及的著名大学如艾因夏姆斯大学（Ain Shams University）、亚历山大大学（Alexandria University）、阿斯旺大学（Aswan University）、贝尼·苏韦夫大学（Beni Sweif University）和扎加济格大学（Zagazig University）等，此外埃及研究中心以及埃及和美国的一些基金会和私营部门也将参与项目的实施。

"水卓越中心"项目旨在提高双方大学相关课程的关联性，为水工程专业的本科生、研究生和专业人员开发出高效和创新的教学方法，提高水资源的研究能力和市场型产品的推广能力，为实现埃及可持续发展以及"2030年发展愿景"提供技术支撑。

在推动自身水资源开发和利用方面，为了应对水资源缺乏对埃及未来的威胁，保障国家水资源的安全，并满足各个经济部门的需求，埃及还将水资源管理战略与埃及"2030年愿景"目标进行了对接，形成了一系列水资源管理与发展战略目标，一些目标甚至包括了2050年的相关战略目标与任务。

在具体的技术实施方面，埃及也正在不断尝试使用滴灌等旱作节水技术开展对小麦、水稻等主要农作物的种植，以及广泛采用耐盐碱农作物品种进行种植。为此，埃及农业与土地开垦部在2020年4月提出了一项针对在2018年制定的节水灌溉改良计划，即对现有的地表灌溉系统进行大规模替代改造，投资1 837.39亿埃镑实现500万费丹面积的全滴灌系统。

此外，为进一步加大对水资源的高效输送和最大化地减少损失，2020年4月，埃及总统阿卜杜勒·法塔赫·塞西（Abdel Fattah al-Sisi）决定未来2年内在全国范围内修建55 000千米防渗漏灌溉水渠，以最大程度减少水资源的流失。预计仅从尼罗河谷和三角洲引出的20 000千米的水渠，将挽回50亿立方米的渗漏损失。另外，埃及灌溉和水资源部将在2020年完成2 000千米的水渠建设。对此，埃及的一些省份已经开始了水渠的修建工作。亚历山大（Alexandria）已建成了20条水渠，耗资6 000万埃镑。在上埃及的奎纳省（Qena），目前已经完成了220条水渠中的6条的建设。这些水渠均位于连接该省和卢克索的主干道路两侧（图1-18）。

图1-18　埃及的运河灌溉水渠修砌工程

此外，再生水的回收和海水淡化也是埃及考虑的一个重要的节水方向。埃及近年来也在西奈半岛等地投入巨资或与阿联酋等国合作建设了大批水源回收净化以及海水淡化工厂，一旦投入使用，将在较大程度上缓解埃及的水资源紧张状况。

（一）阿斯旺大坝之争

近代埃及之父穆罕默德·阿里在开疆拓土的同时，认识到水利对农业的重要性。早在1861年，他就在爱尔卡内特三角洲（the Delta Barrage at el-Kanater）修建了第一个拦河坝。在英国殖民期间，1899—1902年建成了阿斯旺大坝（史称"低坝"），也就是现在的"老坝"[1][2]。老坝虽然起到了预期的效果，但是随着近现代埃及的蓬勃发展，特别是人口的快速增长和大范围的土地开垦，老坝渐渐无法满足需求且出现老化症状，多次发生洪水漫顶的险情。同时也为了发挥更大的拦洪效果，独立后的埃及于1960年在阿斯旺大坝上游6.4千米处另建了一座水坝，即阿斯旺水坝（Aswan High Dam），也称阿斯旺高坝，该大坝是世界上首屈一指的高坝，是一座大型综合利用水利枢纽工程，具有灌溉、发电、防洪、航运、旅游、水产等多种效益。水坝历时10年，耗资9亿美元。水坝主体高111米，最高蓄水位可以达到183米。雄伟的阿斯旺大坝以胡夫大金字塔17倍的体量，跻身世界七大水坝之一。坝

---

① 张瑾，上海师范大学非洲研究中心，2020。

② Fanackwater，2019.

基水深30～35米，坝址河谷宽约500米，两岸边坡下陡上缓，高出河底100米处的河谷宽约为3 600米。水库总库容达到1 689亿立方米，电站总装机容量210万千瓦，设计年发电量100亿千瓦时。大坝将世界第一长河尼罗河拦腰截断，蔚为壮观。如果站在坝顶回首上游，一个宽约15千米、长约500千米的巨型水库足以震撼任何人。这个水库现在被称之为"纳赛尔湖"，这座人工湖是世界第二大人工湖，可以吞下尼罗河的全年径流量，并能够实现河水多年调节。在阿斯旺大坝的调控下，埃及1964年的洪水以及1972年的干旱，特别是1975年的特大洪水和1982年以来的严重干旱都被最终消除。20世纪80年代，阿斯旺大坝高峰期的发电量曾占埃及用电量的一半，为埃及工业发展提供了强大动力。阿斯旺大坝使全国可灌溉面积增加了25%，加上配套的引水渠，可耕地面积增加了100万公顷以上。由于用水有保障，农田复种指数增加，有30万公顷以上的土地实现了双季耕种。在全非洲几乎都在闹饥荒的时候，埃及的粮食生产却因为大坝而基本得到了自给自足。这个大坝的诞生，不仅为上埃及乃至整个埃及的农业带来了福音，更为阿斯旺旅游业的振兴起到了决定性的作用。

埃及选择在阿斯旺建设大坝，是综合多种考虑之后的决定。地理因素是决定性因素，从尼罗河的走向和地势变化看，自苏丹首都喀土穆到埃及阿斯旺1 400余千米的流域是尼罗河落差最显著的一段，海拔从喀土穆的460米陡降至阿斯旺的海拔180米，落差达到280米，此外还有遍布的峡谷和急弯，特别是有6处较为显著的瀑布，水势湍急，适宜建造水利设施，阿斯旺即位于第一处瀑布处。

由于阿斯旺大坝距离苏丹过近，对苏丹的利益造成了影响，因此埃及和苏丹之间也曾就阿斯旺大坝以及大坝衍生的各种问题长年以来龃龉不断。苏丹在1956年独立，独立后的苏丹在其国内民族主义势力的推动下，与埃及的摩擦不断加剧，阿斯旺大坝就是苏丹挑起冲突的一个重要抓手，经常借助尼罗河上游国家的种种便利打压埃及。但是随着阿斯旺大坝的建成，这种打压的效果不再。

阿斯旺大坝的种种利弊就不在本文赘述，不同的专家均已有很全面的叙述。本文主要就大坝的利益之争进行概述，以阐述埃及的农业发展过程中，尼罗河水坝对埃及农业生产方式的改变以及未来发展之路的改变。不管怎样，阿斯旺大坝在本质上已经改变了尼罗河的径流模式和水文特点，也将不可避免地导致下游肥沃良田的不断退化，从而引发一系列可能的生态问题，当然那有可能是数十年乃至百年以后的事了。但无论出于何种考虑，造福当代、遗祸后代的做法总是有悖人类作为地球家园一分子应具备的长期责任和义务。

（二）复兴大坝之争

1. 复兴大坝争端的历史背景

尼罗河水的争议在埃及、埃塞俄比亚和苏丹三国之间是长期恩怨不断的纽带，三个国家的争端甚至可以追溯到第二次世界大战甚至第一次世界大战。如今，随着国际环境发生了重大的改变，埃及、埃塞俄比亚和苏丹三国现在却均表现出了明显的合作意愿。但是再强烈的合作意愿，均无法掩盖这样一个基本的事实，即围绕着水资源的争议将难以消除。对于水资源的分配和利用的协商，稍有不慎就会产生难以想象的后果，埃及前总统穆尔西甚至在2013年曾发出战争威胁。

埃塞俄比亚多年来一直在全力推进非洲这一最大水电工程的建设。因被埃塞俄比亚人视为其复兴大业而命名的"复兴大坝"（GERD）这一水利枢纽工程位于毗邻苏丹边界的贝尼尚古尔—古穆兹区（Benishangul-Gumuz）。实际上埃塞俄比亚计划在青尼罗河建造数座大坝，以从根本上解决该国对能源的渴望。复兴大坝造价超过30亿欧元，设计发电量6 000兆瓦（MW），足足相当于4座核电站（图1-19）。

图1-19 复兴大坝

但是埃及和苏丹从心理上根本无法接受埃塞俄比亚这个以在他们头顶"悬剑"作为本国"复兴大业"的行为，都坚持援引1929年和1959年签署的殖民地时代协议。根据协议，两国享有青尼罗河和白尼罗河约90%的水资源，以及拥有对尼罗河上建造任何水坝计划的否决权。

在多年争议后，2015年3月，埃塞俄比亚、埃及、苏丹三国领导人签署共享尼罗河水协议。尼罗河流域国家达成原则性共识。埃塞俄比亚前总理德萨莱尼（Hailemariam Desalegn）称这是一份具有指导性意义的文件，将成为相关各方未来谈判的基础，埃及总统塞西表示，埃及方面希望还会迈出更多步伐，使共同目标得以实现。

自埃及长期执政者穆巴拉克于2011年初垮台以来，埃及政治一直不安定。围绕埃塞俄比亚复兴大坝问题的地区国家间的博弈成为政治和外交的砝码，导致水资源的谈判一再因政治需要而被中止。直到2014年秋季埃及主动向埃塞俄比亚派出代表团磋商水资源争端问题以后才有了新的转机。

2. 复兴大坝之争的政治意义

近年来，雄心勃勃的埃塞俄比亚复兴大坝（GERD）项目在埃塞俄比亚、埃及和苏丹之间引起了冲突。复兴大坝现在已完成70%的工程量，埃塞俄比亚已于2020年7月宣布完成"复兴大坝"第一阶段蓄水。然而，尽管经过多年的谈判，这三个国家仍未就库容量和后续运营等达成协议，而且就2020年当年的形势来看，短期内顺利达成一致几乎是天方夜谭。复兴大坝之争解决的难度之大，敏感度之高，前所未有，争端的关键症结就在于诉诸国际斡旋将是无解，必须在区域范围内协调解决。因为其为当今世界上各处都存在的类似问题，提供了一个令所有"利益相关者"投鼠忌器的巨大样板。

显而易见，埃塞俄比亚和埃及之间在几个世纪以来一直围绕着尼罗河的水资源归属与分配龃龉不断。来自埃塞俄比亚高地的青尼罗河对尼罗河年流量的贡献超过一半〔剩余大部流量是从发源于维多利亚湖的白尼罗河流出，此外还有一些是阿特巴拉（Atbara River）和特克泽河（Takaze River）的水量，也从埃塞俄比亚流出〕。青尼罗河季节性水流带来的丰富沉积物已成为埃及几千年来农业的支柱。因此，自法老时代以来，埃及人一直对在尼罗河上游构建任何形式的水坝保持高度警惕，因为在尼罗河上游构建水坝会极大地影响尼罗河的水流量。

基于尼罗河是埃及1亿居民的唯一淡水来源，目前埃及政府已经动用法律、政治和军事手段坚定保护其在尼罗河的水权。2011年埃塞俄比亚前总理梅莱斯·泽纳维（Meles Zenawi）发起了复兴大坝（非洲最大的水电大坝）项目倡议。然而，当时埃及因深陷内部革命乱局而导致该倡议搁置，这也证明了两国之间长期以来缺乏充分的信任。

埃及对尼罗河的水权一直主张拥有历史性的权利，这一要求当然受到了埃塞俄比亚和其他上游国家的质疑和挑战。这些国家一致要求更加公平地利用这条河的资源。经过长期深入的对话，1999年，来自尼罗河沿岸的10个国家发起成立了"尼罗河流域倡议"。然而，由于埃及坚持对未来的尼罗河任何上游项目保留否决权，因此该针对尼罗河的多边发展倡议停滞不前。正是在这种情况下，埃塞俄比亚于2011年单方面启动了复兴大坝项目。

作为水电项目，复兴大坝当然不会导致埃塞俄比亚占有额外的用水量，但是由于需要给水库注水并保持一个标准的库容量，因此毫无疑问会减少尼罗河的水流量。对此，埃塞俄比亚政府多年来一直在与下游两个国家埃及和苏丹就水库蓄水的速度进行谈判。在多年未能取得进展之后，埃及总统塞西于2019年11月邀请美国介入协调，埃及的作用显著增强。自2019年12月以来，这三个国家的外交和水利部长举行了一系列会议和磋商。世界银行（the World Bank）行长戴维·马尔帕斯（David Malpass）和美国财政部长史蒂芬·姆努钦（Steven Mnuchin）也参加了会议和磋商。最近的一次会议于2020年2月13日结束，但是没有达成任何协议。

2020年6月30日，埃及将复兴大坝争议提交联合国安理会审议的公开会议召开，以强调"用非洲人的方式解决非洲问题"。此前非盟峰会主席团6月26日以视频方式举行特别会议，埃及、埃塞俄比亚和苏丹三国领导人与非盟轮值主席、南非总统马塔梅拉·西里尔·拉马福萨（Matamela Cyril Ramaphosa）召开了线上峰会，商讨通过和平方式解决争端，避免诉诸联合国。

美国国务卿迈克尔·蓬佩奥（Michael Pompeo）2020年2月访问埃塞俄比亚期间通过斡旋敦促埃塞俄比亚签署拟议的《尼罗河条约》。埃塞俄比亚是美国在北非安全与发展领域的盟友，每年获得美国提供的发展援助资金超过10亿美元。因此，美国对埃塞俄比亚的强大影响力以及此次将埃塞俄比亚作为其在北非的一个重要平衡力量而促成此次和谈，将成为美国总统特朗普"权力交易"治理模式的一次重要体现。自从特朗普广受争议的巴以冲突和平计划之后，他有可能将通过试图解决这个棘手的问题来进一步强化与埃及的关系。

而埃及最为担心的是，一旦复兴大坝的水库正式蓄水并开始运行，将会对其农业生产带来巨大危害。因此埃及主张要求从青尼罗河的490亿立方米水流中至少获得400亿立方米。但是埃塞俄比亚主张每年应获得310亿立方米的水权。而美国建议的下游国家水权为370亿立方米。这将使埃塞俄比亚每年最多向复兴大坝水库注水120亿立方米。值得注意的是，由于协议中的附加条件将蓄水限制在7月和8月的雨季，因此该数字可能会低得多。

该水库的标准库容量为740亿立方米，而美国的这项限制性建议可能会导致大坝水库延迟多年蓄水，同时还会降低该大坝满负荷发电的效能。此外，这一限制还可能阻止埃塞俄比亚在尼罗河沿岸开展其他项目。如果在干旱季节或上游的新建项目减少了大坝蓄水，那么埃塞俄比亚将不得不通过从水库中抽水来维持尼罗河最低水流量。

本文此部分撰写之时正值2020年美国积极斡旋埃及、埃塞俄比亚及苏丹就大坝问题达成协议。但是笔者认为埃塞俄比亚总理阿比·艾哈迈德（Abiy Ahmed）可能不会承诺签署这份匆忙拟定的新尼罗河条约。但是，如果埃塞俄比亚屈从于美国的压力而做出让步，那么将会在这个项目的问题上付出巨大的代价。

由于三方对于该（条约）相关协议[①]产生的主要问题都是在匆忙的谈判过程中产生的，因此在未来将可能会产生意想不到的风险。这种风险产生主要原因就是在当事方之间缺乏独立的、公正的第三方监督机制对协议开展必要的监督和管理。此外，由于涉及该复兴大坝的任何协议都需要所有当事方的通力合作，因此只有该协议所有签署方的大力支持作为基础，该协议才有可能获得最终成功。基于当前关于复兴大坝的任何替代方案尚不明朗，而且考虑对该协议的履行以及对于任何越权行为的制裁将违反相关国际准则，因此该协议在实践中将不具有可行性。

更为重要的一点是，该协议没有任何退出的权利，因此，这样一个高度不确定的约束性协议很有可能在未来的实际执行过程中形成僵局。有研究表明，气候变化将增加尼罗河流域盆地的缺水以及高温年份的发生概率，由此产生的后果就是河水流量会因此减少。当然，复兴大坝项目本身也需要进一步研究和

---

① 即《尼罗河流域倡议综合框架协议》。

论证，以评估其对环境的影响程度。特别是评估其是否可能与库存水压、沉积和蒸腾等因素关联而发生的任何意外情况。因为在大多数未知的情况下，一个关于水源共享的封闭式协议很可能会在未来产生一些意料之外的后果。

因此，对于该协议来说，更好的方式是各方通过协商为尼罗河水源的综合治理建立一个全面的框架体系。该体系的设计可以分为两个阶段，对于第一个阶段的安排是可以形成清晰的共识，即对水库的库容蓄水量达到595米以上。该库容安排将确保埃及、苏丹和埃塞俄比亚有大约两年的时间在未来协商制定出更全面的合作框架。

一般来说，在理想的情况下，该协议作为一个专门对尼罗河进行综合治理的合作框架，其所涉及的范围应该能够基本满足各方需求，并能够对其他基于尼罗河水源治理有关的项目产生指导意义。此外，该协议还能够以"湄公河委员会"等其他成功案例为蓝本，成为一个基于跨国界水资源治理的国际标准和样板，尽管到目前为止仍然尚未得到苏丹和埃及的认可，但是该协议仍还有继续修改的价值，并作为未来一个更为成熟协议的基础。

作为一个仅仅关于水源共享的简要条约，协议中涉及的一些方法仍然具有多种优势。首先，它倡导了一个旨在更好地协调和履行复兴大坝项目的一个联合机制下的平台。第二，该综合框架协议可经过改进以适应任何意外变化，并对此做出反应。例如对未来项目和气候变化的适应力。此外该规划甚至还可以进行未来的预防性管理，以便确定未来对尼罗河实施保护、管理和发展相关举措的范围和条件。第三，如果所有利益相关方将尼罗河问题视为一种共同享有的权利和义务的结合而不是仅仅将其视为对水资源配额的争夺，那么将能够推动该协议的合法性得到更有效地执行。最重要的是，由此而产生的协议将具有可持续性，且将能够经得起协议签署国的各种政治考验。

尼罗河沿岸所有国家必须肩负起对尼罗河的共同责任。考虑尼罗河问题的历史复杂性和涉及范围的广泛性，只有沿岸国家以命运共同体的姿态开展真诚的合作，才能找到尼罗河问题的持久解决方案。

因此，基于上述分析结果，无论是埃及、埃塞俄比亚还是苏丹均不应急于着手缔结美国参与斡旋的"条约"，而是应首先团结一致，着眼设计一个共同认可的相关法律框架，以法律形式确保三方的长期利益，明确共同的权利与义务，才能真正实现一个长期稳定的尼罗河共同治理理念，才能真正确保尼罗河流域的稳定与和平发展，从而推进整个地区的和平和可持续发展[①]。

3. 复兴大坝之争的社会经济意义

众所周知，虽然复兴大坝对于保护水资源并促进可持续发展，防止洪水造成的破坏以及在干旱季节储存充足的水量等方面给沿岸国家带来重大福音，但是土地退化、荒漠化、森林砍伐和土壤盐碱化将会成为埃塞俄比亚复兴大坝对埃及和苏丹造成的长期负面影响。

当今，全球范围内有90万座以上的水坝，其中4万座为巨型或大型水坝。尽管目前尚无对水坝规模的普遍定义，但通常来说，高度超过15米，平均发电量超过400兆瓦的均可被视为大型水坝。根据1997年《联合国国际水道非航行使用法公约》，不建议上游河流国家建造大型水坝侵犯下游国家的公认水权权利。建造水坝除了对河道本身造成的公认影响以外，还将对下游环境特别是生物多样性造成极大影响。众所周知，生物多样性的破坏将导致一系列难以预计的气候、环境、生态、卫生等后果，近年来在全球多地突发的重大公共卫生、疫病事件，均与生物多样性遭到破坏有不同程度的关联性。

鉴于此，上游河流国家如建造大型水坝，需要在建造之前进行全面调研和评估，以明确建造大坝对河流的水文和环境的影响，特别是对下游国家未来有可能造成社会、经济影响。此外，上游国家还应保证最低限度的排水量，以避免对下游国家造成重大危害。

埃塞俄比亚未经埃及和苏丹事先同意，单方面决定建造的埃塞俄比亚复兴大坝无疑将对尼罗河河道造成严重影响，并损害下游两个国家未来的环境和农业。在上游国家建造大型水坝与在下游国家建造大型水坝是完全不同的，下游国家不会造成损害或负面影响。实际上，通过修建大型水坝，下游国家正在节约用水，避免不必要的排入海中，而且不会对第二方或第三方造成损害。相反，上游国家建造的大坝经常会导致环境、水文和社会经济的消极影响。以当前复兴大坝为例，该大坝高145米、长约1 800米的主坝体和支撑高50米、长4 800米的鞍形水坝形成一个容量达750亿立方米的水库。如果考虑地表蒸发和地表层渗漏，则总储水量为900亿立方米。

预计大坝建成之后，本已遭受粮食不安全困扰的埃及将出于战略考虑，被迫提前将粮食进口比例提高至75%，比目前的进口量增加10%。与目前每年

---

① Addisu Lashitew，2020.

130亿美元的进口额相比，意味着埃及每年要增加180亿美元粮食进口。预计在大坝第一阶段注水之后，埃及约360万农民的利益将进一步受到影响，届时埃及的经济损失将高达540亿埃镑（34亿美元）。此外，为进一步维护粮食安全，埃及的粮食进口预计还会增加9亿美元。埃及在尼罗河水中555亿立方米份额中的80%以上用于农业[①]。埃及农业用水年度需求在800亿立方米以上，不足的部分主要依靠地下水和雨水填补，但是很显然仍然远远不够。这就是埃及近年来以超乎寻常的热情广泛寻求替代方法确保水源供应的原因。但是不管怎样，如果埃塞俄比亚在未达成协议的情况下向大坝注水740亿立方米，那么埃及人将面临灾难性后果[②]。

除对粮食生产方面的直接影响以外，大坝还将严重影响尼罗河流域两岸的土地生态环境。大坝导致的土壤盐分显著增加和化学肥料的大量使用也将极大地影响三角洲和尼罗河谷的土地，这是由于大坝建成之后一定会产生缺水预期，导致受影响地区的农业为保持粮食增产将采取消极和破坏性的农耕管理措施。此外，尼罗河三角洲地区由于近年来全球气候变化、海平面上升和海水入侵而导致的生态环境的脆弱性日益增加，加之流向埃及的水量不断减少将导致其农业用地面积锐减，近年来已损失近80万公顷。当然，大型水坝也势必会影响当地的生态环境，对两岸的植物、河流杂草、动物、森林、动物栖息地及两栖动物和野生生物的生存环境与生活习性都将造成影响。

另一个影响是对气候变化的影响。由于来自青尼罗河向下游流动的淤积过程，有机物和进入其中的植物残渣分解，将导致水库储存的温室气体排放量增加。这将导致大量的二氧化碳排放，并严重降低微生物消耗的可溶性氧，导致河流中的鱼类死亡率大大增加。

复兴大坝将使每年到达埃及的水量减少10亿～12亿立方米，这意味着将有超过500万人失去农业和渔业部门的工作。由于流向苏丹和埃及的水很浅，因此尼罗河的蒸发将显著增加。对此，埃塞俄比亚应保证向下游国家提供足够水量，以最大程度减少大坝带来的负面影响。

在埃塞俄比亚边界与苏丹之间距离为5～20千米处建造的形状弯曲的复兴大坝，也或将对苏丹造成严重影响，特别是苏丹东部的青尼罗河州（Blue Nile）和塞纳州（Sennar）。复兴大坝可以防止青尼罗河86%的沉积，总计约

---

① Mohamad Gama（穆罕默德·加马尔），埃及农业经济学家，2020.7。
② Al-monitor，2020.8.5。

1.365亿吨淤泥。这些肥沃的淤泥和黏土颗粒的损失将明显影响苏丹青尼罗河州农田的肥力。

如果没有这种冲积沉积，则意味着需要向土壤中添加更多的氮和磷肥料。这将导致食品安全标准的降低，并将增加硝酸盐对浅层地下水的污染，特别是在苏丹东部多雨地区。此外，预计大量使用磷和钾肥料也会增加土壤污染，尤其是镉和其他重金属的污染，以及该地区所有食品中化学肥料残留的增加。

苏丹青尼罗州的农业模式将从主要依靠存储在土壤中和根区深度的洪水冲击盆地农业转变为永久灌溉农业，这意味着化学肥料和有机肥料的使用增加。大坝建成后，这些农药在灌溉农业中的使用将增加苏丹东部发生癌症的可能性。同时，没有建设良好排水系统的灌溉农业将导致涝灾或出现土壤水饱和现象。苏丹财政资源薄弱，无法为其新的灌溉农业模式建立完整的排水系统。这样的涝灾和排水不良将打击苏丹青尼罗河州和塞纳尔州的所有农业用地。

在接下来的30年中，土壤盐碱度的升高将是苏丹东部的主要问题，就像埃及在阿斯旺修建的大坝阻止了尼罗河洪水浸出农田中积聚盐分之后在埃及发生的情况一样。由于根据需要的发电量，从大型水坝每天将排放受控的水量，复兴大坝会将尼罗河几乎变成一条灌溉渠。这将导致河流原有的形态发生严重变化，毫无疑问将造成河岸侵蚀等一系列现象，特别是在苏丹东部的青尼罗河上[1]。

展望复兴大坝的未来，在技术性验证工作完成前，复兴大坝恐怕也不可能产生约束性协议。埃塞俄比亚未等待可行性研究结果出来前便匆忙将工程上马的行为本身就意味着一种"既成事实"的冒险行为，将为未来的任何冲突爆发埋下隐患。三方的最终任何意向性决议必须转换成技术层面上的专项和细致的协议。只有这样，才能得到三方真正的确认，推动达到项目让所有各方均受益的最终结局[2]。

4. 埃及政府对复兴大坝的立场

埃及政府对复兴大坝历来持强硬的主张，在2020年初华盛顿斡旋失败之

---

① Nader·Noureddin，开罗大学农业学院土壤与水科学教授。

② Rawia·Tawfik，开罗大学水专家。

后，面对埃塞俄比亚即将对复兴大坝进行注水的咄咄逼人势态，埃及无奈将复兴大坝问题提交至联合国安理会公开会议审议，意图通过国际压力，将埃塞俄比亚拉回至三方谈判桌前。埃及外交部长舒克里（Sameh Shoukry）在6月召开的联合国安全理事会前夕，还发表了埃及政府对于复兴大坝问题的正式声明。

埃及政府认为，在当今这样一个动荡的时期，人类正在面临一个史无前例的无形敌人的考验，严重的新冠疫情蔓延，导致世界遭受生命威胁和经济停顿。然而对于埃及来说，真正威胁生存的挑战已经浮出水面，超过1亿埃及人的生计将面临冲击，埃塞俄比亚复兴大坝将危及整个埃及国家的生存之源。

埃及是尼罗河流域国家中最干旱的河岸国家和地球上最缺水的国家之一。埃及逾亿计的人口被迫拥挤在一块不超过全国领土7%的一条细长的河谷以及一个三角洲形成的土地上，人均拥有不超过560立方米的水资源。而埃塞俄比亚拥有丰富的水资源，包括年均近9 360亿立方米的降水量，其中仅有5%的水流入青尼罗河，另外还有11处河流流域与邻国共享，所有这些埃及都无从拥有。

这意味着如果复兴大坝单方面注水和运营，则在缺乏下游生命和生计保护的情况下，可能会进一步加剧已经十分紧张的地区关系，甚至危及数百万人的生命。因此，近十年来埃及参与了关于复兴大坝的艰苦谈判。埃及的目标是达成公平公正的协议，以确保埃塞俄比亚合法的主张，同时最大限度地减少该水坝对下游的有害影响。

为展示诚意，埃及召集过多次区域双边和多边首脑会议，以促进达成协议，同时最大限度地减少不利影响。此外还组织了多次水事务部长及技术团队之间的三边会议以及外交事务部长会议，并为这些对话提供了政治支持，埃及还成立了独立的水文专家委员会，对大坝进行科学评估。三个国家还于2015年3月缔结了《埃塞俄比亚复兴大坝原则宣言》，该条约旨在为三方的讨论提供更大的政治指导。

复兴大坝的单方面运行可能会造成灾难性的社会经济影响，这将直接影响埃及人的生活与安全的各个方面，包括粮食安全、水安全、环境安全和卫生健康。此外还将使数百万人面临更大的危险，从而导致犯罪率和非法移民率上升。最重要的是，还将破坏尼罗河水质、摧毁河岸生态系统、破坏生物多样性，并加剧气候变化。

埃及总统塞西对此曾有过一段精辟的尼罗河水的宣言："我敦促我们为子

孙后代创造更美好的未来……不仅埃塞俄比亚的所有教室都可以用电……埃及的孩子也可以像父母和祖父母那样的方式从尼罗河饮水……所有双方的共同努力目标就是保证两国人民都过上体面的生活……均以其各自伟大、辉煌的历史和巨大的潜力，以更加饱满的形象屹立于国际大家庭之中。"

三、土地资源权益的矛盾

一百多年来，埃及人口增加了7倍，但耕地面积只增加了1倍。据世界银行统计，埃及2010年农业用地仅占国土面积的3.69%，耕地面积占国土面积的2.89%，人均耕地面积仅有0.04公顷。至2016年，农业用地为3.75%，而耕地为2.8%。而城市化所占用的大多数土地都是肥沃并且非常有限的农田。这些农田所产出的农产品不管是在国内市场还是国外市场都能创造很好的收益，而这些农田的流失也造成了埃及出口的减少和国内供给不足。随着埃及城市化进程的加快，原本稀少的耕地面临更加严峻的挑战（图1-20）。

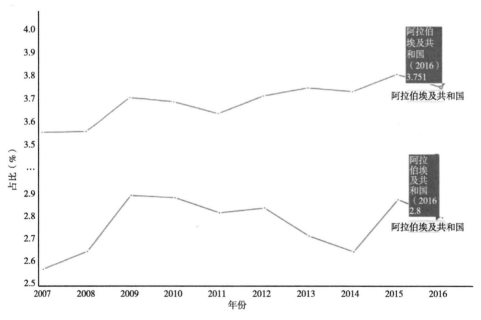

图1-20　埃及的农业用地（红）、耕地变化（蓝）（2007—2016年）

（资料来源：世界银行，2020）

尽管开罗人口已经超过1 600万，占全国人口的20%以上，而且郊区无规划的密集楼群摩肩接踵地不断扩张蔓延，还是不断有更多贫苦农民流入这个超大城市中心区，使得开罗的"死人城"已经演变成越来越大的贫民窟。甚至政府都不得不承认住在"死人城"的贫民基本权利，出资为"死人城"修建电力和上下水设施。现在，"死人城"已经成为旅游手册上给国外游客介绍参观的景点之一。

20世纪50年代开始的土改提高了农民的积极性，60年代得到苏联援助开始兴建的阿斯旺大水坝改变尼罗河间隔性泛滥的规律，大约80%的耕地得到防洪灌溉便利之后，农民们得以更滋润地在这个到处肥田沃土、得天独厚的地方繁衍生息，已经发展到了人口过度密集的程度——尼罗河三角洲人口占全国的94%。随着埃及农业的产量明显增加，工业化和城市化也得到发展；但由于没有计划生育政策，人口增长达到50年代的3倍。

尽管埃及政府一直通过粮食进口和粮食补贴等措施不断满足人民的基本需求，但从长远看，这只是治标不治本的做法，非但不能彻底解决粮食问题，反而还会成为国家经济发展的掣肘之力。对埃及而言，在其重新崛起的道路上，除了重视工业和第三产业发展之外，应更多地给予农业政策上的扶持。

第二章

粮食之争

第一节　埃及农产品概况

一、结构与分布

　　埃及农业在北部非洲国家较具代表性，气候、生产条件及其产业结构是北非和中东多数国家的综合缩影。由于埃及农业完全依赖灌溉，其生产受气候条件影响不显著，农作物种类多样，单产较高，农业生产长期以来总体处于稳定状态。尽管如此，由于地处地区战略要冲，扼守全球重要经济通道，国内对粮食的巨大刚性需求和严重产能不足并存，农产品国际贸易对外依存度巨大，与周边国家关系复杂微妙。因此埃及的粮食安全直接牵动所在地区的粮食安全和政治安全。

　　埃及的农产品品种繁多，特色鲜明。主要包括粮食作物、经济作物、水果及蔬菜。粮食作物主要包括小麦、玉米、水稻、大麦、高粱和马铃薯等，其中前三种是埃及人饮食结构中的主要部分。小麦占其粮食种植面积的32%～48%，玉米占22%～27%，水稻占16%～29%[①]。埃及的经济作物主要包括棉花、蚕豆、苜蓿、甘蔗等。水果及蔬菜主要是柑橘、葡萄、椰枣、橄榄等。

　　埃及由于其优势的光照和土壤条件，也是棉花等高品质经济作物以及水果类产品的出口国。根据埃及农业和土地改良部中央农业检疫部门2020年初统

---

① 中国热带农业信息，2018。

计，埃及2019年水果和蔬菜出口535万吨。2019年度埃及出口的农产品主要包括柑橘类水果、马铃薯、洋葱、葡萄、大蒜、杧果、草莓、青豆、番石榴、黄瓜、甜椒和茄子等。柑橘类总出口量约为180万吨，马铃薯约68.8万吨，仅次于柑橘而居第二位。洋葱出口量约为58.6万吨，排名第三，葡萄排名第四，石榴排名第五，大蒜排名第六。中国是埃及最重要的水果出口国之一，埃及常年向中国出口的水果主要包括橙子、葡萄、枣类和甜菜。特别是埃及橙在中国的市场份额达到40%。畜牧业主要以家庭散养为主，以往少有大规模畜牧农场，近年随着相关国家战略计划的推进，大规模养殖场已列入发展日程。埃及主要出产肉牛、水牛、绵羊、山羊和禽类。渔业资源较为丰富，主要依靠境内以世界第二大淡水湖的纳赛尔湖（Lake Nasser）和尼罗河三角洲的曼扎拉湖（Lake Manzala）[1]和布鲁卢斯湖（Lake Burullus）等湖泊出产的淡水鱼和北部2 700千米地中海沿线出产的海洋渔业资源，另外还有部分红海渔业资源。年均渔产品出产量在100万吨左右，2019年产量接近200万吨。

埃及与尼罗河流域国家之间的贸易往来主要包括苏丹、埃塞俄比亚、乌干达、刚果、肯尼亚、坦桑尼亚、卢旺达、布隆迪和厄立特里亚。与这些国家之间的贸易额在2018年为18.72亿美元，而2017年为14.93亿美元，增长25.4%。从尼罗河流域国家进口总价值在2018年为6.68亿美元，而2017年为3.8亿美元，增长75.8%[2]。

二、产量及进出口

（一）在食品、农产品总体进出口方面

在食品领域总体出口贸易方面，2020年8月，埃及食品工业出口理事会宣布，至2020年上半年，埃及食品工业出口实现正增长，出口额达到18亿美元，与2019年上半年出口相比实现2.2%的正增长，食品工业出口占总出口的14%，在同期最重要的埃及出口部门清单中排名第三。2020年6月的出口额为3.37亿美元，与2019年同月的出口额相比增长39%。6月出口额是2020年上半年食品出口的最高值。

---

① 埃及知名观鸟胜地，苍鹭、篦鹭、鹈鹕、火烈鸟、斑麻鸭、琵嘴鸭、黑鸦、美洲反嘴鹬等在此过冬。
② 埃及公共动员和中央统计局（CAPMAS），2020。

阿拉伯国家是埃及加工食品最重要的出口目的地，2020年上半年，埃及向阿拉伯国家食品出口额为9.83亿美元，占2020年上半年全部食品出口总额的55%，较2019年同期增长3%。其次是欧盟，为2.57亿美元，占全部食品出口额的14%。对非洲非阿拉伯国家的总出口额为1.98亿美元，占总出口额的11%。美国为8 800万美元，占总出口额的5%。其余国家的出口总值为2.68亿美元，占在同一时期埃及食品出口总额的15%。

在2020年上半年，埃及在世界上最主要的食品出口目的国中，沙特阿拉伯王国以1.72亿美元排名第一，较2019年增长率为6%，其次是利比亚9 700万美元，跌幅5%，约旦为8 900万美元，下降了4%，阿尔及利亚为8 800万美元，增幅为112%，美国为8 800万美元，也门为7 600万美元，阿联酋为7 400万美元，伊拉克为5 800万美元，意大利为5 400万美元，排在第十位的是摩洛哥5 100万美元[①]。

在农业总体出口贸易方面，埃及政府计划将2020—2021财年的农产品出口从2018—2019财年的558万吨增加到675万吨。2019—2020财年的农业出口收入估计为24.8亿埃镑，2020—2021财年计划增长5%～10%，预计可达到26亿～27亿埃镑。

农业出口额方面，2020年7月埃及农业出口理事会宣布，从2019年9月到2020年5月，埃及的农业出口额达到18.21亿美元，比2019年同期的18.9亿美元略有下降，为3.6%。农业出口量下降了7.2%，为354.2万吨，低于2018—2019年度，上年度出口量为381.8万吨。其中2019年9月至2020年3月向阿拉伯国家的出口总产值占全部出口的62%，达6.273 81亿美元。向海湾合作委员会的农业出口估计为3.925 12亿美元，而向欧盟的出口则为5.843 75亿美元。

农作物出口方面，2020年1—8月出口为16.7亿美元，其中水果出口7.55亿美元。前三大出口国分别为俄罗斯（2.64亿美元）、沙特（1.7亿美元）和荷兰（1.6亿美元）[②]。在1—9月，出口增至超过400万吨。尽管疫情造成了经济停顿，但预计2020年出口总量将超过445万吨。至8月，柑橘以139万吨高居该国农业出口之首，其次是马铃薯和洋葱，分别为67.511 8万吨和30.245万吨，葡萄以13.64万吨位居第四，大蒜出口量为3.325 2万吨。

---

① Al-ahram onlne, 2020.8.4.
② 埃及贸工部, 2020.10.21。

在埃及农产进口市场方面。埃及的农产品进口量占该国进口总量的24%。进口的产品主要包括小麦、玉米、糖和肉类等[①]。由于埃及的消费市场巨大，特别是高消费群体和中产阶级数量日益膨胀，一些高档及重要消费农产品以及主要的战略性农产品如大豆、小麦、牛肉、乳制品等长期依赖美国、欧盟等国家和地区进口。

2019年，埃及是美国农产品出口的第十五大目的地，总额达16亿美元，比2018年减少了18%。美国有望以11%的市场份额成为埃及的第四大农产品供应国，仅次于欧盟（EU）的16%，巴西的13%（图2-1）。美国对埃及的出口增长最大的是小麦和奶制品，分别增长了1.61亿美元和1 500万美元。此外，牛肉和牛肉制品、坚果和活体动物的出口分别增长了1 000万美元、900万美元和500万美元。玉米出口下降了3.2亿多美元。大豆、棉花和烟草的出口分别下降了1.68亿美元、2 400万美元和1 600万美元（表2-1）。

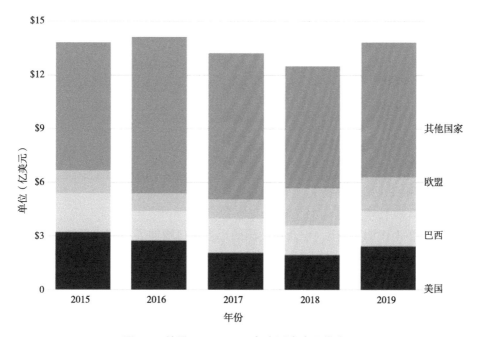

图2-1　埃及2015—2019年主要农产品供应国

（资料来源：Trade Monitor，LLC-BICO HS-6，2020）

---

① Egypt street，2017.

表2-1 埃及2015—2019年自美农产品进口

美国对埃及的十大农产品出口（百万美元）

商品	2015	2016	2017	2018	2019	2018—2019年增长率	5年平均
大豆（Soybeans）	162	100	365	1 164	995	−14%	557
小麦（Wheat）	101	20	34	25	185	656%	73
饲料（Feeds & Fodders）	153	79	70	84	78	−8%	93
牛肉及制品（Beef & Beef Products）	154	99	72	66	76	16%	94
奶产品（Dairy Products）	44	29	36	31	45	49%	37
坚果（Tree Nuts）	29	32	10	24	32	37%	25
棉花（Cotton）	40	34	36	55	31	−43%	39
植物油（Vegetable Oils*）	44	51	48	34	30	−13%	41
牲畜（Live Animals）	6	6	4	4	9	128%	6
种子（Planting Seeds）	7	10	9	4	8	105%	8
其他（All Other）	312	282	87	424	71	−83%	235
总出口（Total Exported）	1 052	741	770	1 914	1 561	−18%	1 208

*不包含大豆油。

（数据来源：U.S. Census Bureau Trade Data - BICO HS-10）

从表2-1中可以看出，埃及自美国的小麦进口增加了1.6亿美元，达到2013年以来的最高水平。这得益于2019年初的较高价格竞争力，这使得美国小麦对价格敏感的埃及市场出口有所回升。大豆对埃及出口方面，虽然从第一季度初开始激增，但对埃及的大豆出口总体仍然保持强劲。美国对埃及大豆出口在2018年达到创纪录的出口额，占当年出口的大部分。玉米方面，在前一年进口3.2亿美元之后，埃及在2019年没有从美国进口玉米。与南美和黑海沿岸国家的竞争对手相比，美国价格上涨是美国玉米出口大幅下降的原因。在其他方面，埃及近期强劲的经济增长和较低的失业率继续刺激以消费者为导向的商品进口，例如牛肉、奶制品和坚果。特别是奶制品达到近50%的增长，牲畜和种子更是远超100%的增长率。

在2020年COVID-19爆发之前,埃及强劲的经济增长和不断壮大的中产阶级使其成为美国等农产品销售的增长市场。预计一旦新冠疫情得到缓解,埃及的旅游业等将获得"井喷式"增长,巨大的消费需求将较大幅度提升并带动牛肉、牛肉制品和乳制品等高价值消费品的进口增加。预计到2021年,随着人口的继续快速增长,埃及将继续依靠不断进口来满足其超过50%的粮食和农产品需求。

(二)在特色农产品国际贸易方面

埃及的部分农产品因其质优价廉等较具出口优势,在国际市场长期占有一席之地,在农产品出口总量方面,埃及的蔬菜和水果出口每年超过500万吨。由于埃及农产品一直流向美国、欧盟、俄罗斯、新西兰、澳大利亚等国家,刚性需求较大,因此尽管2020年COVID-19波及埃及,但是埃及的农产品出口反而"逆势上扬",在疫情期间大放异彩,不仅未对出口造成明显损失,还积极借势开拓了不少新目标市场。例如,埃及橙出口在2020年首次超越西班牙而成为全球最大的橙子出口国。埃及是全球六大橙子产区之一,种植约有1 230万棵橙树,年产能345万吨,是世界上最重要的橙子生产和出口国之一,橙子占埃及水果产量的30%。埃及橙自1989年引进中国,与其他柑橘种类相比优势显著。埃及橄榄也是埃及特色产品,在全国栽种量亦逾千万株,且近年产量持续增长,紧随埃及橙的势头并在2020年也超越了西班牙。此外由于其他多种水果及蔬菜产业的增长,埃及政府计划在2020—2021财年增加农产品出口,将葡萄、柑橘和大蒜等打入东南亚、加拿大以及许多非洲和拉丁美洲国家新目标市场。埃及石榴也是埃及的"明星"产品,9月是石榴丰收季节,2020年埃及的石榴产业前景看好,尤其是本地明星品种——奇妙,目前在大量国际竞争对手进入埃及市场之前,该品种的早期市场需求期望值很高。埃及石榴有3个主要品种:奇妙(Wonderful)、116和Baladi,整个收获季节都出产。其中,奇妙是埃及的主要品种。埃及上个季节出口了24.7万吨石榴。值得一提的是,埃及石榴是继椰枣以来中国海关第二批即将认证的重要输华水果。

三、埃及农产品的出口潜力

不断增加农产品出口是埃及经济政策制定者的优先目标之一,自经济改革以来,埃及不断改进经济政策,稳定农产品生产与供给,目前已具备了应用更多的灵活措施来增加埃及农产品出口的能力。埃及农业的未来取决于其农产品出口实现的飞跃,其农业的不断提质增效为埃及经济发展所必需的外汇提供了一个更有保障的来源。

埃及的农业部门是埃及当前最有发展潜力的部门之一,埃及农业部门也多次公开强调要利用充足的自然和人力资源满足市场的需求,并不断创造更多的就业机会,吸引更多的国内外投资。埃及目前实施的基于扩大和多样化的农业发展模式对于出口农作物(尤其是水果和蔬菜)的生产,以及在国际市场上的销售具有显著的竞争优势。这种策略在2020年对全球农业生产和贸易产生巨大冲击的COVID-19下却表现出了显著的优势。尽管2020年初疫情严峻,但是埃及以蔬菜水果为主的农产品在此期间强劲的出口势头充分证明了国际市场对其农产品的强烈需求。2020年第一季度,埃及出口了223万吨水果和蔬菜,在全球柑橘出口国中排名第一。

埃及的农产品在疫情中表现不俗的另一个原因是埃及的农产品出口商能够更快地获得国家的出口资金支持,因此埃及的农产品出口商可以更高效地将其产品用于出口。2020年8月,埃及多数出口商已经收回了欠款的30%,有效地帮助了很多出口公司恢复了生产。此外政府的支持也确保了埃及的农产品国际贸易经受了疫情的考验。

在政策应对方面,埃及政府采取了许多措施减轻疫情危机对农产品出口的影响。例如,农业部门在通过农业推广服务和媒体向农民告知国际出口标准方面发挥了更大的作用。另一个措施是增强技术委员会的监督能力,改进边境出口、海陆港口和包装站的隔离措施,提高监测效率。埃及的农产品溯源系统也在疫情中发挥了重要作用,埃及的农业经营者在农产品的种植、包装和出口过程中对农作物引入跟踪系统以确保产品质量,这也更有效地帮助他们根据成本和利润做出准确的生产和销售决策。

保持埃及产品的良好声誉对于出口增长至关重要。因此,埃及政府监管部门也对不遵守埃及相关出口质量标准的出口公司采取了惩罚措施。此外,政府还致力于帮助消除埃及的出口公司可能遇到的障碍，以合理的成本向阿拉伯和欧洲国家提供产品空运服务，并且确保不关停农产品包装、物流设施。另一步骤是增加对中小型农业加工项目的投资。农产品加工可增加其附加值，提供更多的就业机会，并延长保质期。埃及增加了与阿拉伯和西方国家的沟通并签署协议以确保在可能发生的诉讼案件中仅惩罚有关的出口公司而不是惩罚所有出口商，确保市场的公平，有助于维护埃及农产品的国际声誉①。

为进一步增强埃及农产品的出口能力，埃及在疫情期间根据其农产品"逆势上扬"的有利势头还提出了一系列农产品市场推广措施与倡议及其相关配套设施与资金支持计划，后面章节将详细介绍。

第二节　埃及的农业生产

埃及的粮食产量多年来呈现不断增长的趋势，小麦、水稻和玉米三大主粮自20个世纪70年代起每年的产量都在不断增加，进入到2000年前后增幅更加显著。除了水稻在埃及的"阿拉伯之春"运动②期间产量出现了显著下滑以外，小麦和玉米产量均总体保持了稳步的增长势头。但是由于埃及的耕地有限，且近年由于人口猛增、耕地不断退化流失、农地非法占用猖獗、水资源挑战日益严重、气候变化加剧等原因，埃及的粮食生产以及粮食安全受到了空前威胁，对此埃及多年来持续不断地努力通过各种手段提升粮食产量，也收到了良好效果。三种主粮中，尤以小麦的产量增幅更加明显（图2-2、图2-3），这是由于小麦是埃及人最主要的日常口粮，埃及人对小麦的刚性需求很大，以松软可口闻名的"埃及大饼"就是由埃及自产的小麦混以进口的小麦加工烘焙而成。

---

① Mohamed Said Abbas，2020.
② 阿拉伯之春是阿拉伯世界的一次颜色革命浪潮。2010年突尼斯是整个"阿拉伯之春"运动的导火索，埃及在2011年也发生了政治运动，导致埃及前总统穆巴拉克下台。埃及总统塞西曾认为，"阿拉伯之春"运动导致100多万人伤亡，并给基础设施造成近1万亿美元的损失。

时期	小麦				玉米				大米			
	面积	总产	单产	产量增长率1%	面积	总产	单产	产量增长率	面积	总产	单产	产量增长率
	(10³公顷)	(10³吨)	(吨/公顷)		(10³公顷)	(10³吨)	(吨/公顷)		(10³公顷)	(10³吨)	(吨/公顷)	
1980—1989	559	2 204	3.92	4.50	590	3 662	4.57	3.71	406	2 371	5.83	1.25
1990—1999	956	5 238	5.46	2.50	701	5 313	6.48	3.34	552	4 472	8.04	3.14
2000—2009	1 144	7 376	6.45	0.10	729	6 656	7.85	0.39	646	6 239	9.65	0.77
2010—2017	1 358	8 751	6.45	0.90	936	7 774	7.63	-0.04	559	5 472	9.43	-0.76
1980—1999	757	3 721	4.69	3.50	646	4 488	5.52	3.53	479	3 421	6.94	2.20
2000—2017	1 239	7 987	6.45	0.4	821	7 153	7.75	0.2	607	5 810	9.55	0.094

图2-2 埃及1980—2017年谷物产量

（资料来源：埃及中央统计局，2019）

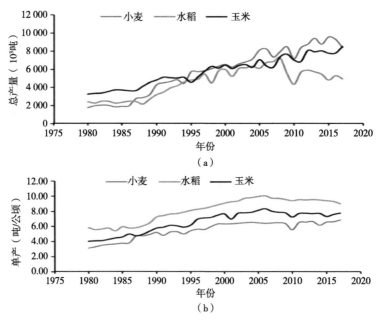

图2-3 埃及1980—2017年谷物产量走势

（资料来源：埃及中央统计局，2019）

一、小麦

埃及小麦属种类主要有三种：普通小麦、硬质小麦、斯佩耳特小麦。普通小麦和硬质小麦是主要品种。按播种季节可分为春小麦和冬小麦，按皮色的不同可分为白皮小麦和红皮小麦，按籽粒胚乳结构呈角质或粉质的多少可分为硬质小麦和软质小麦。

埃及为全球最大小麦进口国，主粮生产绝大多数供国内需求，不具国际竞争优势。由于人口增长迅速，国内主粮需求已远远超出自身生产能力。2018年埃及小麦产量为845万吨，在2019年产量877万吨，2020年890万吨，国内小麦消费量年均1 450万吨。虽然小麦的产量和进口量不断增长，但是仍然不能满足国内日益增长的需求。因此，埃及的小麦年进口量与日俱增，多年来一直占据全球最大的小麦进口国位置。

粮食进口量也是衡量一个国家粮食安全的主要依据。埃及2019—2020年小麦进口量预计将达到1 260万吨[①]。如今埃及每年至少大约需要960万吨的小麦，才能基本满足埃及1亿人口的口粮最低需求。然而，埃及自身的小麦产量虽近年来有了显著的增加，但是巨大的缺口导致埃及每年不得不进口大量的小麦用以弥补严重的产能不足。为填补粮食缺口，埃及政府和私营公司进口的小麦可能将达到1 300万吨左右。在粮食大量依赖进口的情况下，埃及如何满足1亿人口的粮食需求，不是一件容易的事情。

埃及作为世界上最大的小麦进口国，常年从世界各地进口大量的小麦，埃及的小麦进口商一般更倾向于从法国、美国和加拿大等西方国家进口各类小麦，近年来开始转向从俄罗斯、澳大利亚、罗马尼亚和乌克兰进口大量优质小麦。尽管如此，但仍不能满足埃及爆炸的人口增长所带来的对粮食安全的巨大冲击。为了积极鼓励国内小麦生产、改善主粮产能不足等问题，埃及政府对小麦生产加工进行了高额补贴，仅就埃及人特有的主食大饼一项，政府一年的补贴就高达210亿埃镑（约合30亿美元）。

此外，为了填补小麦产量和消费量之间的差距，同时也为了扩大耕地面积，增加粮食产出，埃及一直在考虑多种方式缓解主粮供应短缺问题。埃及甚至试图在非洲其他国家开展小麦种植。2010年，埃及时任总统穆巴拉克曾与乌干达商讨在乌大面积种植小麦的可能性。此后，还派出专家前往乌干达考察

---

① 美国农业部海外农业局，2020.2。

土地和种子。2015年，埃及现任总统塞西提出了雄心勃勃的"百万费丹"土地改良计划，力图向沙漠要土地，向沙漠要粮食。甚至埃及农业部门仍在不遗余力地寻找主粮的替代产品，以减轻日益严重的主粮生产能力不足和进口压力。2020年2月，埃及农业研究部门在研究小麦的替代作物方面获得进展，宣称埃及农业科研部门已研制成功一种粮食混合产品，有望成为埃及战略主粮小麦的替代品。如该消息属实且适宜推广，将大大降低埃及进口小麦的负担，缓解小麦产能与消费的巨大缺口。

（一）产量及进口量方面

1. 在国际机构对埃及的小麦产量与国际贸易预估方面

2020年初，美国农业部海外农业服务局（FAS）发布报告称，2020—2021年度（7月至翌年6月）埃及小麦产量预计为890万吨，比上年的877万吨增加约1.5%。3月，美国农业部全球农业信息网（GAIN）报告称，由于埃及拟进口更多小麦，需求持续增加，预计2019—2020年度小麦产量和进口量都将增加，产量从2018—2019年度的845万吨增至2019—2020年度的877万吨，增长4%（图2-4）。2020—2021年度埃及小麦进口量预计为1 285万吨，比2019—2020年度的1 280万吨增加0.4%。2019—2020年度又较2018—2019年度进口量的1 260万吨增长1%。9月，FAS发布《谷物：世界市场和贸易》报告称，埃及作为目前全球最大的小麦进口国，进口量从上年度的1 330万吨下降至2019—2020年度的1 268.5万吨，下降了61.5万吨。但是根据埃及国家统计局的数据，截至2020—2021年度的8月，埃及的小麦、面粉等产品进口增至1 300万吨，高于2019—2020年度。

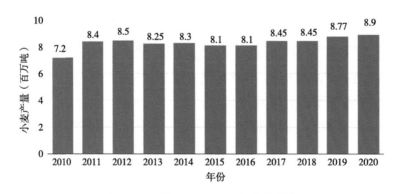

图2-4　埃及2010—2020年小麦产量

（数据来源：www.statista.com，2020.9.28）

在小麦消费方面，FAS的统计显示，2020—2021年度小麦消费量从上个年度的2 030万吨增至2 080万吨，增加了50万吨，是5年来增幅最多的一年。相应产量及消费量见表2-3和表2-4。

表2-2 《谷物：9月的世界市场与贸易》报告

世界小麦市场产量（本地市场年，10³吨）

国家	2016—2017	2017—2018	2018—2019	2019—2020	2020年至2021年11月	2020年至2021年12月
阿根廷	18 400	18 500	19 500	19 760	18 000	18 000
澳大利亚	31 819	20 941	17 598	15 200	28 500	30 000
巴西	6 730	4 264	5 428	5 200	6 600	6 300
加拿大	32 140	30 377	32 352	32 670	35 000	35 183
中国	133 271	134 334	131 430	133 590	136 000	136 000
埃及	8 100	8 450	8 450	8 770	8 900	8 900
欧盟	145 369	151 125	136 579	154 510	136 550	135 800
印度	87 000	98 510	99 870	103 600	107 592	107 592
伊朗	14 500	14 000	14 500	16 800	16 750	16 750
哈萨克斯坦	14 985	14 802	13 947	11 452	12 500	12 500
巴基斯坦	25 633	26 600	25 100	24 300	25 700	25 700
俄国	72 529	85 167	71 685	73 610	83 500	84 000
土耳其	17 250	21 000	19 000	17 500	18 250	18 250
乌克兰	26 791	26 981	25 057	29 171	25 500	25 500
乌兹别克斯坦	6 940	6 941	6 000	6 800	6 510	6 510
其他	52 211	53 417	53 094	58 981	56 832	56 987
小计	693 668	715 409	679 590	711 914	722 684	723 972
美国	62 832	47 380	51 306	52 581	49 691	49 691
世界	756 500	762 789	730 896	764 495	772 375	773 663

数据来源：FAS，2020。

从表2-2可以看出，埃及的小麦生产量在近5年一直持续增长，5年间增产了80万吨，增幅较其他产粮大国相比虽然并不显著，但是体现了埃及对小麦增产的期望越来越大。就目前埃及现有的土地潜力以及集约化程度不高的现状来说，进一步大规模提升产量的空间并不大，从这几年增产的幅度就可以看出。埃及如果希望实现小麦产量的显著提升，必须从提高生产效率和扩大土地开垦面积两个方面同时入手。提高生产效率包括多种综合因素，如高抗高产良种、科学轮作技术、高效水肥管理、低损耗收获加工储运系统、病虫害防治技术等。而扩大土地开垦不仅仅局限于尼罗河谷两侧纵深的荒漠改造，沙漠腹地、绿洲盆地以及西奈半岛的荒滩、盐碱地都在改造范围之内，这些就需要成熟、系统的农业综合土地治理技术。

表2-3 《谷物：9月的世界市场与贸易》报告

世界小麦市场消费（本地市场年，10^3吨）					
国家	2016—2017	2017—2018	2018—2019	2019—2020	2020年至2021年11月	2020年至2021年12月
阿尔及利亚	10 350	10 450	10 750	10 950	11 050	11 050
巴西	12 200	12 000	12 100	12 100	12 200	12 200
加拿大	10 671	9 029	9 145	9 263	9 700	9 600
中国	119 000	121 000	125 000	126 000	131 000	134 000
埃及	19 400	19 800	20 100	20 300	20 800	20 800
欧盟	12 800	130 400	121 050	122 500	118 000	118 500
印度	97 234	95 677	95 629	96 112	99 500	99 500
印度尼西亚	10 000	10 600	10 600	10 300	10 400	10 600
伊朗	16 250	15 900	16 100	17 200	17 700	17 700
摩洛哥	10 200	10 500	10 700	10 400	10 400	10 400
巴基斯坦	24 500	25 000	25 300	25 200	25 800	25 800
俄国	40 000	43 000	40 500	40 000	41 000	41 000
土耳其	17 100	18 500	18 800	19 900	20 100	20 100
乌克兰	10 300	9 800	8 800	8 700	8 100	8 100

（续表）

世界小麦市场消费（本地市场年，10³吨）					
国家	2016—2017	2017—2018	2018—2019	2019—2020	2020年至2021年11月	2020年至2021年12月
乌兹别克斯坦	9 300	9 700	9 500	9 500	9 500	9 500
其他	167 870	169 732	168 139	172 789	173 583	173 803
小计	706 109	712 556	704 762	717 410	722 007	727 110
美国	31 865	29 246	29 989	30 572	30 673	30 673
世界	737 974	741 802	734 751	747 982	752 680	757 783

数据来源：FAS，2020。

在表2-3中可以看出，埃及的小麦消费量在近5年增长了140万吨，同期的产量仅仅增长了80万吨，埃及的小麦消费与产量之间的"鸿沟"正在变得越来越大。导致这个结果出现的主要原因是人口过快增长，同时国内消费结构不合理、粮食浪费与损耗过大也是其中的重要因素，这也就是为什么埃及近年来在国际小麦期货市场不断购进大量小麦的原因。

如果将视野扩展至包括埃及在内的北非区域，至2020—2021年度，该地区的小麦进口增至2 960万吨，高于2019—2020年度的2 786.3万吨。中东同期小麦进口量降至2 588.5万吨，低于2019—2020年度的3 021.7万吨。然而北非地区的小麦产量下降至1 677.8万吨，低于2019—2020年度的1 839.9万吨。中东小麦产量增至4 534.8万吨，高于2019—2020年度的4 448.2万吨。这也说明了北非地区的小麦生产潜力正在降低，而中东地区正在不断提升产能。北非地区国家仍然基于传统方式粮食生产的综合效能正在与中东地区国家纷纷采用的现代化高效集成的生产效能形成越来越大的差距。

2. 埃及小麦实际产量与国际贸易方面

2020年初，埃及最大的国有小麦采购机构——埃及商品供应总局（Egypt's General Authority for Supply Commodities，GASC）发布了24个招标书，截至2019年2月20日，进口了613万吨制粉小麦。这比2017—2018年度同期GASC的采购量增加了近8%。2018—2019年度埃及最大的小麦进口国有俄罗斯（390

万吨）、罗马尼亚（96万吨）、乌克兰（48万吨）、法国（48万吨）和美国
（30万吨）。

2020年8月，埃及供应部宣布，2020年度①埃及小麦收获已圆满完成，财
政部共向埃及农民支付了1 600万埃镑，购得370万吨小麦。该年埃及小麦种植
面积为320万费丹，产量较2018年增加了50万吨。除了本地生产的小麦，埃及
还进口了约1 200万吨外国小麦。根据FAO的数据，当前2019—2020年销售年
度的小麦进口量估计为1 250万吨，与上年基本持平，比过去5年的平均水平高
约15%。尽管政府通常不在收获季节进口小麦，但2021年初追加进口了80万
吨，以应对COVID-19流行期间的粮食战略储备。埃及2020年的小麦总产量约
为900万吨，与2019年相同，与近5年的平均水平持平。埃及在7—8月间大幅增
加小麦采购和储备，这两个月采购量为240万吨，同比2019年增长40%，此举
是为了贯彻塞西总统提出的战略储备至少可用半年的必要物资，以应对疫情可
能造成的供应链中断。

埃及本年度本季的收割从4月中旬持续到7月中旬，最终交付的小麦少于
估计的420万吨，但总体水平令人满意。埃及本地生产的小麦将与进口的小麦
一起用于生产2.5亿~2.7亿条面包（饼），为7 000万人提供每日补贴。埃及
每年的面包补贴支出大约530亿埃镑。埃及还有部分产出的小麦由农民留作家
用，其余在乡村市场出售。埃及政府2021年的小麦收购价格是700埃镑/阿德布
（EGP/Ardeb）②，该合理的价格激励了农民提供更多小麦。

埃及2020年的收购价格是根据前两个月进口小麦的平均价格计算得出
的。2020年的价格要高于2019年，665~685埃镑/阿德布不等。但由于2019年
的"龙眼"冬季风暴影响了埃及四个三角洲省份的小麦产量，特别是沙尔基
亚（Sharqiya）和卡夫·谢赫（Kafr Al-Sheikh）。为应对来年的不良天气，埃
及政府已经通过了一项为期4年的在丘陵高台上种植小麦的计划，同时采用更
加抗病的小麦品种。埃及农业联合组织负责人、开罗沙漠研究中心专家萨伊
德·哈利法（Sayed Khalifa）预计，尽管埃及2020年小麦收成低于预期，但仍
旧是丰收之年。埃及财政部和供应部已向农民承诺在收割农作物后的48小时内

---

① 即埃及通用的2019—2020年度（2019年6月至2020年7月），财政年度、销售年度以及农业生
产年度普遍遵循上述时间节点。
② Ardeb，埃及小麦重量计量单位，每Ardeb约合150千克。埃及和周边国家/地区用于干法测量
的容量单位，在埃及官方相当于5.62美国蒲式耳，但在不同地区差异很大。

向其支付收购费用，较2019年少了一天。埃及政府还简化了交货程序，并延长了粮仓的收购时间，以确保夏粮收购。

（二）小麦价格的变化

早在2019年7月，埃及供应和内部贸易部（MoSIT）宣布国内小麦收割季节中①，政府购买的当地小麦数量为327万吨，2018年度为315万吨，总体保持不变。2019年3月，MoSIT宣布了政府的采购价格。当地生产的小麦价格范围为655～685埃镑/阿德布，或为251.10～262.60美元/吨②。2019年当地小麦采购价格比2018财年价格高14%～15%，这促使农民要种植更多的小麦。

作为全球最大的小麦进口国，埃及的主粮生产自给自足还是一个遥远的梦想。由于安全和发展的优先需要，埃及工业化进程不断加剧，但是国内水资源的供给却越来越捉襟见肘，导致埃及未来的小麦进口需求将会不断增加，这形成了一个"恶性循环"。埃及现政府希望刺激经济增长，因此每年进口多达1 000万吨小麦，主要用于向该国大量低收入人群提供价格补贴的面包，每条面包的价格不到1美分。2020年6月，埃及小麦的制成品面食的市场价格为60～80埃镑/千克。然而从埃及自己的小麦产量来看，年均产量超过700万吨以上，且由于政府的财政刺激，国家小麦收购价格高于市场价格。

2020年3月，埃及宣布，在4月新麦收割工作开始前，已经将国产小麦收购价格定在700埃镑/阿德布，约合44.59美元。埃及供应部曾表示，政府计划本年度收购360万吨国产小麦。

二、大米

产量及进口量方面，2020年10月，根据美国海外农业服务局（FAS）9月发布的报告，埃及大米产量在2020—2021年达到430万吨，与2019—2020年持平。大米消费量从2019—2020年的440万吨增加到2020—2021年的450万吨。埃及是FAS水稻生产者名单中第二低的国家，仅次于韩国。价格的变化方面，根据USDA的数据，预计2020—2021年度埃及大米进口量为20万吨，2019—2020年大米进口量为50万吨，与上年相同。

---

① 埃及的小麦收割季节为当年4月15日至7月15日结束。

② USD 1.00=EGP17.39，2019年3月。

三、玉米

产量及进口量方面，2019—2020年度玉米产量为640万吨，低于USDA官方估计的720万吨的产量。导致产量下降的原因是由于该年度埃及增加了水稻播种面积。该年度收获后估计面积减少80万公顷，USDA官方估计减少了12.5%。收获的白玉米面积为48万公顷，其余种植的为黄色玉米。消费方面，2019—2020年度消费量为1 690万吨，高于上年度的1 620万吨。2018—2019年度和2019—2020年度消费量预计与USDA官方估算持平。进口方面，2020—2021年度埃及玉米进口量预计为1 000万吨，比2019—2020年度的990万吨增加约1%。埃及的黄玉米产量不能满足其饲料需求的20%。因此将扩大进口以补充饲料业的需求。

四、棉花

（一）产量及进出口量方面

据亚历山大出口商协会（Alcotexa）数据，截至2020年3月28日一周，埃及棉花签约出口仅13.5吨。本年度累计签约出口棉花6.2万吨，同比减少20%。装运量为3.1万吨，装运率50%。根据埃及2019—2020年度亚历山大港出口棉花国别（地区）分析（2019年9月1日至2020年6月13日），该年度自亚港出口量最大的国家是印度，为2.8万吨。而一年之后，在截至2021年3月20日的一周内，Alcotexa记录的总出口量为966吨，本年度的总出口超过了7.5万吨，主要仍销往印度（表2-4，图2-5）。

表2-4　埃及棉出口周排名[①]　　　　　　　　　　（单位：吨）

2020—2021年度埃及棉出口			
	本周注册量	累计注册量	装运量	装运率
印度	926	46 443	32 889	71%
巴基斯坦	-25	15 096	11 304	75%
孟加拉国		4 556	3 705	81%

---

① 8月23—29日一周。

（续表）

2020—2021年度埃及棉出口

	本周注册量	累计注册量	装运量	装运率
埃及				
埃及自贸区	21	1 817	1 638	90%
土耳其	43	1 156	1 113	96%
中国		927	938	101%
斯洛文尼亚		450	450	100%
意大利	44	440	399	91%
美国	−46	304	283	93%
葡萄牙	−104	200		0%
巴西		200	106	103%
其他	−43	3 877	526	14%
总计	966	75 465	53 450	71%

数据来源：Alcotexa，截至2021年3月20日。

　　至2020年9月，依惯例8月23—29日是埃及棉花官方销售旺季最后一周。该期间出口净总量为1 463.5吨，实际出口量为2 321吨。至9月中旬，2019—2020年度预计出口总量约为7.026 8万吨，而2018—2019年度为8.818 5万吨，同比减少了20%。亚历山大港已发货的出口量为5.124 3万吨，还有剩余27%的订单尚未发货。在具体品种方面，该销售周出口的棉花中有1 034.5吨为Giza94品种，价格在98～103美分/磅（C/LB）；329吨Giza86品种，价格在102 C/LB；100吨Giza96品种，价格为119 C/LB。

　　埃及公共企业部在9月对政府所持有的4个棉花品种（Giza86、Giza93、Giza94和Giza95）在2020—2021年度期间的上市予以了认可。以下是四个品系棉花在2020—2021年度的种植面积：Giza86（21 550费丹）、Giza93（387费丹）、Giza94（30 560费丹）、Giza95（12 345费丹），种植地区主要位于法尤姆（Faiyum）和贝尼·苏韦夫（Beni Sweif）。据估计，每费丹棉绒产量约为6坎塔尔（Qantars）。

国家和地区	G 45	G 93	G 92	G 96	E.L.S	G 86	G 94	G 90	G 95	L.S	总计		%
印度	0.50		1 520.90	480.00	2 001.40	5 004.60	21 009.40			2 154.00	28 168.00	30 169.40		47.59
巴基斯坦				135.00	135.00	2 331.00	14 444.50	200.00	155.00	17 130.50	17 265.50		27.23
孟加拉国						196.40	4 635.20			4 831.60	4 831.60		7.62
希腊						377.00	2 409.00			2 786.00	2 786.00		4.39
埃及自贸区	4.50		201.50	120.00	326.00	400.50	993.00			1 393.50	1 719.50		2.71
土耳其				25.00	25.00	127.00	322.00		965.00	1 414.00	1 439.00		2.27
德国			33.10		33.10	344.70	394.40		281.00	1 020.10	1 053.20		1.66
中国				25.00	25.00	524.00	252.00		200.00	976.00	1 001.00		1.58
意大利		7.25		100.00	107.25	503.00	163.00		215.00	881.00	988.25		1.56
斯洛文尼亚						335.30	40.00			375.30	375.30		0.59
美国						320.20				320.20	320.20		0.51
瑞士						79.00	210.00			289.00	289.00		0.46
葡萄牙						181.00	69.00			250.00	250.00		0.39
奥地利						209.00				209.00	209.00		0.33
新加坡							200.00			200.00	200.00		0.32
日本				147.25	147.25		13.75			13.75	161.00		0.25
中国台湾						100.00				100.00	100.00		0.16
摩洛哥							94.00			94.00	94.00		0.15
巴林						84.00				84.00	84.00		0.13
阿拉伯							23.00			23.00	23.00		0.04
墨西哥						21.00				21.00	21.00		0.03
泰国							21.00			21.00	21.00		0.03
总计	5.00	7.25	1 755.50	1 032.25	2 800.00	11 137.70	45 293.25	200.00	3 970.00	60 600.95	63 400.95		100.00

图2-5　埃及2019—2020年度按品系自亚历山大港出口棉花一览

（2019年9月1日至2020年6月13日，单位：吨）

　　10月9日，埃及棉花2019—2020年度出口装运量超过总注册量的90%。在截至9月26日的一周内，Alcotexa登记了在2020—2021年度拟出口993吨棉花。

最近交易的新品种Giza94的价格在102～104美分/磅（FOB价）①，将于10月或11月运往印度和巴基斯坦。至11月21日所在的一周内，埃及出口销售的棉花登记率保持强劲，共3 652吨，绝大多数运往印度和巴基斯坦。本年度迄今为止的总出口量已经达到3.717 7万吨，比2019年同期多出30%以上，尽管产量明显减少。Giza94号占据了新销量的大部分，平均售价为111美分/磅。

埃及棉花出口业务的步伐在2020年底有所放缓，原因是随着报价进一步上升，供需各方对价格产生了分歧。据称埃及卖家要求Giza94的成本加运费超过每磅116美分（批量采购为115美分），而大多数海外买家却不愿意接受这样的价格。

（二）价格的变化

埃及棉花2020年3月28日国际标准价格为，Giza90（新）：163C/LB，Giza94：144C/LB（图2-6、图2-7）。

埃及棉花仲裁和贸易组织（CATGO）
文献信息中心（IDC）

Average Export Prices（Cent/lb）FOB Alexandria
Week 29 From 15/03/2020 To 21/03/2020 Season 2019/2020

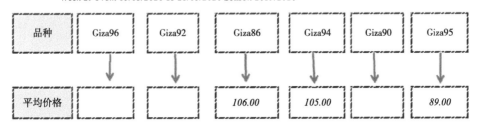

品种	Giza96	Giza92	Giza86	Giza94	Giza90	Giza95
平均价格			*106.00*	*105.00*		*89.00*

图2-6　埃及2020年度自亚历山大港出口棉花FOB离岸价一览（2020年3月15—21日）

［资料来源：埃及棉花仲裁和贸易组织（CATGO），2020］

---

① 即到岸价。到岸价格也称成本加保险费、运费（目的港）价格。长期以来，人们习惯于把国际贸易中的FOB价格条件称为离岸价格，从而也把价格术语中包含运费与保险费的CIF说成到岸价。

图2-7　埃及棉花产区分布

（资料来源：2018 Cotton and Products Annual，Egyptian Cotton on the Rise，USDA/FAS，2018）

五、畜禽渔业

1. 畜牧产业

根据埃及中央动员和中央统计局发布的报告，埃及冷冻肉的进口在2019年1月增长了12.7%，达到创纪录的1.37亿美元，而2018年同期为1.21亿美元。2020年1月埃及活牛的进口额下降至创纪录的1 042.7万美元，而2018年同期为2 047.2万美元，下降了49.1%。2019年埃及的冷冻肉进口额为16.64亿美元，奶牛和水牛的进口额为1 524.82万美元。

2. 家禽产业

埃及的家禽生产部门是劳动密集型部门之一，从业人数约250万，生产能力约为11亿羽/年，鸡蛋约130亿个/年。埃及的鸡蛋产量足以满足国内消费，甚至超过需求。国内农场鸡蛋的人均占有量每年达到130个/人。2020年8月，开罗商会家禽分会表示，当地市场的鸡蛋供应充足，价格稳定，价格在30～32埃镑/盘（10～12只）。

埃及已实现了禽类和食用鸡蛋自给自足，至2019年2月中旬，有执照的家禽养殖场的数量约为10 731家，有执照的饲料工厂数量为1 493家，共有12 290套家禽养殖配套设施。为进一步推动禽类生产，埃及政府还出台了家禽大型计划项目，鼓励在沙漠地区建立综合项目，包括孵化、生产、屠宰场、饲料生产、废物回收等。

埃及农业部门在沙漠地区建立了很多大型养殖项目，并进行了大量的投资。此外，埃及农业部也一直与尼罗河谷和三角洲的养殖户合作，通过技术指导将现有的开放式养殖场改造为更先进的封闭式生产管理系统。埃及目前已经有14家大型家禽公司能够出口1日龄的雏鸡、食用鸡蛋、繁殖鸡蛋等禽类产品。这14家工厂已经与8家大型国际家禽公司开展了合作。上述家禽场位于伊斯梅利亚省（Ismailia）的Sarabium地区，贝赫拉省（Beheira）的Wadi Al-Natroun，以及明亚省（Minya）的Western Cairo-Asyut Road等沙漠地区。目前这些家禽工厂均获得了相关生产与出口认证。

2020年11月，埃及农业部宣布将与埃及大型畜禽企业"开罗3A公司"（Cairo 3A Pourtly）建立中东和非洲最大的家禽项目。该项目将在埃及西部沙漠地区进行投资建设，项目将涵盖埃及畜禽产业的各个生产阶段，将为消费者提供高质量的畜禽产品。

该项目将建在埃及Al-Wahat地区，占地2.7万英亩[①]，总投资将超过30亿埃镑。预计在2022年投产并在当年向当地市场提供6万吨禽类肉，该项目所拥有的2.7万英亩的"预防性规模"（preventive dimension）[②]将确保建设5个产能为6万～200万只的大型农场，以及25个产能为4.5万只的小型农场和72个育肥农场，每年可以生产6 000万只鸡，创造1 000个就业机会。

开罗3A是Hubbard集团的代理商，创始于1921年，是埃及最主要的畜禽公司之一。开罗3A表示未来将投资70亿埃镑，并提供3 000个就业机会，并为埃及在偏远沙漠地区的农业可持续发展做出贡献。开罗3A总裁Ayman Al-Gamil表示，埃及的经济增长势态目前呈现出巨大的多样性，尤其是在埃及当前高度重视对包括建筑和房地产业在内的许多重要行业的大力支持，如能源、工业、农业以及相应的食品加工产业。这位埃及明星商人强调，通过可持续和创新发展思想，在埃及积极开展项目投资以及扩大投资组合项目，并推动项目的多样化和长期化是埃及未来经济特别是农业可持续发展的重要支撑，埃及的工商界将从现有的鼓励农业可持续发展的具备"成熟环境"（Mature Environment）的政治生态中受益。埃及的广大私有企业以及投资者应该与政治领导者的决策保持一致，这将符合所有人的利益，即埃及整个国家、经济、公民和商业界的整体利益[③]。

埃及当前的禽类生产一般是在满足本地需求之后才被允许出口。埃及的家禽公司近期获得无禽流感的认证将鼓励埃及对禽类领域的更多投资。对此，农业部已开始准备投资计划，以更多地涵盖埃及适合开展养殖的区域。

为确保禽类生产，埃及正在建立一站式系统，以鼓励埃及各公共私营部门对畜牧生产部门和小农的投资，并简化了项目颁发许可证和批准的程序，另外还在不断探索在运营新的生产项目中使用可再生自然资源中的清洁能源，例如太阳能、风能或沼气和天然气。

2006年，埃及曾因突发"禽流感"而致使该国的禽类产业受到严重打击。经多年努力，埃及近年来已经基本消灭了"禽流感"。2020年6月，世界动物卫生组织（OIE）正式将埃及纳入"无禽流感"国家。经过OIE的审核，埃及将恢复家禽出口，这是埃及实施禽类出口禁令14年以来首次恢复出口。农业部长El-Sayed El-Qusseir表示，自2006年埃及爆发禽流感以来，埃及暂停了所

---

① 1英亩≈6.07亩。
② 即"高冗余性"建设规模。
③ Egypt today，2020.11.19.

有禽类出口。到目前为止，埃及的禽类生产及出口公司均未再次出现禽流感病毒感染迹象，充分显示了埃及已经具备再次恢复出口禽类产品的能力。目前，这些公司将出口不同种类的家禽产品，包括日龄雏鸡、食用鸡蛋、母鸡和肉鸡。此举将有望提高埃及的家禽产量，支持埃及的农业经济并增加埃及的外汇储备。2020年9月，埃及畜禽发展部门负责人宣布，在埃及中断畜禽出口14年后，经过所有必要的检疫措施后，埃及将批准首批食用鸡肉、母鸡雏和鸡蛋出口到加纳。

由于独立的禽类养殖场所是OIE建议的一种安全养殖形式，埃及八家最大的家禽公司已经向OIE提交并获得了该组织的卫生检疫许可。为确保安全，埃及有关当局已在这些养殖场中实施了流行病学和生物安全筛查措施，并进行定期检查，以确保在OIE的卫生许可申请批准之前，埃及不发生包括禽流感在内的各类家禽疾病[1]。

埃及农业部将在OIE的卫生检疫通过之后增加隔离饲养场系统规模。该部已着手在埃及境内的9个地区部署并投资大型养殖场[2]。

3. 海洋淡水鱼产业

根据埃及鱼类资源开发总局（GAFRD）的数据，埃及鱼类产量为每年190万吨，其中140万～160万吨来自养殖渔业，领先于非洲大陆多数国家，埃及已成为非洲重要的鱼类生产国。根据埃及鱼类资源开发公共管理局披露，全球的平均消费水平为每人每年20千克，埃及为年人均18千克。埃及每年的鱼类出口量在3万～5万吨，该国的鱼类自给率达到97%。2019年埃及的鱼类进口量被限制在32.2万吨。目前，埃及的鱼类产品已经实现自给自足，鱼类生产自给自足的同时正在寻求增加出口量。但是2020年上半年的COVID-19仍然影响了埃及的鱼类进口总量。

4. 产量及进出口量方面

埃及在增加肉牛数量的同时，还增加了活牛的进口。农业部禁止屠宰两岁以下和400千克以下的牛。埃及的牛肉产量到2020年将达到37万吨，比USDA的2019年官方估计的36.5万吨增加约1.5%，即5 000吨。

---

[1] 阿卜杜勒-哈基姆·马哈茂德（Abdel-Hakim Mahmoud），埃及兽医服务总局局长，2020。
[2] 莫斯塔法·萨耶德（Ostafa El-Sayad），埃及主管畜牧、渔业和家禽业部门的农业部副部长，2020。

2020年8月，根据埃及中央动员和中央统计局发布的报告，埃及冷冻肉的进口在2019年1月增长了12.7%，达到了1.366 39亿美元，而2018年同期为1.212 36亿美元。1月埃及活牛和水牛（cows and buffalo）的进口额减少至创纪录的1 042.7万美元，而2018年同期为2 047.2万美元，下降了49.1%。2019年埃及的冷冻肉进口额为10.664亿美元，奶牛和水牛的进口额为1.524 82亿美元。

5. 价格的变化

2020年8月，埃及开罗Dokki地区鱼类经销商表示，埃及的鱼类市场保持了市场的稳定。1千克罗非鱼（tilapia）介于35～40埃镑，鲻鱼（mullet）介于70～80埃镑，史拜特（Sbait）则200埃镑，鲷鱼（sea bream）为170埃镑，鲈鱼（sea bass）为160埃镑，虾150～250埃镑，螃蟹100～160埃镑。

埃及的年养殖鱼类产量约为140万吨。平均每位埃及公民每年消费18千克，而全球消费水平为20千克。埃及每年出口鱼类约3万吨，对此，埃及政府目前正在寻求鱼类生产的自给自足和不断增加出口量。埃及近期正在实施一项"鱼类财富"计划，该计划旨在建立高生产率的新养鱼场并发展现有的养鱼场，旨在为实现该领域的国家计划做出贡献[1]。

六、水果蔬菜产业

从2019年1月1日到12月18日，埃及蔬菜水果类农产品出口总量超过500万吨以上。这些农产品包括：柑橘[2]、马铃薯、洋葱、葡萄、石榴、大蒜、杧果、草莓、豆类、番石榴、黄瓜、胡椒、茄子等。回顾2019年埃及的农产品出口，在第一季度的出口额为8.21亿美元，高于2018年同期的8.12亿美元[3]。埃及在上个出口季节（2019—2020年度）出口了168万吨橙子、7万吨柠檬、3.5万吨橙子和1.5万吨葡萄柚。9月排名前20位的食品类出口额为2.42亿美元。马铃薯出口在20种最主要出口商品中排名第一，其次是甘蔗、新鲜水果和奶酪。出口清单中还包括巧克力、冷冻蔬菜、洋葱、大蒜、牲畜、糕点和酵母[4]。

---

① Khaled Ahmed El-Sayed，埃及鱼类资源开发总局主席，2020。
② 柑橘类总称，以下主要称橙子，即埃及橙，又名埃及糖橙、埃及蜜糖橙等。脐橙是埃及橙主要出口品种，Valencia（夏橙）是埃及橙主要品种之一，糖分含量比普通柑橘品种高20%～25%，果实含糖量高，含酸量低，味纯甜，有别于其他品种，是目前唯一从青果开始不酸的柑橘品种。
③ 埃及中央农业检疫局（农业部植物检疫总局），2020。
④ 埃及进出口控制总局（GOEIC），2020。

2020年第一季度，埃及橙子出口120万吨，在埃及蔬菜水果出口清单中名列第一，价值1.07亿美元，其次就是马铃薯出口达55万吨，价值1 400万美元。对比在2018—2019年度，柑橘类水果占埃及农业出口的31%，其次是马铃薯、葡萄和洋葱分别占11%、10%和9%。在同一年度，俄罗斯和沙特阿拉伯分别位居埃及进口农产品国家的前两位，分别为12%和11%。紧随其后的是荷兰和英国（各约占7%）以及中国和土耳其（各占5%）。至4月，埃及的农产品出口量增加到240万吨以上，其中出口了约120万吨柑橘、55万吨马铃薯、15万吨洋葱和2万吨草莓。埃及已成为全球最大鲜橙出口国，每年出口180万吨，其中约10万吨出口至中国①。

1—7月，蔬菜水果出口量达到362.125 9万吨，主要包括柑橘、马铃薯、洋葱、葡萄、石榴、大蒜、杧果、草莓、豆、番石榴、黄瓜、辣椒和茄子等。柑橘类水果的总出口量为138.762 5万吨，此外还出口了66.754 6万吨的马铃薯，仅次于柑橘类水果，居第二位。洋葱出口量为27.331 2万吨，居第三位。葡萄排名第四，共计11.5万吨。此外，自2020年初至8月，大蒜出口量达到3.3万吨，而甜椒和茄子分别达到2 306吨和915吨。10月，埃及橙子出口量已达到139.802 5万吨。埃及在2018—2019年度和2019—2020年度连续两年成为世界最大的橙子出口国，归功于其产品的高质量以及国内外市场的巨大需求。为确保埃及橙的质量，埃及农业和土地开垦部还通过追踪种植和包装过程以确保其符合安全标准，并严格执行符合国际标准的出口政策，这些措施为埃及农产品开拓新市场发挥了重要作用②。

受2020年COVID-19打击最严重的农作物是期间收获的大宗主粮作物，例如马铃薯，其价格在当地降至每吨1 200埃镑，而每吨的成本则达到4 000埃镑。疫情期间被视为非必需品的水果出口也受到影响，但橙子除外，原因是国际市场对一种被称为免疫增强剂（特别是抗病毒）的水果的需求不断增加，而橙子普遍被认为是该种类型的水果。

七、糖类产业

制糖业近年来越来越受到埃及政府的关注，糖作为一种关键的农产品，在稳定粮食安全方面发挥着独特的作用，因此埃及政府的食品补贴计划中长

---

① 埃及中央农业检疫局，2020。
② 埃及中央农业检疫局，2020。

期以来一直包含糖。在2018—2019年度，埃及食糖产量增长约5%，达到240万吨。埃及的甘蔗和甜菜均用来制糖，甘蔗产量约为110万吨，甜菜产量为130万吨。根据USDA的数据，2016—2017年度用于甘蔗的种植总面积为12.5万公顷。埃及甘蔗产地70%以上集中在上埃及，埃及大部分制糖厂均建在产区附近。一些农村完全依赖甘蔗的生产和加工，上埃及大约50万农民家庭依靠甘蔗制糖生活。

预计在未来几年中，埃及对制糖业新加工设备的投资将继续扩大。2018年埃及已在沙迦（Sharqia）省投资了35亿埃镑（1.967亿美元）用于食糖生产设施的建设，该省是埃及第三大人口省。该项目是由埃及Al Nouran Sugar公司开发，预计建成投产后每年能够生产30万吨糖。该厂产能的全面扩展预计将于2025年完成，届时精制糖的年总产量将达到120万吨。2018年初，阿联酋Al Ghurair Group公司宣布对埃及制糖业投资10亿美元，计划在明亚省（Minya）投资建厂并于2021年全面投入运营，年产90万吨。

2020年7月，埃及启动了一个大型糖和战略作物的生产建设工业项目，总投资成本为10亿美元，项目包括建设世界最大的食用糖生产厂，计划于2022年达到糖年产量90万吨。埃及Canal Sugar公司将与El Deiab土地开垦公司展开为期3年的明亚省西部10万费丹土地开垦，这是该项目18.1万费丹土地开垦计划的第一阶段。Canal Sugar公司首席执行官表示，该项目将有助于减少贸易差额赤字，从而使国际收支差额每年减少8亿美元，同时减少食糖生产缺口。

第三节　埃及的粮食安全形势

一、埃及主要农作物的产量及贸易形势

（一）主粮作物生产

2020年，埃及小麦播种总面积为320万费丹（约134.4万公顷），平均每费丹产量为3吨，预计当年产量将与上年持平，将达920万吨。埃及政府2021年计划从当地农民那里收购大约360万吨小麦，其余为国内私营部门收购，预计国

内消费量将达到2 040万吨，国内产能与预计消费量有1 000万吨以上的较大缺口。埃及其他农作物中，玉米80万公顷，预计产量64万吨；水稻76万公顷，预计产量430万吨。4月，埃及农业和土地改良部宣布，自4月小麦收割季节开始，埃及农民上缴了57.9万吨小麦，共收获89.3万吨小麦。埃及小麦收获季节始于4月15日，持续3个月。因COVID-19及2020年初"龙眼"风暴对埃及农业的影响，社会一度对埃及当季小麦收成感到担忧。但是，随着丰收的消息不断传出，埃及2021年的小麦收获或将不会受到疫情和极端气候的负面影响。

（二）经济作物生产

1. 棉花

2020年4月，根据USDA在2020—2021年度主要产棉国的相关情况展望，2019—2020年度埃及棉花总产预期较上次预测调减约9.5%，而2020—2021年度埃及棉花产量预期再度下调，同比减少30%，处于历史较低位置。2020年新年度植棉面积预期6.5万公顷，同比减少35%。

埃及在2019—2020年度仅培育了3个超长绒棉品种。其中Giza96的种植面积为7 369公顷，2019—2020年度埃及棉花消费预期13.73万吨，较上次调减3 270吨。

2. 水果及蔬菜

在果树方面，埃及目前大约有1 230万棵橙树，年生产能力为345万吨。埃及在过去的10年橘树的数量增加了44%，此外埃及政府还积极鼓励种植园艺作物，特别是埃及已实现自给自足的园艺作物，并扩大橄榄种植面积，发展温室农业以及有机农业。目前埃及西葫芦、甜椒和青豆的自给率为105%，柑橘为140%。埃及政府还希望将橄榄种植的面积从现在的5.4万费丹再扩大4万费丹，即增加种植1亿棵橄榄树。除此之外，埃及还加大了温室农业的扩建力度，例如埃及武装部队建立的"10万费丹温室"项目以及相关有机农业项目。

（三）主要农产品贸易形势

自2020年3月起埃及新冠疫情全面爆发，疫情对农产品贸易的影响普遍成为人们的话题，"由于新型冠状病毒危机，埃及的农产品出口下降了25%"等消息不断在埃及网络上蔓延。但事实上却相反，埃及的农产品贸易在疫情期间反而呈现出勃勃生机的势态。

埃及的农业出口在2020年第一季度达到了8.21亿美元，2019年同期为8.12亿美元。尽管全球爆发了新冠肺炎疫情，但国际社会对埃及农产品需求不降反增，埃及在2020年第一季度出口了约223万吨水果和蔬菜。埃及的橙子出口量居世界各国之首，出口量约120万吨。

总体上看，埃及非石油出口在2020年第一季度增长了2%，达到67.28亿美元，而2019年同期为65.80亿美元。同时，进口下降了24%，达到138.14亿美元，2019年同期为182.33亿美元。埃及2020年第一季度的出口占第二位的是化肥类农用物资，出口额为12.52亿美元，食品出口额为8.81亿美元，农作物出口额为8.21亿美元。

由于COVID-19的负面影响，埃及的经济将在2020年增长2.8%，预计将在2021年下半年恢复。届时，埃及的农产品贸易将很快恢复至疫情前水平。

（四）国内消费品市场形势

1. 米面类价格

在小麦及其相关制成品价格方面，2020年8月，埃及的主粮面食的基本价格为60~80埃镑/千克。大米在2019年的平均价格为225埃镑/25千克，近年涨至305埃镑/25千克，涨幅35%。面粉价格上涨30%，食用油涨幅不大。埃及的Al-Mal机构监控着各种餐饮场所的价格，这些餐饮场所是Al-Ahram、Nile和Alexandria公司的分支机构，负责开设大型综合商场、杂货店和协会分支销售点，以及埃及批发贸易公司和食品工业控股公司。上述大型综合商场、杂货店和零售点在全国达3 900个网点。

埃及肉类公司在开罗和吉萨拥有25个大型综合商店，埃及鱼类公司在开罗和吉萨拥有25个大型综合商店，埃及协会有4 000个经销网点，以及在全国大约有3万家餐饮店。上述零售商店还提供医用口罩，价格为8.5埃镑，另一种价格为6.5埃镑，埃及人的每张消费品配给卡上最多可配2个口罩。

埃及政府在2020—2021年预算中为供应和内部贸易部提供了845亿埃镑的财政支持，主要用于为7 100万埃及公民提供大饼补贴，为6 440万使用食品配给卡的埃及公民提供配给需求。埃及在册的配给卡每户前4个人为每月50埃镑的定量卡，其余的每个人每月25埃镑，他们通过这些定量卡获得食品和非食品商品。此外，还可以每月以每张5皮亚斯特（piasters）的价格购买150张补贴大饼（表2-5）。

表2-5　埃及主要主副食及日用品的销售价格一览

品名	单位	市场价格（埃镑）	利润率（%）	消费者价格（零售）（埃镑）
合成油（Mixture oil）	1升	16.75	0.25	17
糖（Packed sugar）	1千克	8.25	0.25	8.5
大米（Packed rice）	1千克	7.80	0.20	8
豆类（Packed beans）	500克	9.50	0.40	9.90
碎扁豆（Filled crushed lentils）	500克	7.75	0.25	8
意大利面（Filled pasta）	500克	3.5	0.15	3.65
利乐奶酪（Tetra Pak Cheese）	250克	4.75	0.25	5
利乐奶酪（Tetra Pak Cheese）	500克	9.25	0.25	9.5
茶（Soft tea）	40克	2.90	0.10	3
奶粉（Dry milk）	125克	16.5	0.50	17
醋（Vinegar）5%	900克	4	0.25	4.25
面粉（Packed flour）	1千克	6.15	0.35	6.50
酱（sauce）	200克	4.60	0.15	4.75

来源：Almalnews，2020.8.1.

2. 肉类价格

2020年8月，牛肉价格较往年比较平均每千克上涨20%～30%。2020年8月，埃及肉类价格稳定，每千克三明治（sandwiches）[1]的平均价格在120～130埃镑，绵羊（sheep）为135埃镑，小牛肉（veal）为135埃镑，其他肉（meat）为140～150埃镑（表2-6）。

表2-6　埃及市场牛羊肉类价格变化　　　　单位：埃镑

类别	2019年	2020年	涨幅
肉末	103	130	26%
牛腱子肉	150	180	20%
牛腩肉	100	130	30%

[1] 可能是当地肉类的一种。

（续表）

类别	2019年	2020年	涨幅
羊肉	130	170	31%
五花肉	168	190	13%

来源：开罗市场，2020.8。

3. 果菜价格

2020年8月，埃及的水果、蔬菜价格涨幅不大，绿色蔬菜如胡萝卜、西葫芦、洋葱、黄瓜、辣椒、马铃薯、茄子、蘑菇、番茄等多在每千克10～30埃镑。埃及的大蒜和姜稍贵，大约每千克80埃镑。埃及的特色水果柑橘、石榴、葡萄、椰枣和哈密瓜等均在10～30埃镑（表2-7）。

表2-7　2020年6月埃及市场果蔬价格

种类	单位	价格（埃镑）
红葡萄	千克	15
绿葡萄	千克	10
杏	千克	20
李子	千克	25
橘子	千克	20
黄苹果	千克	20
糖苹果	千克	20
本地香蕉	千克	12
椰枣	千克	20
菠萝	千克	30
桃子	千克	10
鳄梨	千克	35
西瓜	千克	30
草莓	千克	8
哈密瓜	千克	2.5～5
葡萄叶	千克	12

（续表）

种类	单位	价格（埃镑）
茄子	千克	8
土耳其茄子	千克	6
柠檬	千克	40
彩椒	千克	5～12
秋葵	千克	20

来源：开罗市场，2020.8。

4. 禽类价格

2020年8月，埃及禽肉市场价格稳定，1千克白条鸡价格在24～25埃镑，国产鸡价格为36埃镑，萨索（Sasso）①为33埃镑，火鸡（turkeys）为43埃镑，鸭子（ducks）为39埃镑，鸭腰（haunches）为26埃镑。6月埃及市场禽蛋价格为白鸡蛋26～27埃镑/千克，土鸡蛋40埃镑/千克，火鸡43埃镑/千克，鸭子42埃镑/千克。12月的价格则为白鸡23～24埃镑/千克，白鸡肉21.5埃镑/千克，土鸡36埃镑/千克，火鸡50埃镑/千克，鸭子45埃镑/千克。半年期间波动不大，埃及禽类市场受疫情影响很小。随着埃及被OIE列为无禽流感疫情国家，2006年以来埃及爆发的禽流感造成的影响已经几乎彻底消除，埃及的禽类生产已经恢复正常且呈现加快增长趋势（表2-8）。

表2-8　埃及市场禽肉类价格变化　　　　　　　　　　单位：埃镑/千克

类别	2019	2020	涨幅
去骨鸡腿肉	55	95	70%
鸡蛋	35/盒	50/盒	40%

数据来源：开罗市场，2020.8。

5. 水产价格

2020年6月埃及市场水产品价格：罗非鱼35～40埃镑/千克，鲷鱼170埃镑/

---

① 当地品种。

千克，鲈鱼160埃镑/千克，虾150～250埃镑/千克，螃蟹100～160埃镑/千克。至12月，水产品价格发生如下变化：鱿鱼200埃镑/千克，鲈鱼160埃镑/千克，罗非鱼14.5～18埃镑/千克，螃蟹30～132埃镑/千克，鲻鱼29～45埃镑/千克，鲷鱼170埃镑/千克，虾150～300埃镑/千克，鳝鱼200埃镑/千克，鲂鱼170埃镑/千克。半年期间水产价格总体稳定，也基本未受疫情的影响（表2-9）。

表2-9　埃及市场热销鱼类年度价格变化　　　　　　单位：埃镑/千克

类别	2019	2020	涨幅
罗非鱼	32	50	56%
巴沙鱼片	35/包	50/包	43%

数据来源：开罗市场，2020.8。

（五）埃及港口贸易

苏伊士运河2015—2020年5年的收入比上一个5年增速显著，即从2010—2015年的259亿美元增至272亿美元，增长4.7%。2015—2020年有9万艘船舶过境运河，运载55亿吨货物，高于2010—2015年的8.66万艘船舶和46亿吨货物。

2020年4月，苏伊士运河管理局推出一套新的过河费激励措施，以吸引更多航运公司船只通过苏伊士运河：从西北欧洲港口出发前往东南亚和远东港口的集装箱船的过河费减少常规运输费用的6%；将通过苏伊士运河的LNG转运船的减免额调整为常规转运费的30%，在2019年10月宣布的25%的基础上增加了5%。这些削减措施将从2020年4月1日开始实施，直至6月30日。2020年8月，埃及内阁宣布，新冠疫情期间苏伊士运河的海上航行未受任何其他国际海上贸易路线的影响。在2019—2020年，过往苏伊士运河的船只数量增加到1.93万艘，而2018—2019年期间经过运河的船只数量为1.85万艘。苏伊士运河管理局主席乌萨玛·拉贝（Osama Rabea）曾于5月表示，苏伊士运河的收入在2020年的前4个月增长了2%，达到19.07亿美元，高于2019年同期的18.69亿美元。

埃及美国商会在2021年5月发布的最新月度报告中指出，埃及苏伊士运河的年收益占据埃及GDP的2.4%（2018—2019年度），足见其对埃及经济的重要意义，而发生在2021年3月23日的"长赐"轮堵塞事件不仅单日对埃及运河管理局造成了14亿～15亿美元的损失，更阻塞了全球12%的海运贸易，价值100亿美元的货物滞留在运河，而对全球贸易的损失则达到了每周60亿～100亿美元，并且导致全球贸易增长降低0.2%～0.4%。

二、埃及应对粮食安全威胁的主要措施

（一）加大本国主粮作物的生产力度和战略库存

多年来埃及国内生产的小麦总量一般占其总消费量的30%，其余的需求缺口则来自从不同国家的进口。按照埃及的有关规定，埃及的农民必须将其收获的小麦上交给埃及供应和内部贸易部，埃及农民私自将小麦出售给私营部门是非法的。埃及供应和内部贸易部主要负责小麦的国际招标，用于购买生产补贴用的面包所需要的小麦，而埃及的私营部门主要将进口的小麦用于其他目的。埃及在新冠疫情期间为进一步提高埃及农民的种粮积极性，较大幅度地提高了小麦等主粮的收购价格。埃及供应部定于2020年4月开始收割当地的小麦作物，政府预计将从中采购约360万吨小麦。埃及政府目前有足够的小麦库存，可支撑3.5个月，大米库存足以维持4.6个月，而植物油的库存则可以维持6个月。在2021年4月小麦收割季节开始以来，埃及政府从农民手中采购400万吨本地小麦。小麦和糖的战略储备调整为3.6个月，大米战略储备可以维持到年底，植物油的战略储备为3.7个月。

埃及供应部还考虑在7个省份建立大型仓库，以储备包括小麦在内的战略性基本物资，预计耗资高达210亿埃镑（13亿美元）。此类仓库可以将埃及的肉类、家禽和小麦等商品储备从目前的4～6个月提高到8～9个月。埃及供应部正在加快增加战略储备，作为世界最大的小麦进口国，在面临新型疫情爆发和反复势态正在积极主动扩大其战略储备。

埃及的小麦收获期是4月15日至7月底，其中新开垦土地上的小麦收割于4月15日开始，旧土地上的收割于5月1日开始。在5月初该国已收割了60万吨小麦。尽管由于冠状病毒而实施宵禁，但小麦的运输并未受到影响，每天从8时至16时以及从20—23时各有两个窗口时间用于小麦等农产品的运输。

2020年3月连续三天袭击埃及的"龙眼"风暴预计对该年小麦收成影响不大，主要是因为大多数麦田位于上埃及，而风暴集中在三角洲、大开罗和运河

城市。且此次风暴袭击埃及之时，埃及的小麦已经基本成熟，因此未受到严重破坏，仅有一小部分麦田受到损失，将在本季节后期补种。另外，埃及还在一些台地上种植了约120万费丹的小麦，约占本国种植的小麦的30%，台地系统可有效保护小麦免受暴风雨的侵袭，并使水和肥料的消耗量减少25%。

埃及政府对农民的小麦收购价为每吨725埃镑，比2019年上涨了25埃镑。为了实现自给自足，埃及计划将1 400万费丹农业用地中的500万费丹用于种植小麦。同时，进一步提高对农民的小麦收购价格，以鼓励他们耕种更多土地，以确保埃及小麦的自给自足。预计埃及2020年小麦收成将好于2019年，因为该年的热浪不多。另一个原因是当年所使用的小麦是矮秆小麦，矮秆小麦的高度不超过1米，这可以保护小麦免受风暴或风的影响。预计从农民那里征收小麦以及从国外进口小麦的原有计划不会改变，埃及将期待一个丰收的季节。此外，冠状病毒疫情预计不太可能影响埃及从其他国家进口小麦。埃及的小麦出口国将遵守交货期限，因为这些国家的库存计划没有改变，随意更改交货合同将受到损失。10月，埃及食品工业控股公司宣布，埃及基本商品战略储备安全且高于国际水平。糖储备将足以满足7个月的需求，而大米足以满足至少7个月的需求。禽类战略储备可能会持续到2021年上半年，而肉类储备足以维持1年以上。

（二）扩大粮食进口以弥补国内产能不足

埃及是全球最大的小麦买主，国家主要是小麦的购买机构。2020年3月，埃及商品供应总局招标购买了12万吨植物油，另于2月招标购买36万吨俄罗斯和罗马尼亚小麦。埃及工业和贸易部同期还宣布埃及将绿豆、豌豆和花生禁止出口3个月，以应对疫情爆发可能造成的农产品短缺。此外埃及还很有可能从欧盟购买更多的农产品，除了赶在禁令前向俄罗斯增订的份额外，这个全球最大的小麦买家出于价格考虑，计划增加法国的小麦采购量。

2020年10月，埃及启动了促进埃及基本战略物资商品供应的计划（Egypt's General Authority for Supply Commodities），批准2亿美元用于埃及供应商品总局的采购计划，旨在满足政府对基本战略商品的需求。埃及计划与经济发展部也与伊斯兰开发银行集团（the International Islamic Trade Finance Corporation）成员国际伊斯兰贸易金融公司（the Islamic Development Bank Group）合作，启动了一项针对埃及商品供应总局的能力建设计划，该计划是伊斯兰成员国间支持成员发展计划的"综合贸易解决方案"项目（Integrated trade solutions）的框架内计划。此外，在3月爆发疫情以来埃及政府的成功应对经验下，埃及继续加快扩大农产品进口，力求满足公众对食品需求的同时为应对有可能第二波到来的疫情做好准备。埃及供应和贸易部长顾问诺曼·纳斯（Nomani Nasr）也在10月宣布，埃及已经迅速对全球贸易市场的放缓做出了反应，塞西总统已经下令增加进口量并鼓励增加国内生产以应对任何可能的疫情再次爆发。

1. 小麦

埃及商品供应总局从国际市场购买小麦以满足国内消费需求，目前库存可以保障到2021年4月。自埃及2020年的财政年度开始（7月1日）以来，已经进口了约357.9万吨小麦，比2019年10月增加了64%。

埃及自俄罗斯购买了299.2万吨，占埃及小麦进口总量的81.83%。乌克兰位居第二，供应53万吨，即14.81%。埃及还首次从波兰进口了6万吨小麦，并从罗马尼亚进口了类似数量的小麦。俄罗斯是埃及最大的小麦进口国，这是由于它是世界上最大的小麦生产国和出口国。俄罗斯在本季节有大约3 750万吨小麦可供出口。埃及当前采取了对国内小麦生产的激励措施，促使埃及2020年的小麦产量将超过原定预期的目标数量要求，即627.5万吨[①]。

2. 食用油

根据埃及商品供应总局的最新统计，埃及当前的食用油库存为26.8万吨，其中包括进口的葵花籽油和国产的豆油。据估计，目前的食用油库存将能够保障埃及的6个月供应，相对以往的库存这是一个非常高的标准，因为埃及常年需要进口约95%的食用油。近期埃及商品供应总局正在与埃及农业部合作，寻求扩大本地的食用油生产，并加紧制定对本地生产的金融支持等激励措施。埃及商品供应总局还提出建议进一步扩大埃及的油料种植面积。在2019年，该局曾加大开放了对油料种植的许可，增加注册了7个本地油料种植企业，并奖励种植油料作物的企业。

3. 面包补贴

亦称"大饼补贴"，是埃及最重要的基本民生稳定补贴政策，针对低收入

---

① GASC阶段性预估数据，2020年底埃及媒体宣布的实际产量已经超过800万吨。

群体和贫困人口。为维护社会稳定，避免再次出现类似因"大饼革命"的社会底层民生矛盾而触发对埃及经济社会的巨大冲击，乃至出现危及政权的动荡，埃及政府常年对大饼实施高额补贴政策，多年来很少降低大饼的补贴标准。

埃及政府在8月决定将补贴的大饼的重量从之前的110克减少到90克，目的是向公众提供更高质量的大饼。由于单个大饼分量减少，因此每月将节省约80万吨小麦，所节省的费用将被投入本国的公共财政以支持更多的民生工程。

埃及商品供应总局还加强了旨在强化公共监督的调查，发现埃及许多大饼店在执行补贴大饼减重要求的同时也相应减少了大饼的大小，以规避国家的上述减重政策对经营有可能造成的影响。对此，埃及将在其他补贴商品（例如大米和面食）中增加提供公众饮食需求的淀粉含量。

4. 其他商品

埃及供应和贸易部将全力确保国家的战略库存，从苏丹进口的肉的供应将维持26个月，而进口冷冻巴西肉的供应将满足一个半月的时间。食糖储备将持续到2021年1月至下一个当地生产季节开始。大米的储备将维持4个月，价格有望保持稳定，在每千克6～8.5埃镑。埃及政府于9月宣布成立首家农产品商品交易公司，该公司旨在通过将小农和生产者与更大的市场联系起来，加强内部贸易。此次新成立的农产品证券交易平台将加强对各种农产品商品定价的控制，以推进更健康的市场竞争，杜绝任何形式的垄断行为。

（三）加大土地开垦和保护力度

为应对埃及粮食生产能力与国内消费能力的差距，2020年4月，塞西总统宣布扩大全国的耕地开垦力度，用以种植具有战略性的主粮作物，例如小麦。同时免除了埃及农民2年的土地税，对部分农业项目进行了改进和调整，以适应当前的疫情形势和对未来不确定性的战略考虑。埃及农业部中央土地保护部近期不断加大对农业耕地的侵害和占用行为。此外，埃及还充分利用中央银行资金以及企业的技术力量，共同推动对埃及西部腹地沙漠的土地开垦力度。2020年11月，埃及农业部、农业银行（ABE）与埃及乡村发展公司签署合作协议，为150万费丹复垦项目的投资者提供资金。ABE对与埃及农业部和埃及乡村发展公司合作，对塞西总统提出的150万费丹沙漠土地改造项目表现出了极大的兴趣，认为该项目将在实现农作物自给自足和提升埃及的粮食安全方面发挥重要作用。塞西总统提出的实现可持续发展的"迈向未来"（Step to the Future programme）计划倡议，将成为埃及最重要的国家项目之一。

根据该协议，ABE将资助在埃及的中小企业以及从事农业生产、畜牧业、家禽业和渔业的大型企业。此外，该银行还将为购买农业机械、现代灌溉系统、太阳能电池板以及其他生产所需的物资提供资金。

（四）改善水利设施充分利用水资源

2020年4月，埃及决定在全国范围内开始修建55 000千米防渗漏灌溉水渠，以最大程度减少水资源的流失。预计仅从尼罗河谷和三角洲引出的20 000千米的水渠，将挽回50亿立方米的渗漏损失。埃及农业与土地开垦部还提出了一项节水灌溉改良计划，即对现有的7 476费丹面积的地表灌溉系统进行大规模替代改造，投资1 837.39亿埃镑以实现500万费丹面积的全滴灌系统。

5月，埃及水资源与灌溉部宣布将斥资1 160万美元，对该国北部的灌溉系统进行现代化升级改造。此前，埃及政府已着手进行一项计划，以升级该国北部的灌溉系统。该计划的目的是进一步减少用水量，同时将可再生能源用于农业，是埃及全国的农业部门用水量改造计划的一部分，计划将地表灌溉系统改为滴灌，从而减少用水量。

目前的项目将覆盖上埃及的3 140公顷人工林。政府将总共投资1.837亿埃镑，约合1 160万美元。这笔资金还将为灌溉系统配备太阳能系统，以改善其电力供应。此外埃及还在伊斯梅利亚省（Ismailia）建造了一座大型农业废水处理厂。该工厂的日产能为100万立方米，新工厂处理后的水将用于灌溉西奈半岛2.83万公顷人工林。

自2019年8月起，埃及政府对尼罗河流域的水稻、甘蔗、香蕉和所有水分含量高的作物种植实行限制。这项新措施旨在应对埃塞俄比亚复兴大坝的建设对埃及的农业可能产生的影响。埃及每年缺水300亿立方米，每年至少需要900亿立方米的水来满足超过1.04亿居民的需求，但目前只有600亿立方米份额，其中555亿立方米来自尼罗河，而10亿立方米则来自沙漠部分地区的不可再生地下水。

（五）畜牧业措施

2020年5月和8月，埃及总统塞西两次公开强调了埃及西奈半岛的农业发展项目，特别是畜牧业项目。塞西表示将拨款10亿埃镑用于发展"国家牛肉项目"（National Veal Project），以增加牛肉供应。塞西还要求对上述项目在"小牛肉育肥"方面予以重新重视并要求对该项目提供更多支持，同时为该畜牧项目提供乳品生产相关的技术支持，以增加牛奶产量。此外，应进一步加大对牲畜的遗传改良手段，同时提畜牧农场的生产能力。9月，塞西总统再次发表讲话，敦促在全国范围内尽快建设200家奶制品组装厂，并将国家"小牛肉"项目的拨款增加1倍，达到20亿埃镑（约合1.267亿美元）。

埃及的小牛肉项目在过去的4年中一直在进行。它的目标是提供优良的进口牲畜品系，主要是给小农场主养殖的牲畜增肥，以换取最高利息为5%的贷款。该项目旨在创造就业机会，发展牲畜，并以公平的价格提供优质红肉。项目通过给小牛增肥以提供更多的肉来减少肉类的进口。该项目主要针对埃及农村的青年、小农和妇女。该项目涵盖18.3万头犊牛，将有1.53万农民在项目中受益[①]。

（六）其他惠农措施

1. 经济金融措施

新冠疫情开始阶段，埃及农业和土地改良部已采取相关措施消除埃及的农产品因疫情面临的出口障碍。特别是以合理的价格向阿拉伯和欧洲国家的空中运输途径，以及在埃及宵禁期间，工人运送、分拣和包装的相关工作和物流运输也可不受宵禁限制。此外，埃及中央银行针对当前疫情还提出了一系列有关农业的特别举措，例如对农民和养殖户的相关金融贷款被推迟了6个月。

埃及的制造业部门利用疫情导致全球很多工厂停工的机会提高生产率并打开新的出口市场，特别是农业部门，由于埃及此前对农业部门采取了一系列鼓励和支持措施，例如免除3年的农民土地税，以刺激农业生产。大力开发包括西奈半岛的大片土地用于补充粮食生产能力的不足。目前未看出多波疫情和周边蝗灾对埃及的农业生产及其产业链造成影响。埃及自2020年2月14日报告首例新冠肺炎病毒至5月确诊病例快速突破1万，9月又突破10万大关，2021年

---

① 塔雷克·索利曼（Tarek Soliman），农业部畜牧业发展部门负责人，2020.9。

5月突破25万。然而市场上并未见农产品供应紧张状况，2020年埃及大多数农产品特别是粮食自给率获得提高，其中蔬菜和水果的出口率增加到创纪录的约500万吨。2021年1—4月农产品出口增至272万吨，比2020年同期增加约15万吨。这与埃及在疫情防控初始阶段和宵禁期间加大对农产品生产与物流的保障有关。此外埃及贸易部也通过法令暂停部分农产品和食品出口等举措，导致国内市场需求的增长以及进口下降。埃及中央银行向社会提供了1 000亿埃镑贷款以支持工业和农业部门，同时将利率降低8%。埃及中央银行还将进一步扩大参与该计划的部门，以遏制COVID-19对制造业、农业等的影响。

2. 项目平台措施

（1）农业基础设施项目建设投入。随着人们对全球经济陷入衰退的预期不断增强，加之疫情仍不断流行，这促使埃及政府将粮食的自给自足视为当务之急，并更加强烈地认为，在未来一段时间内，对基本保障物资的农业基础投资将是最稳妥的选择。因此，农业部门将是近期埃及在投资领域的主要目标部门之一。埃及政府在2020年10月宣布的拟在为农业产业投资者提供资助计划与服务概览如下。

——银行融资

埃及农业银行将提供一项资助计划，该计划为生产太阳能灌溉系统的中小型企业提供资金。项目主要包括温室引进的现代灌溉系统、各类现代栽培设备以及其他农业辅助设施项目。此外，埃及中央银行（CBE）为减轻COVID-19的经济影响而采取了一系列紧急措施，包括5月发行的价值1 000亿埃镑的担保。该项金融举措刺激金融机构积极提供8%贷款的计划，从而将有效降低制造业、农业和建筑业中私人投资者的成本。6月，沙特阿拉伯拨款委员会还同意为埃及的5个新项目提供资金。沙特阿拉伯的上述赠款总值为2亿美元，用于资助埃及的中小型和微型项目。埃及农业银行还将与埃及农业部合作，投资1亿埃镑资助其中3个项目，以支持粮食安全和小农能力建设，即发展埃及的乡村综合治理项目、农村价值链融资计划项目以及乳制品和乳品实验室融资项目等。项目旨在为埃及农村小微项目提供资金，帮助农村妇女开展能力建设以及手工艺品等农村代表性项目。这些项目将在全国各地实施，重点是上埃及有关省及大开罗和亚历山大大区以外的省。

——项目资金

埃及微型、小型和中型企业发展局（MSMEDA）为小型投资者和可行性研究提供了许多融资计划，包括对每个农户的每笔贷款特提供1年的宽限期。

其中一项贷款计划是埃及的"肉牛育肥计划"，该计划将分为两个阶段，由MSMEDA为每个农户提供75％的投资成本。第一阶段的投资预计为13万埃镑，第二阶段预计为25.5万埃镑。第一阶段包括在一年内增肥20头小牛，直到每头平均体重达到80千克。第二阶段包括在一年内给20头母牛增肥，直到每头体重平均达到250千克。另一项计划是"奶牛育肥计划"，主要包括两个途径，首先是MSMEDA提供70％的投资费用，大约21.5万埃镑，增养5头水牛，或为5头荷斯坦奶牛的增肥提供所需费用31万埃镑的75％。在这两种投资计划中，MSMEDA将给予投资者一年的偿还贷款宽限期。

埃及目前还同时实施与"肉牛育肥计划"配套的"犊牛计划"，由农业和土地改良部向埃及的投资者提供贷款资金支持。该部将向参与"犊牛计划"的每个农户提供1.5万埃镑的资金支持，偿还利率将优惠5％。如果实施育肥的犊牛数量超过20头，还将获得支持建设专门的养殖农场。

在设施农业投资方面，MSMEDA还为埃及4类设施农业温室项目投资者提供75％的启动资金，大约每户15万埃镑。种植的农作物包括甜椒、樱桃番茄、青豆和黄瓜。此外，MSMEDA还为投资者提供食品加工、药用和芳香油提取、精制和包装投资支持。投资者每年生产1吨上述精制品将获投资180万埃镑，其中70％将由MSMEDA提供。为了确保生产顺利进行以及维护目的，生产设备必须每年停止工作1个月。在农田基础设施方面，7月，国际金融公司（IFC）与埃及国家银行（NBE）签署了一项合作协议，以资助在埃及农村田间广泛使用太阳能水泵。

（2）农业基建设施建设投入。2020年5月，塞西总统针对埃及面临的粮食安全挑战，提出了埃及农作物自给自足的战略目标和与之相适应的一系列农业开发项目，通过具体的项目措施全面带动埃及的农业可持续发展。特别是在尼罗河谷沿岸的农业开发潜力后劲不足的情况下，对西奈半岛的这片"处女地"的开发逐渐升温。埃及政府也意识到在内陆沙漠地带农业开发难度越来越大的情况下，西奈地区的农业开发项目成功与否对埃及整个农业战略目标实现越来越成为一种保证，例如在土地开垦和耕种等领域，埃及政府正在着手进一步加大对西奈地区水资源和基础设施的保障，待基础设施建设完成之后，以便大规模开发该地区。

此外，前文提及的埃及"10万费丹温室设施农业""150万费丹农田开垦"等重大农业项目也都充分体现了埃及力求通过规模农业的模式调动和吸引一切可以争取的资源，以尽快摆脱对水资源、环境、人口带来的威胁，实现埃及的农业可持续健康发展目标。

埃及积极推动新河谷及北西奈的综合农业开发建设。2020年9月，塞西总统提出在埃及开展电力、灌溉、农业、北西奈省和武装部队工程局等多部门联合行动，扩大新河谷及北西奈地区的综合治理及对农田的开垦，并在上述地区建立新的城市社区。他特别关注北西奈（North Sinai）、东奥瓦纳特（East Owainat）和图什卡（Toshka）发展项目的实施。为了推动上述项目实施，埃及将进一步加大水渠建设，扩大从苏伊士运河西侧的水处理厂向西奈输送水的力度，提升西奈地区的农业和灌溉能力。

（3）农产品交易平台建设投入。虽然埃及的农产品在新冠疫情的冲击之下表现出顽强的抗御风险能力，但是一些农产品依然因农民信息不畅、技术能力不足、商业资源不够等原因，在生产和销售上受到了一些影响。为整顿埃及的农产品生产、流通市场，提升埃及对粮食安全危机挑战的整体应对能力，同时也有效帮助埃及的小农提升进入市场的能力，加强其抗御风险能力，加快盘活埃及的农产品国内流动，进一步推动埃及名优特农产品打开国际市场，塞西总统专门建议通过商品交易管理公司形式加大对埃及农产品市场的有效控制，确保向大众消费者提供可承受的农产品，并最终构建起系统的农产品风险抗御体系。

2020年9月，埃及宣布建立首家农产品商品交易所，该交易所的建立是埃及近期拟推出的进一步发展内部贸易计划的一部分，该商品交易所主要为国内小农服务，并为小农和生产者在经营环境上提供保护。在该交易所的交易平台上，农民的产品将被汇总、分类并在交易平台上提供给所有经销商。这种做法有利于进一步整合资源，有助于提高小农和生产者的竞争力。

埃及供应和内部贸易部长阿里·穆瑟里（Ali al-Moselhy）认为此次建立的农产品商品交易所是埃及内部贸易系统基础设施的一部分，该平台将鼓励埃及的小农和小型贸易商自愿加入这个有组织的贸易系统，并充分利用埃及国家贸易体系的带动，将分散的小农力量进行整合，从而最大化提升小农能力，改善其接入市场的条件；埃及证券交易所董事会主席穆罕默德·法里德

（Mohamed Farid）认为，目前埃及农产品商品交易所"是埃及股票商品交易的受监管市场"。在该交易平台，包括商户、商店、卖方和买方在内的各级经销商将聚集在一起，通过有组织的市场行为展开商品交易，该交易所将成为埃农产品的一个"重要的定价机制"。供应和内部贸易部长助理兼内部贸易发展局局长易卜拉欣·阿什马维（Ibrahim Ashmawy）认为，该商品交易公司旨在减少农民和生产者之间的商品流通环节，最大化地使消费者受益。在该交易所，农民、贸易商或生产商等卖方可以将农产品进行分类后存放在埃及供应部批准的商店或仓库，证券交易所电子平台上将同步动态显示出在存商品的信息和价格。这种做法将极为有效地监管和调控买卖双方的供求关系，形成对消费者有利的价格。该交易所预计在2021年第一、第二季度开展第一阶段试运营，一些基本农产品小麦、油、糖和大米等将作为试点进行挂牌销售。

埃及农产品商品交易所公司成立资本金为9 100万埃镑，由埃及证券交易所、埃及内部贸易发展局，埃及仓储控股公司、埃及商品供应总局以及埃及多家投资银行、Misr Insurance Holding公司和埃及清算、存管与注册中心（MCDR）共同出资和控股。作为确保商品质量的仓储设施建设，埃及对位于境内在建的7座巨型战略储备仓库的技术规范进行了更新，为每个巨型战略仓库投资达到30亿埃镑，总成本为210亿埃镑。考虑这些战略仓库位置的重要性，因此将建在埃及最重要的交通枢纽、海港和陆港的主要网络附近，以确保运输的便捷，并更好、更快、更有效地覆盖埃及整个国家和相关地区的农产品生产、供应和交易。2019年，埃及曾宣布建立类似商品交易所。

（七）公共私营部门合作

尽管2020年的疫情全球流行导致了世界各国的经济压力陡升，全部或部分贸易被迫封锁，但是埃及的农产品出口却在疫情期间表现出了非常积极的势态。这种逆市而升的状态主要归功于埃及在国家层面对农业投资的有效努力，而且埃及的公共私营部门的紧密合作，特别是埃及各类主要的农产品贸易公司凭借其稳固的实力，在疫情下有力保证了埃及在2020年对全球农产品贸易的持续强有力支撑。埃及的公共私营部门在疫情中起到了对内维护生产、流通稳定，对外开拓市场、提升农产品民族品牌影响力的重要作用。

近年来，埃及为积极提升农业产能，采取的主要措施是通过公私合营的形式全面打造沙漠农田开垦和温室大棚项目，通过积极推动水资源综合利用、节水灌溉和推广等，全面提升埃及农业产业链的提升与转型，推进现代农业的增效提质。近年来，埃及的农业贸易实现了增长和繁荣，大量的公共私营投资及其高效产能进入市场形成良性循环，新的私人和政府投资不断涌入，为扩大和提高埃及的农产品产量提供了更广阔的市场。特别是埃及的众多私人农业投资者还通过充分利用美元投资组合，调整贸易平衡和其他经济指标为其带来了丰厚的回报，同时也为国家带来了显著的经济收益。

埃及公共与私营部门在国家战略愿景框架下的合作与协调一致也是埃及农业在危机下取得成功的重要原因，特别是在埃及政治领导层推出的全面可持续发展战略"2030愿景"支持下，埃及的私营部门发挥出了巨大的潜力，出现了显著的增长势头，这些都为埃及政府近期大力推动的农田开垦、海水改造计划等重大项目做出了贡献。

埃及的大宗农产品出口主要由埃及的大型农业出口公司和大型生产基地完成。这种生产方式有效确保埃及轻松实现更快的生产和出口能力的飞跃，同时这种大规模地生产有力促进了埃及本地农产品品牌的推广，推动埃及的农业民族品牌拥有更高的商业和经济价值。在这种规模产业的支持下，埃及的农产品出口在疫情期间实现了全面而有规律的增长，同时进一步提升了国际市场的覆盖率，同时也实现了数十种基本商品的自给自足，并降低消费价格，为减少通货膨胀并改善数百万埃及人的生计，为提升埃及人的营养和健康水平做出了无可替代的贡献。

埃及在2020年1—10月，农产品出口超过450万吨，说明了埃及对国家的农业发展战略及其对农业部门的支持以及鼓励公共私营投资的策略是正确的，特别是疫情在很多国家造成贸易禁运的情况下，导致了全球供应链的断裂，许多国家在农业和粮食生产方面的商品流通普遍受阻。随着埃及经济的不断回稳以及对疫情形势的控制能力增强，预计埃及对农作物和粮食的需求将会增加。因此，未来3个月的出口量可能会大幅增长，因此，预计到2020年底，出口量可能会大幅增长，将大大超过2019年的同期水平。

（八）加强粮食安全国际合作

目前埃及与国际农发基金（IFAD）间合作规模达11亿美元，700万农民受益，与IFAD的务实合作有效帮助埃及成为非洲农业发展管理区域中心，并进一步减缓粮安压力。埃及还积极谋求与联合国粮农组织（FAO）、世界粮食计划署（WFP）等联合国机构区域办事处开展长期农业可持续发展、粮食安全控制系统、食品法典及小农能力建设等项目合作。此外，还与美国国际发展署（USAID）及德国、日本等国相关机构也开展了农业合作项目。美在埃总投资迄今已达228亿美元，USAID自1978年至今已在埃完成项目投资300亿美元。德国自埃及2016年经济改革以来在埃总投资达74亿美元，其中发展项目20亿欧元，其于2019年12月与埃签订了3 600万埃镑农产品生产与质量改进合作项目。此外，埃及还与欧盟、阿盟以及中国、日本、意大利等国广泛开展了粮安领域种类繁多的国际合作。

第三章

灾难斗争

2020年对于非洲来说是充满希望和难得机遇的一个10年的开始，整个非洲大陆的经济增长预计将继续超过其他地区，非洲比以往任何时刻都更加期待包括中国在内的投资力量与非洲实现共同发展。然而新年伊始猝然席卷全球的COVID-19在北回归线往复肆虐之后终于毫无悬念地也将这块充满着希望的热土和纯洁善良的人民带入了深深的恐惧之中。特别是北部非洲以及阿拉伯联盟国家，同时在遭受着另一场同等惨烈的"瘟疫"——蝗灾。

至此，一个严重的问题即将摆在北部非洲及阿盟地区：在新冠肺炎和沙漠蝗虫的"双重打击"下的粮食安全问题，是否有可能演变成"三重打击"？如果上述国家抵御新冠肺炎和沙漠蝗虫灾害失利，粮食安全是否可能成为压倒中东地区政治平衡，乃至引发世界新乱局的第一块"多米诺骨牌"？

对此，需要对埃及当前的整体经济形势作一全面分析。众所周知，埃及经济曾经的四大支柱分别是石油、旅游、苏伊士运河和侨汇①。上述主要经济来源均在新冠肺炎疫情期间受到一定冲击，并一度导致资金出现紧张状况。对此，埃及在新冠疫情期间接受了国际社会一系列各类资金援助。

4月4日，欧盟向埃及承诺将提供9 600万美元援助，以应对埃及的疫情。欧盟表示可提供9 800万美元的援助，帮助埃及增强公共卫生系统建设。

4月6日，韩国宣布将向埃及援助20万美元，用于抗击疫情。

4月26日，跨国公司EFG Hermes Holding宣布将帮助埃及10 000个受到疫情影响的家庭。

---

① 据2020年3月IECE统计数据，列前4位的分别为制造业、批发零售贸易、农业和房地产业。

4月26日，全球最大的卫生纸制造商（Fine Hygienic Holding，FHH）宣布向埃及捐赠大批医院用消毒纸巾，捐赠将分多个阶段进行，满足埃及医院需求。

5月12日，埃及从国际货币基金组织获得27.7亿美元紧急资金，以减缓疫情使埃及旅游业陷入停顿并引发资本外逃。世界银行日前表示将向埃及提供5 000万美元贷款，帮助埃及实施紧急医疗措施并增强其经济韧性。

5月27日，非洲开发银行（AfDB）董事会批准向埃及提供50万美元的紧急援款，旨在提供粮食救济并帮助支持受新冠肺炎疫情严重影响的弱势群体。这项干预将寻求补充埃及政府正在进行的活动，以减轻新冠肺炎疫情对埃及民众的影响。

6月4日，沙特为埃及提供了2亿美元赠款，迄今已为27个省的2 176个项目提供融资，创造约12 000个就业岗位。

6月5日，国际货币基金组织决定为埃及提供为期1年的52亿美元的融资方案，以帮助该国减轻疫情对经济的影响。

6月26日，国际货币基金组织批准向埃及再提供52亿美元贷款。此前，该组织已承诺向埃及提供28亿美元贷款，以避免疫情带来的严重经济影响。在疫情爆发之前，埃及刚刚完成了一项为期3年的经济改革计划，并在2016年底获得了该组织120亿美元的贷款。

7月5日，国际货币基金组织（IMF）批准对埃及的融资方案后，埃及已收到20亿美元资金，该金融融资方案有助于埃及应对新冠疫情影响，为埃及未来维持5.5%的经济增长、失业率降至7.5%提供保障，同时帮助埃及外汇储备维持450亿美元最高水平。

12月19日，国际货币基金组织（IMF）执行委员会宣布，对埃及的经济改革计划的第一次审查历经12个月后已经完成。根据审查结果，埃及将获得第二笔贷款16.7亿美元，总额累计达36亿美元（埃及在6月收到了20亿美元）。

尽管疫情暴露了埃及经济依赖外资的结构性弱点，但不少国际机构认为，埃及仍有望成为中东地区2020年唯一可实现经济增长的经济体。世界银行、国际评级机构对埃及2020年经济增速的预测分别为3.7%和4.1%。欧洲复兴开发银行近日发布《区域经济前景》报告，预测埃及2020—2021财年的国内生产总值增长率为3%。

国际货币基金组织中东和中亚地区部主任吉哈德·阿祖尔认为，埃及近年来实施的经济改革计划增强了埃及抵御疫情冲击的能力。2016年，面对公共债务增加、国际收支状况恶化和外汇严重短缺等问题，埃及政府出台了许多措施刺激经济增长：发布"2030年愿景"，与国际货币基金组织签署了一项120亿美元的贷款协议。埃及政府为此启动为期3年的经济改革计划，包括削减补贴、增加税收和本币埃镑实行浮动汇率等措施。

改革计划取得了明显成效，埃及通货膨胀率和财政赤字下降，外国投资者对埃及经济的信心回升，财政和国际收支压力得到缓解。2018—2019财年，埃及经济增长率达到5.6%，是11年来的最高增幅。日益稳定的社会环境也吸引了更多游客，2019年埃及旅游业收入达130.3亿美元，创历史新高；苏伊士运河收入达到创纪录的59亿美元。外汇储备从2016年10月的195亿美元增长到2020年2月的约455亿美元。

在2020年，由于COVID-19对经济造成的影响，埃及的失业率上升至9.2%。2019—2020财年第三季度的经济增长率为5%，在疫情爆发之前，预计到本财年末增长率为5.8%，但疫情期间对经济增长的预测仅为4%。埃及2019—2020财年GDP的预期损失为1 050亿埃镑，占2018—2019财年GDP的2%。农业、林业和渔业部门在2019—2020财年第三季度对GDP贡献占10.2%，农业、批发和零售贸易以及制造业的工人约占埃及劳动力市场总工人的50%。

面对埃及的疫情升温，埃及总统塞西宣布划拨1 000亿埃镑（约合450亿元人民币）用于抗击疫情，并对低收入群体和受疫情冲击严重的产业提供补贴，其中140亿埃镑将专门用于对农业的扶持。埃及议会通过了多项法律修正案，允许政府减少或免除公司房地产税，允许公司分期缴纳社会保险并减少个人所得税等。

埃及国家规划院研究员希柏·贾迈勒表示，埃及在防控疫情的同时支持中小企业发展，欧洲对轻工业和农业产品的需求将成为埃及企业的发展机遇。埃及经济在后疫情时代还将持续向好。首先，埃及25岁以下人口占总人口比例接近50%，和老龄人口较多的国家相比，可以更快从疫情中恢复，届时埃及侨汇收入将继续增长。其次，疫情将减缓地区内冲突，促进区域内各国加强合作。埃及在地理位置、人口结构等方面具有明显优势，将有望带动中东地区实现经济复苏。

第一节　埃及粮食安全的脆弱性

一、粮食损失与浪费的威胁

（一）世界粮食损失与浪费现象

粮食安全历来是发展中国家的主要关切，人类对自然的过度开发和对资源的过度索取必将以粮食安全危机的方式还给人类。确保可利用的自然资源与有限的自然资源之间取得平衡的最重要的方式之一就是减少粮食损耗与浪费（Food Lost and Waste，FLW），以实现大幅增加粮食供给数量以满足未来的需求和应对更多的不确定性挑战。

当前全球人类每年浪费13亿吨食物，用于人类消费的食品中约有1/3被丢弃或浪费。世界粮食浪费比例高达14%，各种消费食品的全球浪费率达到20%。在发达国家，每年食物浪费6.7亿吨，人均年浪费95～115千克，在发展中国家大约浪费6.3亿吨，人均年浪费6～11千克，富裕国家每年浪费的食物相当于撒哈拉以南非洲粮食的全部产量[①]。全球食物浪费排名首位的是法国，年人均浪费食物84.89千克。美国人均浪费73.42千克，排名第9位。中国人均浪费食物69.96千克，排名第15位。在排名前20位的国家中，西方发达国家占11个[②]，排名前10位的国家，除了埃塞俄比亚是由于粮食采后损失极为严重而入列以外，其余9个国家全部是发达国家。一贯倡导粮食及安全理念，崇尚绿色食品并极力在发展中国家推行"限制排放"等措施的西方国家却成了全球粮食浪费的最大群体。此外，纵观全球整个食物链的各个环节，几乎都会产生程度不一的粮食损失和浪费，西方国家的食物浪费主要集中在消费阶段，发展中国家特别是不发达国家的食物浪费主要集中在采后运输和加工阶段，不发达国家在此阶段的浪费因技术落后，被动浪费损失远远超过消费阶段，总体来看全球的粮食浪费程度惊人。

众所周知，美国是全球的产粮大国，粮食进出口均排名第一，粮食的加工、储运以及消费阶段的技术全球领先，然而本土的粮食浪费现象却十分严

---

① FAO，2016.

② Economist Intelligence Unit，Barilla Center for Food & Nutrition，2019.

重。2007—2014年期间，美国人每天浪费13.6万吨食物，相当于每年浪费1 200万公顷以上的农田产量，也就是美国全部农作物产量的7%。全美生产的农产品当中，每年约有6 000万吨、价值1 600亿美元的农产品遭丢弃[①]。按照美国现有3.28亿人口计算，人均年浪费食物价值近500美元。平均每个美国家庭每个月花在食物上的资金大约是600美金，其中一半以上的食物都会被直接扔进垃圾桶；以"勤俭节约"著称的日本，高居全球食物浪费排名第8位。每年丢弃和浪费的食物近643万吨，人均浪费食物74.38千克。日本自2016年开始，食物浪费就一再在640万吨高位徘徊，并在后几年稳步上升。

在近东和北非（MENA），近年发生在除消费阶段以外的食品价值链上的损失和浪费达到人均250千克以上，每年损失估计600亿美元。大约有2/3的食物损失发生在食品的生产、处理、加工和分配过程中，另1/3则发生在消费环节，这对于粮食产量潜力有限、水源和耕地短缺、严重依赖粮食进口的上述地区的社会、经济和环境影响是严重的[②]。埃及作为跨北非及中东两种地域和文化的国家，历史悠久和多元化的文化造就了独特的消费观价值观，亦对其粮食安全结构的消费方式影响颇大。伊斯兰教历来提倡勤俭节约、艰苦朴素，反对铺张浪费、奢靡挥霍。《古兰经》谴责浪费，视浪费之人为"恶魔的朋友"[③]。然而近年来伴随着社交媒体等快餐文化及西方"自我意识""崇尚个性"等理念在埃及的觉醒和回归，埃及社会各阶层粮食消费方式也发生着潜移默化的变化，这些都对埃及的粮食损失与浪费产生了推波助澜的作用。

（二）埃及粮食安全及食物营养现状

粮食安全的第一要素就是直接决定一切的粮食产出量。2020年，埃及的小麦播种总面积为320万费丹（约134万公顷），平均每费丹小麦产量为3吨，预计2020年的产量与2019年相当，可能在920万吨左右，但是预计国内消费量将达到2 040万吨，国内产能与预计消费量有1 000万吨以上的较大缺口。埃及其他农作物中，玉米80万公顷，预计产量64万吨；水稻76万公顷，预计产量430万吨，埃及主粮严重不能自给自足。粮食安全的第二要素就是决定粮食产量的水资源。埃及属于严重缺水国家，每年水资源缺口至少在200亿立方米

---

① 佛蒙特大学（University of Vermont，UVM），2018.
② FAO，Chain Development for Food Security in Egypt and Tunisia - Egypt Component，2018.
③ 《古兰经》："你不要挥霍，挥霍者确是恶魔的朋友，恶魔原是辜负主恩的。"

以上，人均水资源占有量更是远低于国际标准。尽管如此，埃及的大多数农产品的生产对水的消耗量较大。平均生产一个番茄需要13升水，一颗马铃薯需要25升水，一瓶苹果果汁需要190升水，一杯牛奶需要200升水，一杯咖啡需要140升水，一只汉堡包则需要400升水。尽管水资源消耗巨大，但是埃及的粮食浪费现象依然较为普遍和严重，这些都给埃及的粮食安全带来了严重的不确定性。粮食安全的第三要素是人类对粮食安全的认知程度，这对粮食安全的影响远远超出其他技术促进因素。埃及广大普通民众的粮食安全始终是建立在强有力的信仰支持下的全民福利保障体系之下。例如埃及实行多年的"大饼补贴"政策，覆盖全部低收入群体，对于社会底层民众，大饼的补贴程度之高，在很多发达国都难以比拟，以至于造成一些长期享受该福利的百姓将吃剩的大饼当成饲料甚至"坐垫"等令人匪夷所思的现象。这种情况即便在粮食安全程度较好的中国，或者粮食安全程度较差的印度，也都很难看到。此外，埃及的自身主粮产能严重不足，国内刚性消费需求巨大，产需差惊人，粮食对外依存度高，农业产业能力薄弱，粮食安全预警能力几乎空白，战略储运能力不佳。在民众认识层面上，《古兰经》里虽然提及："你们应当吃，应当喝，但不要过分，真主确是不喜欢过分者的"[①]。但是占人口绝大多数的现代阿拉伯裔居民在受正统"古兰经"教义影响的同时，对粮食节约意识仍然不强，虽然斋月的初衷和本意就是"节食"，但是斋月期间高达83%的埃及家庭的饮食结构发生了巨大变化，消费量增加50%～100%。据统计，埃及斋月期间的饮食消费量占全年的15%，埃及家庭和公共餐饮在这期间的浪费分别达到了60%和75%，由此带来的是更为严重的食物浪费现象[②]。特别是"宰牲节"期间，未食用和剩余的肉类连同现场宰杀的动物残骸在城市乡村随意丢弃，令人触目惊心。穆斯林圣艾布·达乌德（Abu Dawud）[③]在教义中虽提及："艰苦朴素属于信仰，缩衣节食属于信仰"，然而在当今埃及社会，严格遵循的人数在减少。剩下仅占人口5%的科普特

---

① 《古兰经》。
② Gehan A.G. ELMENOFI，2015.
③ 艾布·达乌德（Abu Dawud，817—889），本名苏莱曼·本·艾什阿斯·本·伊斯哈格。中世纪伊斯兰教逊尼派著名圣训学家、"六大圣训集"的汇编者之一。一生集录圣训50万段，其著名的《艾布·达乌德圣训集》精选圣训4 800段，成为9世纪伊斯兰教逊尼派著名圣训经籍。

（Copt）[①]基督教人群，对严格遵循正统基督教教义的人群也在变化。

由于历史原因，埃及自近代以来，多种文化的碰撞和融合以及自身文化体系的重构与演进，涌入的欧美自由文化和自我价值观已经被埃及民众所接受，并历经多个世代传承，深入埃及各个阶层人心，演变出不同阶层对消费的不同理解和认知的多样性社会构成。此外，出于政治和经济利益考虑，在欧美的扶持下，埃及多数知识分子和高收入人口均具有在欧美生活学习或接受教育的经历，对欧美文化及价值观认同颇深，高消费和奢侈的风气较为风行，特别是Z世代[②]人群，更多地将自我和享乐意识作为核心价值观。

虽然埃及的粮食安全已经较好地经受了2020年COVID-19的初步考验，一些主粮和主要经济作物产量以及国际贸易不降反升，在国际粮农市场受到广泛关注和欢迎，短期内并未显示出埃及受到粮食安全问题的严重挑战迹象。但是从长期看，同时考虑多年来埃及的周边气候、生态环境变化、地缘政治冲突以及自身积弊，埃及在中长期有可能面临来自包括粮食安全在内的多种政治、经济、环境、卫生等综合性挑战，进而进一步损害地区多边经济贸易关系和利益，从而必将显著影响地区政治格局。

在营养方面，营养不良和营养过剩都是粮食不安全的重要表现因子。埃及当前需高度关注国民营养不良和健康饮食问题，并大力发展绿色的可持续现代农业。埃及5岁以下儿童中营养不良者的比例为35%，而成年人肥胖症已达到令人担忧的水平。与解决饥饿与粮食安全问题相比，埃及更需要在保障健康饮食方面下功夫，特别是妇女和儿童的营养不良和健康饮食问题。当前埃及有超过700万人有体重超重的问题，这反映了对单一品种的食品依赖过重，也反映了政府对粮食产业链的合理布局以及食品多样性的管理与改善不够。对此，政府应推动建立健康饮食体系，并倡导体育锻炼，使全体国民受益，同时通过科学的粮食减损措施，提供国民更加丰富与合理的食品搭配。

埃及的气候变化以及不良农业生产方法所造成的资源浪费使生物多样性遭到破坏，这是导致粮食不安全的主要因子。因此发展多样化种植，以保障健

---

① "Copt" 一词由阿拉伯语从古希腊语转译而来，即埃及之意。科普特和科普特人（Coptic）是古埃及的主要民族，多信仰科普特正教。在绝大部分埃及人皈依伊斯兰教后，科普特教民则长期在埃及处于分散和小范围聚居状态。在塞西总统的多元化和民族复兴执政理念下，近年来科普特教在埃及逐渐活跃起来。

② 即Z generation，美国及欧洲流行用语，指1995—2009年出生的人。又被称为网络时代产物影响的一代人。

康、营养食物的供给，亦有利于环境保护。埃及农业部与FAO已开展合作，改善埃及贫困地区妇女儿童的饮食，提高其健康水平。目前双方已合作在埃及5个省实施营养改善项目，重点关注增加粮食多样性和改进农业生产方法等。

（三）埃及粮食浪费情况

关于埃及粮食损失与浪费的研究文献和数据此前研究不多，并不系统和充分，当前的分析多在对埃及家庭食物浪费情况进行研究。在对埃及人的社会调查中发现，粮食浪费在埃及这样的不发达国家竟然相当普遍，而且不少民众对其各种浪费行为并不以为然，只有13.8%的受访者表示他们不扔任何食物。数据显示，埃及斋月期间食物浪费更为严重，浪费最多的食品是水果、蔬菜、谷物和烘焙食品。有21.5%的受访者称每月产生的食物垃圾的经济价值超过6美元，约42%的受访者每周扔掉至少250克仍可食用的食物。埃及年人均产生粮食垃圾达56.31千克，在全球食物垃圾总量的国家排名中位居第26。

在大宗农作物方面，采后损失普遍较高，这是由于埃及一直采取传统的损耗较大的收获、储存和运输方式。在水果蔬菜方面，由于水果蔬菜类的新鲜度要求高等特点，加之采收过程中的机械损伤等原因，埃及一般蔬菜和水果总体的采后损失为45%～55%，其中葡萄采后损失的高达25%～35%，番茄由于在采摘、储运和加工过程中容易损坏，采后损失普遍高于50%。鱼类等水产的损失为40%，牛奶的损耗为30%。

埃及粮食采后损失发生在价值链各个阶段，不同作物损失程度不一。例如在稻谷脱粒阶段收获后损失可达到25%。小麦的采后损失12%～15%，年损失达150万吨，玉米年损失65万吨，甜菜达35万吨以上，主要是由于害虫的为害、不适当的储存方式和不符合要求的运输工具等造成了埃及许多作物采后损失普遍严重的现象。埃及上述主要农作物的各种损失、损耗造成的经济损失每年高达1 100万埃镑。

（四）减少粮食浪费的措施

1. 加大政府的指导和支持

考虑埃及越来越严重的粮食安全挑战，埃及政府近年也开始重视粮食安全及浪费问题，并采取了多种措施。埃及政府目前没有专门研究粮食损失与浪费的研究机构，仅在其农业部下属的埃及农业研究中心（Agricultural Research

Centre）的食物科技研究所（Food Technology Research Institute）、粮食安全信息中心（Food Safety Information Centre）和经济研究所（Economic Research Institute）等机构开展粮食安全及消费者保护方便的研究，埃及也曾经试图成立粮食安全总局等机构以专门应对粮食安全危机。为进一步提升埃及的粮食安全决策能力，埃及政府正在制定涵盖所有食物链的粮食减损战略计划，意图通过政府指导，提高人们和社会机构对这一问题的认识，同时将进一步研究低教育水平和贫困人口特有的食物浪费现象。埃及农业研究中心（ARC）还通过改进收获后的技术减少粮食损耗。例如，使用农场上低成本的番茄存储设施，以及将小麦存储在水平的塑料筒仓中将减少损失并应用病虫害防治手段。埃及目前正在27个省份实施13个相关农业产后减损项目，总金额达5.454亿美元，覆盖150万人[①]。

2. 深入开展国际合作，提升减损能力建设

埃及积极与FAO、国际联合国环境规划署（UN Environment Programme, UNEP）在2015—2018年合作开展了在粮食产业链全领域的减损合作。通过实施多个有针对性的项目，借助价值链的开发方法来减少粮食损失与浪费。项目的实施重点在对农产品采后、营销和加工阶段，通过优化组织管理，合理调配物流，形成了对环境更加友好、对小农户进入市场更加有利的生产和经营环境，有力地促进了价值链增值，也为埃及的广大农村就业提供了更多机会。2020年10月，埃及与FAO及WFP共同庆祝了首个国际粮食损失和浪费认知日（International Day for Awareness of Food Loss and Waste），三方目前已在埃及开展了多个联合项目以减轻COVID-19对农业的影响，实现粮食安全，减少粮食损失和浪费，支持小农，加强价值链，并为农民提供现代化的技术工具。埃及还与FAO在努巴里亚（Nubaria）共同推动实施晒干番茄项目（Sun Drying Tomato Project），该项目是"埃及粮食损失和减少浪费及价值链发展以促进粮食安全"项目（Food Loss and Waste Reduction and Value Chain Development for Food Security in Egypt）的一部分。埃及国际合作与农业部自冠状病毒爆发以来，定期组织和倡导来自多方的利益相关者参与建设的平台，以协调各方在粮食安全领域的工作并确定需要支持的重点领域。

---

① Al-Ahram online，2020.10.3.

3. 充分利用政府力量组织社会资源，提升农业综合生产能力

充分利用引导阿拉伯国家资本，发挥集团优势力量，开发农业，改善灌溉和给排水系统，实现农业生产机械化，使用新的农业科技和新的生产方式；技术提升粮食生产，尤其是谷类生产，通过机械化、科学施肥等手段提高产量；为应对国际粮食市场垄断，尤其是在谷类和小麦的定价机制方面的垄断，积极寻求阿拉伯国家的支持，确保粮食的战略储备；在阿拉伯国家之间寻求构建确保粮食安全的整体合作战略规划；加强农业基础设施建设配套，改善灌溉调水系统，开发大规模农场，构建高效立体物流网络，提升农产品加工能力；改进传统的仓储方式，防止生产、仓储、运输过程中的浪费；广泛开展包括非政府组织、私营机构、社团和研究机构的合作，推动全社会提升对粮食浪费和损耗的重视，形成全社会节约的氛围。例如借助慈善机构（Masjid）在斋月为更多的贫穷人口分发多余的食物，借助埃及厨师协会（Egyptian Chefs Association）、农场到餐桌（The Farm to Fork）等社会团体，在埃及的餐饮业、农场等广泛推动节约食物的运动。

（五）中国粮食安全的启示

中国每人每天至少消耗粮食1千克，而一个中等规模以上的城市一天就要浪费掉6.4万千克饭菜，相当于6万人一天的食物，每年浪费食物总量折合粮食约500亿千克，接近全国粮食总产量的1/10，价值高达2 000亿元。按保守推算，每年最少倒掉约2亿人一年的口粮。与此形成鲜明对照的是，我国还有1亿多农村扶贫对象、几千万城市贫困人口及其他弱势群体。

减少当前食物的浪费，是比提高农业生产满足世界人口增长对食物的需求更为有效的办法。在当今科技手段已经难以短期将产量提升10%的情况下，通过社会手段将每年浪费的粮食产量的10%弥补回来却至少可以部分做到，且不存在大量的科技研发成本。在努力通过科技手段提升粮食产量的同时，如果同样重视粮食浪费与损耗，将会大大减缓粮食安全对国家安全的压力。

二、外来风险的复杂性

埃及的粮食安全体系脆弱，抗御外来威胁能力差，自身修复能力不足，除了自身产量与需求量存在巨大差异这个最大短板以外，"靠天吃饭"导致对灾害应对能力较差，依然是埃及乃至整个非洲未来很长一段时期的农业特点。无

论是"天灾"还是"疫祸"，对埃及乃至非洲特别是粮食安全能力更为脆弱的北非及中东地区而言更是如此。

历史上，埃及农业面临的主要威胁来自病虫害，且以蝗虫为害最甚。大致每隔3年，都会有一个高达1 000万～10 000万只规模的蝗虫群从苏丹迁移到埃及和周边地区。2020年2月发生在埃塞俄比亚、沙特乃至巴基斯坦的蝗灾能够在瞬间以指数级别增殖到一个能够彻底摧毁一个地区乃至国家所有农作物的规模和水平，能够很轻易导致上千万人面临粮食严重短缺及身陷蝗灾难以自拔。对此埃及农业部门高度紧张，在埃及与埃塞俄比亚的边境部署了55个观测站，对蝗灾进行全天候观测。埃及近年来虽然遭受的蝗灾不是最烈，但从历史上看蝗灾并未停止过，甚至可以追溯到古埃及时期。到了近代，由于地理、气候的变化，演变成为蝗虫的起源地之一。

2013年，来自苏丹的3 000万只蝗虫大举入侵埃及首都开罗所在的吉萨平原。3月初，遮天蔽日的蝗群涌入开罗摧毁大片农作物，留下几千公顷被彻底捣毁的农作物，埃及的新闻机构和社交媒体上到处都是详细报道和惊心动魄的现场照片。埃及军队此前曾试图将蝗灾遏制在沙漠中但无果而终。蝗群完虐埃及之后顺尼罗河而下直捣以色列境内。这是2007年以来，开罗遭遇的最为严重的蝗虫灾害。

2020年3月在北非也开始呈指数级别上升的COVID-19给埃及人民的生命财产造成巨大损失。埃及虽然已经实施国境管控，但是尚未对贸易以及特定商品进行管控。基于埃及较为脆弱的医疗卫生与应急体系，且埃及农产品的生产、加工与物流体系较为传统，也未对危机做过适当的冗余设计。加之3月下旬在埃及突发的强降雨灾害性天气对埃及交通安全、农业生产、建筑设施等各行业造成了全方位打击。

另一种为害主要来自动植物疫病对埃及农业的影响，例如2006年前后爆发的禽流感对埃及禽类产业产生了巨大的冲击，致使埃及的禽类消费和贸易出口大幅下滑，同时也严重影响了埃及的社会稳定。2010年，中国农业科学院哈尔滨兽医研究所研发出针对埃及H5高致病力禽流感病毒流行株的灭活疫苗（Egy/PR8-1株），该疫苗免疫效果好，保护率明显优于埃及市售的其他疫苗，疫苗出口埃及迅速占领市场，在埃及销售10亿羽份，销售额达7 500万元。此后中埃科研人员开展针对性合作研究，帮助埃及彻底消除了禽流感对埃及家禽产业的威胁。2020年初，由于埃及已经多年消除禽流感，世界动物卫生组织（OIE）正式将埃及从禽流感疫病国家名单中删除。埃及因此得以全面推动其家禽产业走出国门，再次迈进国际市场。

第二节　新冠疫情对埃及农业的影响

从古至今，人类与病毒的争夺与搏杀从未停歇，从鼠疫、流感、登革热、艾滋病、SARS到新冠肺炎，似乎每一次的病毒来袭均能准确地发现人类防线的缺陷和自身弱点，并一击命中。2020年初全球广为蔓延的新冠疫情至炎热的8月仍未减轻泛滥的势头，然而雪上加霜的是，世界多地却此起彼伏般爆出多种疫情，甚至多年前就已经基本消灭的疫病又重新死灰复燃。蒙古国17个省137个县出现鼠疫高发期疫情，新加坡连续7周报告埃及伊蚊引起登革热病例超过1 000例，感染病例已经超过20 600例，活跃社群数百个，甚至上海也出现相关感染报告。曾是新冠疫情最严重的澳大利亚维多利亚州因高致病性H7N7禽流感，波及大量农场饲养的禽类。11月，日本爆发了有史以来最严重的禽流感疫情，疫情已扩散至全国20%的地区，被扑杀的家禽数量超300万只，韩国也已扑杀了440多万只家禽。日本和韩国爆发的疫情，是一种高致病性禽流感（HPAI），毒株起源于野生鸟类。

人类对自然资源的无休止索取、对生物多样性的无情破坏，对生态环境的无差别改造，对自身繁衍的无节制欲望，几乎使每一次致命瘟疫的来袭成为必然。"目前尚无针对新冠肺炎的'灵丹妙药'，而且也许永远不会有[1]。"但愿在联合国的17个可持续发展目标里，能增加一条准则："善待大自然万物生灵"，但愿人类猎枪上的最后一颗子弹，不会留给自己，狩猎之路上的最后一个猎物，不是自己。

尽管由于COVID-19爆发导致全球经济形势严峻，加之东北非的第一次乃至第二次蝗灾对埃及打击的不确定性，但多种国际评价指标依然显示了埃及的经济呈现积极势态。根据埃及对外贸易指数周三发布的报告，埃及的非石油出口增长了2%，在2020年第一季度达到67.28亿美元，高于2019年同期的65.8亿美元。4月，标准普尔（S&P）将埃及的本币和硬通货信用等级保持在B级，

---

[1] 谭德塞·阿达诺姆（Tedros Adhanom Ghebreyesus），2020。

并维持其稳定的前景。埃及财政部认为这一决定反映了国际机构和信用评级公司对埃及经济充分应对危机的信心。根据出口和进口控制总局（GOEIC）发布的报告，埃及的进口额大幅下降24%，从2020年第一季度的182.33亿美元降至2020年第一季度的138.14亿美元。这些指数反映了贸易部的战略和工商界在恢复生产以保护埃及的出口市场并增加对国内产品的依赖以满足国内市场需求方面的成功。

埃及的制造业部门能够利用疫情导致全球很多工厂停工的机会来提高生产率并打开新的出口市场，特别是农业部门，由于埃及此前对农业部门加大了一系列鼓励和支持措施，例如各类刺激农业生产的经济措施以及开发包括西奈半岛在内的大片土地用于补充粮食生产能力的不足。目前未看出新冠疫情和蝗灾对埃及的农业劳动力和产业链造成的影响。市场上并未见农产品供应紧张状况，这与埃及在疫情防控初始阶段和宵禁期间加大对农产品生产与物流的保障有关。埃及贸易部通过法令暂停部分农产品和食品出口，这导致了上述产品在国内市场上的消耗量增长，也导致埃及的进口下降。在疫情爆发的第一季度出口占第二位的是化肥类农用物资，出口额12.52亿美元，食品出口额8.81亿美元，农作物出口额为8.21亿美元。

COVID-19疫情的出现和爆发是突发且不可控事件，全球对此没有任何预案与准备，且对该病毒超乎寻常的传染力均始料未及。因此，如若疫情不能够被有效遏制，发生地区乃至全球性的粮食危机将是大概率事件。随着全球疫情不断蔓延，各国特别是卫生和农业基础条件均薄弱的国家出现恐慌性囤积食品，一些国家甚至考虑启动国家库存计划，增加粮食和各类生活必需品的储备，例如埃及此前公布了一系列战略物资储备计划。一些粮食出口国出于自我保护，也开始考虑限制粮食出口，而部分粮食进口大国，正在积极寻求扩大进口规模。

世界的粮食总产量及库存在近期会因疫情发生波动，美国和澳大利亚粮食产量预计因疫情将减产11%和7%。一旦疫情对全球粮食生产和库存造成"双降"，加之此前提及的北非及中东地区部分国家蝗灾对本国粮食产能的影响，有可能恶化全球粮食市场预期，形成各国抢购、限卖及物流不畅的恐慌叠加效应，导致国际粮价飙升。因此，疫情如果不能得到有效控制，或许将酿成严重的世界性粮食危机，进而必将直接威胁包括埃及在内的北非及中东地区脆弱的政治安全。

上述地区近年来屡次遭受不同疫情的冲击，除长期肆虐在非洲的艾滋病、埃博拉、疟疾、黄疸等多年流行疫病外，近年来影响较大的就是非典疫情（SARS），禽流感和中东呼吸综合征（MERS）及在埃及周边多次出现的裂谷热、口蹄疫等动物传染疫病，对当地畜牧业造成直接损害，同时导致受灾地区粮食短缺和粮价上涨。COVID-19自非洲出现迄今为止还没有证据显示会对地区粮食安全产生直接重大影响，导致出现严重的粮食短缺，并引发人道主义灾难。

毫无疑问，这种疫病将对地区具有重大的经济影响，一定会导致地区经济活动急剧放缓，国际贸易必然会因此受阻或中断。根据目前疫情发展测算，国际贸易一旦中断，会导致全球贸易成本平均增加近5%，足以降低1%的全球经济增长速度①。在贸易受到冲击的情况下，全球粮食系统本身将遭受更大的不利影响。按照通常趋势，全球经济放缓一个百分点，会导致发展中国家农产品出口下降近25%，全球的粮食不安全人口的数量将增加2%，即1 400万人，还会导致全球极端贫困率增加1.6% ~ 3%②，由此判断很可能最终影响人民生计以及粮食安全。预计2020年，全球经济增长受疫情影响可能会减半，从之前的3%降至1.5%。

2003年"非典"疫情造成的全球损失高达540亿美元，导致中国GDP下降1%，东南亚地区下降0.5%。农业、交通运输、旅游等行业受冲击最大，受影响区域的国际旅行比往年降低50% ~ 70%，疫情结束近一年后才恢复至历史同期水平。2009年美国爆发的H1N1流感疫情，超过25万人死于疫情，全球经济损失超过2万亿美元。而2020年爆发的COVID-19疫情所造成的全球损失恐怕将远远超过以往疫情造成的损失，而且疫情持续越久，经济损失将越大。据国际货币基金组织预测，到2021年底，全球经济或将损失12万亿美元甚至更多。仅就全球GDP损失而言，这是自第二次世界大战结束以来最严重的经济衰退，而若按全球GDP计算，COVID-19疫情造成的经济损失将是2008年全球经济危机的2倍③。

对于埃及而言，埃及是典型的以传统农业为主的发展中大国，耕地稀少，农民人口基数大，贫困人口数量众多，严重拖累其工业化、城市化进程

---

① IFPRI，2020.

② IFPRI，2020.

③ 凤凰WEEKLY，2020.12.23。

以及未来埃及"2030愿景"的实现。2018年将近1/3的埃及人处于贫困线以下，即3 100万埃及人（超过750万家庭）挣扎在贫困线上，贫困人口中有2/3（66.8%）仍然生活在农村。最高的贫困率仍然在上埃及农村（52%），占总贫困人口的40%[①]。值得注意的是，埃及近年来在这些贫困人口中，极端贫困人口的数量和比例有所增加，已经达到600万，也就是说，全埃及有1/5的穷人甚至无法满足其基本粮食需求。

在这种外部威胁之下，埃及的计划以及农业相关部门也对埃及的农业产业做出了调整。埃及政府在3月初出现确诊病例并呈现快速增长趋势之时，埃及供应部即调高了主粮以及副食等国家战略储备，以应对有可能出现的农产品供应紧缺的情况。其中小麦等主粮以及冷冻禽维持约半年的储备，冷冻牛羊肉类储备1年，食用油类4个月，豆类3个月。此外，埃及农业部正在与埃及农产品出口商评估COVID-19流行对埃及农产品出口的影响。埃及议会农业委员会提出了对埃及农民针对疫情防控给予中央银行融资优惠政策的建议。埃及政府还将通过一系列政策扶持措施以消除疫情对埃及农业进出口的不良影响，以提振国民经济并增加该国的外汇储备，例如再免除2年的农业土地税，以进一步刺激农业生产。

但是目前为止，埃及并未对其主要农产品的出口设置特别的限制或者禁令。就主粮而言，因埃及历来是全球最大的小麦进口国，其国内生产的小麦用于国内消费亦捉襟见肘，因此亦无力大规模出口。只要埃及长期的小麦进口地区和国家例如欧盟、乌克兰等不设置对埃出口限制，埃及的粮食安全暂时不太可能出现危机。

埃及是中东和北非地区的传统农业大国，农业发展面临资源环境约束和粮食安全双重压力：人多地少矛盾突出，实现粮食自给压力较大；水资源的日益短缺和权益之争以及过快的人口增长速度成为限制农业发展的主要因素；脆弱的疫病疾病防控体系给农业的可持续发展带来了巨大的不可确定性。特别是此次COVID-19带来的不确定性，这些给埃及农业发展及粮食安全必将带来巨大挑战。当今的世界，资源的低效利用、粗放的管理技术、日益恶化的生态环境导致的全球公共安全与卫生突发问题，以至于灾难、疫情已经成为下一步制约全球粮食安全和各国自身可持续发展的重大新课题。走注重资源节约、环境友

---

① Sherine El-Shawarby，Cairo University，2020.

好、生态稳定和产品优质安全的绿色农业发展道路已经成为未来各国现代农业发展的必然选择。对于埃及而言，迫切需要居安思危，在发展现代绿色农业，特别是高效设施农业、城市农业等方面谋求出路，以更有效地应对可能爆发的粮食安全危机。

中埃的自然条件和禀赋的差异形成了农产品的互补特点。埃及的农业科技在一些方面和一定程度上具有优势，中国的土地要素具有相对优势，在农业产业经营和管理水平上要比埃及更为先进，这些都决定了中埃农业合作的良好基础以及巨大的合作潜力。

第三节 "准后疫情时期"埃及的农业产业表现[①]

2020年10月，埃及的疫情已经进入低速增长的平缓发展阶段，每日均增100多例的病例对于埃及全国而言已经算是"偶发"状态。这和同期欧洲来势汹汹的"第二波"疫情形成鲜明对比。尽管埃及卫生部也不断警告，应警惕在埃及可能发生"第二波"疫情，但是就现状来看，似乎埃及已经进入了"后疫情时期"。但是这些均需要拭目以待，至12月日均增500多例显示了疫情的快速反弹势头（2021年5月起，日均增1 000多例）。

在埃及所谓的"后疫情时期"，埃及的农产品却在国际市场上表现得与众不同，尽管埃及的农产品出口受到了因遏制疫情传播而造成的全球贸易封锁的轻微影响，但在全球商品供应不足和国际贸易受到限制而导致国际价格上涨的情况下，埃及的农产品国际贸易收入并未显著减少。其中柑橘类水果在埃及农产品出口中一直名列前茅，其次是马铃薯和洋葱。草莓、葡萄和石榴则主导了其他类型水果的出口。尽管疫情始终在流行，但自2021年1月以来，埃及的大蒜、杧果、豆类和葡萄出口量仍超过往年的平均水平。

埃及的马铃薯出口量从2019年的68.8万吨下降到2020年的67.7万吨。洋葱从2019年的46.3万吨下降到2020年的33.3万吨，石榴从2019年的5万吨下降到2020年的4.8万吨。葡萄从2019年的11.2万吨增加到2020年的13.8万吨。大蒜从2019年的2.8万吨增加到2020年的3.4万吨。杧果从2019年的1.8万吨增加到2020

---

① 目前（2020.9），尚难推断是否为"后疫情时期"，暂以"准后疫情时期"表述。

年的2.9万吨。豆类将从2019年的1.2万吨增加到2020年的1.6万吨[①]。

目前虽然一些国家已经关闭了进出口贸易，但仍有一些国家扩大了进口，这促使埃及加快农业出口。当前，埃及的农业生产已经超出了本地的实际消费需求，埃及始终有能力在不影响国内供应的情况下增加此类出口。适当的出口还将加速埃及的农业部门恢复活力，并为农民提供更多增加收入的机会，以鼓励他们扩大耕地面积，种植海内外更需求的农作物[②]。

疫情虽然对埃及的农业不利，但是机遇同样无处不在，并将推动埃及农产品打开更多的国际新市场。例如疫情使得欧洲的马铃薯市场受到重创，但欧洲是全球马铃薯的主要消费区域，这种刚性需求对埃及的马铃薯出口带来重大机遇[③]。埃及政府5月发布的统计显示，由于供过于求以及国际封锁和航空运输的关闭，1吨马铃薯的价格在第一季度从120美元降低了10美元。由于欧洲的贸易封锁，欧洲普遍的裁员也导致欧洲市场的购买力下降，海湾地区也出现了类似的情况。

埃及当前将农产品出口市场主要瞄准欧洲和海湾市场，欧洲市场由于劳动力价格和成本普遍上涨，更加倾向进口相对廉价的埃及农产品。虽然这对于埃及来说是利好消息，但埃及的农产品出口仍然受到欧洲购买力减弱和食品价格上涨的部分影响。因此埃及同时也在积极寻求打入亚洲和非洲的新市场。在2020年上半年的疫情期间，由于欧洲和海湾地区的海陆空港口均被关闭，埃及农产品出口业务曾被冻结了45天。随着疫情缓解，部分口岸重新开放，埃及得以出口了150万吨柑橘，虽然比原出口计划少了50万吨，但由于价格上涨得到了弥补。由于疫情原因，全球市场一度对维生素C的需求猛增，导致埃及橙在国际一度大受欢迎。

埃及经济研究中心预计，由于98%的农作物种子依赖进口，且受疫情影响，埃及农业将在2020年第四季度生产成本增加，使得埃及农业产业对国际市场的依赖程度加大，更受制于其他国家可能采取的贸易管制措施。未来由于疫情再次流行而可能造成的进一步贸易限制或将对埃及除了柑橘类水果以外的农作物及种子进口造成障碍。

---

① Al-ahram online，2020.10.15.
② 艾哈迈德·卡迈勒·阿塔尔（Ahmed Kamal Al-Attar），埃及农业部植物检疫中央管理机构负责人，2020。
③ 穆斯塔法·纳加里（Mustafa Al-Naggari）埃及农业出口理事会成员，2020。

第四节 "准后疫情时期"促进地区粮食安全的建议

众所周知，影响人类健康现存和潜在的病原体有60%以上是源于动物，即动物源性疾病[1]。动物与人类的农业生产以及粮食安全息息相关，动物的活动空间的变化以及生存环境的改变，也就是"生物多样性"（Biodiversity）的任何改变，必将直接影响人类的生存与可持续发展。因此，"粮食安全"不仅仅是狭义上的"粮食"安全，包括肉类、水产、蔬菜、水果、食用油等事关人类生存、繁衍和发展所必需的能量来源都可以称为广义上的"粮食安全"。从某种意义上，动物安全，特别是动物多样性的安全，也是"粮食安全"的重要体现。

随着1975年成为人类对地球的改造超过地球本身的自我修复速度的"门槛年"[2]，近50年来，人类并未就此减缓对环境的破坏，农业用地的不断开垦，成为加速消耗地球"自我修复"的"急先锋"。现代工业化特征的农业在经济发展、消除贫困、食品安全和跨境动植物疾病防控以及气候变化等方面具备了更为广泛而重要的影响。鉴于粮食生产是人类改变环境的"源动力"，粮食安全在多数情况下，即意味着生存安全，任何"粮食不安全"的出现与爆发，对于世界而言，不亚于疫情"第二次爆发"。因此，应高度重视农业以及粮食安全对当前疫情及未来其他可能发生的重大公共卫生危机或事件影响的重大意义。

鉴于国际环境的巨大变化，针对埃及的农业特点和环境特色，继续走传统的农耕之路，不是埃及和周边地区实现粮食安全的唯一途径。大力发展现代、绿色、高效、集成的可持续发展农业，完全符合埃及当前以工业化带动城市化之路，重振非洲之鹰昔日荣光的"埃及之梦"，完全符合在埃及"2030愿景"目标下的全体人民对"体面生活"的美好向往。而一个健康的、充满生机的可持续发展农业必定是上述理想的最基本保障。鉴于此，埃及应未雨绸缪，在未来加速从技术、机制、战略等多个角度开展如下领域的合作。

---

① 樊胜根，2019。
② CCTV探索与发现栏目，2020.7.5。

一、发展互补、特色领域合作盘活粮食安全合作

建议以灵活多样的合作模式，发挥农业合作的集成效果，提升粮食安全的丰富内涵。近年来，埃及政府促进农业发展的新政策包括：增加农业资金投入，完善农业基础设施；继续开垦荒漠地区，扩大可耕地面积；提升农作物单产，注重现代生物技术和基因工程在育种研究中的运用；大力支持农业科技研究并进一步加强农业科技培训，完善人才培养机制；鼓励柑橘、葡萄、椰枣等特色、优质农产品出口；与英国、日本、美国的国际发展机构开展了一系列旨在强化小农能力建设等方面的深入合作，成效显著①。

面向未来，埃及发展现代绿色高效农业是其粮食安全的"稳定器"。针对埃及农业自身特点、发展现状以及面向未来发展的趋势，建议埃及今后可在旱作农业及农业高效灌溉系统、无土栽培及立体农业、智能及遥感农业、抗逆高产小麦等作物推广、畜禽疫苗研发制备、农业废弃物资源化利用、有机蔬菜生产、沼气普及推广等领域重点开展与国际同行间的交流与合作，充分利用国内外两种资源，推动国内的农业可持续发展以及农民的脱贫和农村广大青年的就业，解决日益膨胀的农村人口压力。

二、探索农业创新、集成模式，对冲粮食安全危机

"复兴大坝事关埃及的生死存亡②。"说得更具体一些，就是水事关埃及的粮食安全，粮食安全事关埃及的存亡。埃及的未来，必须要在脖颈上不断拉紧的"水绳索"和在撒哈拉可能绽放的"新绿洲"之间进行抉择。"新绿洲"就是现代化集成设施农业，规模效应就是危机的破解之道。对于应用创新方式提升其规模效应而言，埃及具体应致力于与包括中国在内的具备成熟现代农业体系的国家发展新型合作模式和积极探讨共同的治理机制，例如探索地区生态相似或农耕文明相近或农业遗产合作。众所周知，埃及农业文化遗产（GIAHS）③潜力巨大，但仍无国际影响力，也无产出显著经济效益。例如锡瓦沙漠绿洲农业及图什卡盆地以北的哈里杰等五大绿洲就是极具潜力且他国难

---

① The Egyptian Gazette，2020.2.23.
② 穆巴拉克，2011。
③ 联合国粮农组织（FAO）重要的国际农业合作项目，中国、日本等是GIAHS合作领域中的领导力量。

以复制的农业文化遗产。然而这些遗产的复兴，需借助农业遗产推广较成熟的国家经验，才能提升至维护粮食安全的战略层面，才能避免"图什卡工程"[①]的"人祸"；发展公共及私营伙伴关系（PPP）促进对农业食品链的投资，鼓励埃及的农业企业提升农产品全产业链附加值；增强与在埃的其他国际组织和金融机构间的三方及多边共同合作，打造在国际标准下的粮食安全体系；发掘并提升适合埃及自身的国际合作模式，优化现有的在非洲邻国合作经营的"海外农场"；推动本国5G为标准的信息通信以及物联网技术应用，将埃及打造成非洲领先的互联网电子商务国家和"互联网+"及电子商务支付中心，推进埃及的农业电子商务化；将开罗世界上最大的设施农业项目——"斋月十日"城10万费丹温室项目打造成北非现代设施农业"样板"项目，以高效集成的工厂化节水、无土、抗逆作物生产有效对冲各种疫病、虫害对农业生产以及粮食安全的冲击，引领整个非洲的现代农业可持续发展。

三、构筑预警和应对国际机制放大粮食安全机遇

对于粮食不安全地区来说，此次疫情下的粮食安全威胁在另一个层面将预示着埃及的一些新的机遇。以"标本兼治"的理念构筑多边合作平台，参与并主导国际多边领域规则的修订，完善公共安全应急机制，对抑制地区乱象，从根本上改变埃及在地区危机应对中的尴尬情况出现大有裨益。此外通过建立预警和应对机制消弭其外来威胁，并以粮食安全战略合作，积极推动与非盟、阿盟的政治合作。

对比中国，中国口粮基本自给，谷物自给率超过95%，粮食产量连续7年稳定在6亿吨以上，每年进口粮食1亿多吨，大米、小麦进口约为200万吨、400万吨，仅占国内消费总量1%~2%[②]。增强埃及粮食自给能力，提升埃及粮安预警水平，亦有利于增添埃及未来在地区博弈的重要砝码。如埃及因疫情或未来其他严重灾害而导致发生人道主义灾难，将直接威胁中东地区国家整体的利益。

"疫情是全人类共同的敌人。"对于"准后疫情时期"的认真反思以及全体人民的共同参与和治理，以及如何尽量防止悲剧的重演，才是最终需要关心

---

① 又称新河谷计划，1958年启动，埃及历史上最宏伟的绿洲改造沙漠计划，力求摆脱水源单一依赖，终因人为原因夭折。
② 人民日报，2020.3.29。

的核心问题。如何减少公共安全危机管理的差距理论（Gap Theory）所带来的负面影响？将公共安全的治理纳入全球治理的范畴，纳入国际社会的综合治理范畴，才能将埃及未来应对突发公共安全事件的能力进一步提升。

对此，埃及应积极参与全方位的全球治理，积极推进将其治理模式融入现有成熟的全球治理模式之中，积极参与到全球的公共危机预警和应对之中。例如将中国的减灾经验变为埃及经验，将中国抗灾标准变为埃及标准，通过绿色发展理念实现埃及的民族复兴之路。

第四章

合纵之争

第一节 埃及的农业能力

一、埃及的农业机构

（一）埃及农业与土地开垦部

1. 部门简介

埃及农业与土地开垦部（the Ministry of Agriculture and Land Reclamation），或称农业与土地改良部（以下简称农业部），是埃及的国家一级农业主管部门。埃及农业部于1913年11月20日成立，1996年正式更名为农业和土地开垦部，其主要目标是解决埃及农业的可持续发展问题，特别是开展更高效的农业水资源与灌溉，解决埃及最急需的水资源问题。

埃及农业部现任部长是赛义德·库赛尔（Al-Sayed el-Quseir）先生（图4-1）。2019年12月22日在

图4-1 库赛尔

埃及议会全体会议上，议长阿里·阿卜杜勒·阿尔（Ab Abdel Aal）批准了埃及的部长级改组名单，其中宣布任命库赛尔为埃及农业和土地改良部长。

库赛尔现年62岁，在银行业拥有39年的经验，自1980年加入埃及国家银行，2011年成为埃及工业发展和工人银行负责人，于2016年4月担任发展与农

业信贷银行行长。库赛尔于1978年毕业于坦塔大学商学院，并于1985年获得银行学文凭。他还获得了埃及中央银行银行研究所的文凭，并在埃及联邦大学、阿拉伯银行和阿拉伯银行与金融科学学院工作。此外，他曾担任工业发展和信贷银行的董事长兼董事总经理，之后加入了埃及国家银行，担任了首个银行信贷风险小组的董事会成员和负责人的职位。他被认为是埃及最好的银行开发商之一。

自库赛尔于2016年4月担任农业银行行长以来，他对欠债客户实施了灵活的战略，并成功与超过1.1万个客户签署了价值超过7亿埃镑的和解协议。库赛尔的经验不仅限于银行业，还扩展到许多金融机构的董事会主席以及在各个经济领域工作的本地和国际公司。他担任金融部门基金公司董事长一职，除担任Al-Ahly Land 董事会成员外，还担任埃及公司房地产融资董事会成员。

埃及农业部现任副部长是穆斯塔法·艾伯罕姆·阿里·赛义德（Mustafa Ibrahim Ali Al-Sayyad）兼总工程师。

2. 职责与目标

埃及农业部的目标和职权范围主要包括通过各种手段拓展农业资源，开垦土地面积，以促进农村经济发展；促进农业政策和开垦土地政策，以确保与国家发展计划相协调和一体化，并将其联系起来，根据最新的科学技术方法在最佳经济基础上努力发展这些政策；根据公共工程和水资源部门的计划开发水资源，通过统筹推动适合开垦土地的计划，在国家层面制定农业开垦和扩展的总体政策；依照法律规定制定农业开垦政策，并在农业和土地开垦领域的机构之间进行监督和协调，以提升工作效率的和执行力。

此外，还负责统筹埃及与农业、动物和鱼类生产发展有关的研究，并在新的扩展领域和研究成果的应用方面进一步推广农业产业化政策；举办推广本地和国际研讨会及会议，并向埃及友好国家的政府机构、团体和个人提供技术咨询；制定开垦土地上的定居政策，以实现城市人口分流和人口密度的均匀分布；推出农业总体政策以及在农业信贷制度，积极开展至农村的农业服务发展和推广的总体政策；确保农村社会的发展和稳定，并通过各种手段努力提高农民生活水平，促进农村农业经济，包括农业机械化以最低成本实现最高产量；研究土地开垦和横向扩展领域的农业、工业和联合社会项目；在地方和国际一级缔结特别协定，并监督这些协定各部门的执行情况。

3. 机构组成

据1996年第162号共和党法令，该部共由15个部门组成，包括内阁部、埃及农业局、农业预算基金公共机构、开发和农业信贷银行、棉花改良基金、土地改良项目执行机构、土地改革总局、畜牧保险基金、鱼类资源开发公共机构、农业研究中心、兽医服务总局、重建与农业发展项目总局、土地开垦基金、沙漠研究中心、水坝发展总局。

埃及农业部内阁的组织结构是根据埃及1997年第1350号部长级决议，该法案定义了农业和土地改良部总务管理局高级管理人员的主要组织部门，并规定了其职权范围。其中包括部长事务办公室、经济事务部门、农业推广部门、农业服务部门、土地开垦部门、畜牧业部门、财务和行政发展部。

——部长事务办公室。职能主要包括参与制定该部办公厅的总体政策，监督该部门机构及其组织部门的平稳运行和绩效的评估工作，准备与该部门工作领域相关问题的研究报告和备忘录，并将其提交给主管部门，同时跟踪该问题的实施和完成。

——经济事务部门。主要包括农业经济局和农业计划局。

——农业推广部门。主要由园艺和农产品中央管理局、水果总局、蔬菜总局、药用和芳香植物总署、棕榈作物发展与护理总局、中央国土资源局、园林绿化与苗圃环境部。园艺和农产品中央管理总局的职责是监督并提供指导和技术支持，根据2016年第1244号和2012年第166号部长令颁发温室苗圃生产许可证，并与研究机构协调举办培训课程和推广研讨会；向农民、技术人员和农业领域从业者提供最新建议和技术指导，并指导埃及的各农业科学委员会工作。

——农业服务部门。包括农业合作局、种子检测与认证中心、种子生产总局、国土保护局、植物保护局、农业检验局、民政事务局、农业化肥和化肥贸易管理总局。

——土地开垦部门。

——畜牧业部门。畜牧业生产管理局和畜牧产业化生产总局。

——财务和行政发展部。

值得一提的是，埃及农业部的前任部长是来自阿布州（Abu State）的埃兹·埃尔丁·阿布·赛义德教授（Ezz el-Din Abu-Steit）。他在1977年获得农业科学（农作物）学士学位。1980年获得美国明尼苏达大学农业科学硕士学位。1983年，美国北卡罗来纳大学农业科学博士学位。赛义德教授长期从事研究生教育并担任开罗大学校长职务。2018年6月起担任埃及农业部部长。

他的主要研究活动包括特定条件下进行综合杂草控制，以及对甜菜、油料作物、除草剂等的产量和效用评估。此外，还开展了对尼罗河的综合控制。在其任内，农业与土地开垦部与日本国际协力机构（JICA）开展合作并与3所日本大学合作，将先进的灌溉技术推广至埃及尼罗河谷地区，进一步提升该地区的粮食和经济作物可持续利用。他在1994年获阿拉伯农业科学青年奖，1995年还担任北卡罗来纳大学客座教授。此外，他还是埃及杂草科学协会、埃及作物科学协会、美国杂草科学协会、美国作物科学协会、欧洲杂草科学协会等协会的会员。他在埃及、阿拉伯地区的国际期刊和科学期刊上发表了36篇科学论文。

4. 历任部长

自2011年起，埃及农业部历任部长分如下。

（1）萨拉赫·萨伊德·优素福（Salah El-Sayed Youssef）博士，2011年1月1日至7月23日。

（2）穆罕默德·瑞达·伊斯梅尔（Mohamed Reda Ismail）工程师，2011年12月7日至2012年8月2日。

（3）萨拉·穆罕默德·阿贝·姆敏（Salah Mohamed Abdel-Mumin）教授，2012年8月2日至2013年5月7日。

（4）艾哈迈德·马哈茂德·阿里·杰扎维（Ahmed Mahmoud Ali Al-Jezawi）教授，2013年5月7日至7月9日。

（5）艾曼·法里德·阿布·哈迪德（Ayman Farid Abu Hadid）教授，2013年7月17日至2014年6月16日。

（6）阿德尔·萨伊德·陶菲克·贝塔基（Adel El-Sayed Tawfik El-Beltagy）教授，2014年7月17日至2015年3月15日。

（7）萨拉·希拉尔（Salah Hilal）博士，2015年3月15日至9月7日。

（8）埃萨姆·奥斯曼（Essam Othman）教授，2015年9月19日至2017年2月16日。

（9）阿卜杜勒·莫尼姆·阿卜杜勒·瓦多德（Abdel Moneim Abdel Wadoud Mohamed Al-Banna）教授，2017年2月16日至6月14日。

（10）埃兹·埃尔丁·阿布·赛义德教授（Ezz el-Din Abu-Steit），2018年6月14日至2019年12月22日。

（二）埃及农业部机构演变

埃及农业部是埃及政府机构中最重要的部委之一，埃及的农业多年来仍然是其国民生产总值最重要的来源。多年来，为了实现埃及的农业现代化和粮食自给自足等目标，埃及农业部也历经了多次整合与分离。埃及农业部的前身是1875年，即在努巴尔·帕夏（Nubar Pasha）[①]执政期间直接隶属于总理管理的农业管理部门，长期以来在灌溉和水资源的分配等领域一直拥有独立的权力，其主要职能曾由埃及劳动部代为管理，之后又转为成立的农业理事会管理。1882年，埃及农业管理部门的权力被分割和削弱，另成立了埃及农业委员会，以满足埃及在更大范围和更大权力的需要下开展农业活动、处理所有农业问题。对此埃及政府于1910年11月10日颁布了第34号法律，对于其首个农业权力组织予以正式确认。1913年11月20日，埃及根据最高法令宣布正式成立农业部。穆罕默德·莫希布·帕夏（Muhammad Moheb Pasha）出任埃及第一任农业部长，总部设在开罗的Al-Falaky街，直至7月23日的革命爆发。

埃及农业部建立时，将位于谢赫·雷汉街19号（Sheikh Rayhan Street）的宫殿和埃及果园农业协会一并收归所有。建立之初，埃及农业部主要的任务就是对埃及的农作物特别是主产品棉花进行研究，进一步提升棉花作物的产量和病虫害的抗御力。同时埃及农业部还建立了专门的育种部门，对果树和相关树木进行区域实验，并广泛开展病虫害防治、土壤水分析研究、农业生产改善等工作。

在富阿德国王（King Fuad）统治时期，埃及曾考虑将埃及大学建成一座公立农业大学，在开罗阿曼花园的土地上重建，最终建在了法蒂玛·卡里玛·埃尔·赫迪维·伊斯梅尔公主（Fatima·Karima·El·Hedivi·Ismail）的领地。1914年第一次世界大战的爆发中止了建设。战后埃及政府接手完成了建设工作，正式成为埃及农业部的办公地点，并于1931年移交给埃及农业部，同时还有相关的实验田和农业博物馆。以后随着埃及农业的业务不断增长以及技术和行政部门的不断增加，1944年成立了农业资金管理局。

1949年12月22日，根据埃及皇家法令，埃及农业部宣布成立了植物保护局、农业局、园艺局、农业经济与立法局、农业文化局、兽医局6个分支部门。1957年，埃及农业部进一步扩大了部门编制，根据需要成立了一系列专业

---

① 努巴尔·帕夏（1825.1至1899.1.14），埃及政治家，第一任埃及总理。

组织。1958年成立了监察部门，以适应当时的社会和工作需要，以及埃及当时农民合作社的发展需求。此外，埃及农业部还进行了部门职能细分，主要包括农业生产部门，农业经济、计划和服务部门。农业生产部门主要包括种子总局、开垦地总局、果园管理局、农业保护局、畜牧业总局、实验室和兽医研究总局。农业经济、计划和服务部门主要包括农业文化管理局、指导和培训总局、区域事务总局、害虫防治总局、兽医管理局、工程事务总局、财务行政和法律事务总局。此外，还有一些附属部门，主要是技术办公室、部长委员会及农业对外关系监督部门。

1974年7月，埃及发布了一项法令，将农业部改组为6个综合服务部门和劳动部门。

（1）部长办公室。由副部长牵头，包括办公室的传统咨询服务、秘书和技术事务。

（2）规划、财务分析和成本部门。

（3）畜牧业和兽医服务部门。由兽医总局和牲畜保险基金组成。

（4）土地复垦部门。由两个一般部门负责开发和安置。

（5）省际关系部门。

（6）秘书处。包括财务、行政和法律事务总部门。

此外，该法令还规定，以下机构作为单独的组织进行运作。

（1）部门、机构和机构负责人理事会。

（2）农业项目发展公共管理局。

（3）顾问和农村理事会。

（4）改革、合作和农业项目研究中心和公共机构，沙漠项目管理局并入其中。

1996年，根据第31号总统令，埃及政府将农业部与农垦局合并，并在同年根据发布的第162号总统令组建埃及新的农业部门，正式改为"农业与土地开垦部"。

二、埃及的农业科研机构和组织

（一）农业研究中心

埃及的农业科研机构主要可分为三个体系，一是主要由埃及农业和土地改良部所属的农业研究中心和农业发展中心组成的中央一级的研究机构。二是地方级的农业研究站。三是综合大学的农学院及所属的研究单位。另外，埃及其他的部委如水利灌溉部等也设有专门的涉农研究机构。埃及农业研究中心（Agricultural Research Center，ARC）是埃及农业部直属的全国性的农业科研中心，总部设在开罗近郊的吉萨省。埃及农业研究中心是埃及的国家级农业科研机构，相当于中国的中国农业科学院（CAAS）。埃及农业研究中心是埃及最主要的农业科技研发机构，由埃及农业部直接领导，下设的研究所及实验台站遍及全国。

由于埃及较为严酷的自然条件以及稀缺的自然资源属性，加之巨大的人口压力以及为提高农业生产率而产生的密集型农业生产模式，埃及在20世纪初正式组建农业部门之前，已经率先建立了农业技术研究部门，并不断拓展该部门的研究能力与范围，这就是埃及农业研究中心的雏形。在20世纪70年代，埃及农业研究中心成立并经过几十年的不断发展壮大，迄今已经取得了大量的研究成果，包括开发新品种、改良农艺方法、拓展畜牧业、推进食品加工技术，此外还引入了很多新的农作物和动物品种，并将应用研究与基础科学并肩进行整合，致力于解决埃及农业实际问题，有效确保了埃及农业可持续发展的总体目标，实现了土地和水资源经济效益的最大化。在埃及的整个国家农业发展战略中，埃及农业研究中心承担着以下主要职能：进行应用和基础科学研究、为产生提供持续不断的技术支持、提高埃及农业生产率并降低生产成本、实施农业推广服务并向农场社区转让新技术、持续开发农业人力资本。该中心还根据需要每5年实施一个五年战略计划，迄今已执行了8个五年计划。

埃及农业研究中心是根据埃及的《资金法》（Founding Law）成立的，根据法律规定，埃及农业研究中心必须严格遵循其基础发展构架，确定优先发展领域，不断提升其研究人员的技术能力，以实现最大的可持续性发展。近年来，埃及农业研究中心的研究人员从1982年的1 720名增加到2001年的4 300名。此外，新的中央实验室和研究所的不断建立显著提升了该机构的研究能力。特别是研究和推广能力的可持续发展、拓宽实用技术的转让渠道和最大限度地利用国外的科学技术研究成果。

埃及农业研究中心在其第5个五年计划中完成的主体构架一直沿用至今，该中心有14个研究计划，这些计划涵盖16个研究所、13个中央实验室、10个地区实验站、36个特别实验站，以及分布在整个埃及的其他21个研究管理部门及

4个推广和培训中心。此外该中心还与埃及的各大学和兄弟研究中心以及合作伙伴开展了横向的研究合作，形成了多学科性的农业研究与推广协同网络。这是埃及农业研究中心多年来在埃及农业可持续发展中取得成功的关键。

该中心现有博士学位的农业研究人员千余人，辅助研究人员2 000余人。该中心下设大田作物研究所、果木园艺所、棉花研究所、农药研究所、植物保护、土壤和灌溉、畜牧、兽医、沙漠改良、渔业资源、农业经济、优良品种推广服务和农业机械化等16个研究所、44个分设机构和48个地方性试验站。该中心经过多年研究与实践，培育出了大量优质、高产、抗病的粮食作物和棉花品种，在世界上享有一定的声誉。

埃及农业研究中心的领导机构为其董事局（Board），董事局主席由埃及现任农业部部长担任。以下为现任董事局成员（Board of Directors）。

董事局主席（Minister of Agriculture and Land Reclamation，and the chairman of the Agricultural Research Center）：赛义德·库赛尔Prof. Dr. Al-Sayed el-Quseir

董事长（ARC President）：Prof. Dr. Mohamed Soliman

负责研究的副董事长（Vice President，ARC For Research）：Prof. Dr. Shireen Kamal Assem

负责推广的副董事长（Vice President，ARC For Extension & Training）：Prof. Dr. Adel Abd EL- Azeem EL- Akedar

负责生产的副董事长（Vice President，ARC For Production）：Samy Darwesh

负责土壤、水及环境的副董事长（Soil，Water and Environment Research Institute，SWERI）：Alaa Mohammed Zuhair Hamed El Bably

负责棉花研究的副董事长（Cotton Research Institute，CRI）：Hesham mossad hamod

负责作物研究的副董事长（Field Crops Research Institute，FCRI）：Alaa El-Din Mahmoud Khalil El-Galfy

负责热带作物研究的副董事长（Horticulture Research Institute，HRI）：Mohamed Abdelslam Gabre

负责植物保护研究的副董事长（Plant Protection Research Institute，PPRI）：Ahmed El sayed Mahmoud AbdEl-Mageed

负责植物病理学研究研究的副董事长（Plant Pathology Research Institute，PPATHRI）：Ashraf El-said Mohamed Khalil

负责动物科学研究的副董事长（Animal Production Research Institute，APRI）：Mostafa Abd El-Razeek Khalil

负责兽医学研究的副董事长（Animal Health Research Institute，AHRI）：Momtaz Abdel Al hady Afify

负责农业经济学研究的副董事长（Agricultural Economics Research Institute，AERI）：Ali Abd elmohsen Ali

负责农业推广与农村发展研究的副董事长（Agricultural Extension & Rural Development Research Institute，AERDRI）：Dr. Emad El-Housiny Aly

负责糖料作物研究的副董事长（Sugar Crops Research Institute，SCRI）：Ayman Mohamed osny Esh

负责农业工程技术研究的副董事长（Agricultural Engineering Research Institute，AENRI）：Mohamed Moustafa El-Kholy

负责动物繁殖研究的副董事长（Animal Reproduction Research Institute，ARRI）：Ibrahem Gad Abd Allh Ibrahem

负责农业基因研究的副董事长（Agricultural Genetic Engineering Research Institute，AGERl）：Emad Anis Metry

负责食品技术研究的副董事长（Food Technology Research Institute，FTRI）：Eman Mohamed Salem

埃及农业研究中心任务是了解和研究全国农业发展问题，研究如何合理利用和开发国家的农业资源，解决农业发展中带有普遍性的问题，促进农业发展，争取粮食自给。中心各个研究所按照所在地区的要求和实际情况研究地区的农业发展问题，并开展全国性的横向交流互助，并积极参与和国外机构的经验交流，以更好地并指导和培训本国的农民。此外，根据需要还设有专门负责联络的办公室，对农民进行点对点的跟踪服务，解决农民的实际问题。该中心各研究所根据全国统一计划，相互配合开展工作，所取得的科研成果通过各个研究所和地区研究站进行推广利用。例如农业研究中心所属的大田作物研究所，主要任务是研究如何改进和提升粮食生产能力，研发作物高产新品种，提升农民的能力建设，帮助埃及的农民提升对土地、技术、品种、病虫害的管理和驾驭能力，积极帮助当地农民转型成为新型农民。

埃及农业研究中的具体工作业务还包括对已开垦和改良的土地全面进行规划和合理使用，巩固和发展在这些地区建立起来的新农村，开展农业应用技术的理论研究。

值得一提的是，埃及农业研究中心还拥有一个特别的研究体系，即埃及农业专家系统中央实验室（The Center Labs for Agriculture Experts System，简称CLAES）。早在1987年，埃及农业部认为建立一个独立的专家系统将有效加快农业领域引进及推广适当的技术，为了实现这一目标，该部于1989年与FAO及UNDP联合启动了改良作物管理项目专家系统（ESICM），即CLAES的前身。随后更名为CLAES，并于1991年加入埃及农业研究中心（ARC）。该农业专家系统中央实验室通过开发、实施和评估基于知识的决策支持系统，正在帮助整个埃及的农民优化资源利用并实现最大程度的增长。

（二）沙漠研究中心

埃及沙漠研究中心（Egyptian Desert Research Center，DRC）隶属于埃及农业部，总部设在开罗，主要研究和推广设施均为设在沙漠腹地的各类台站。这些台站所在的位置均代表着不同的地理分布及不同生态系统。埃及沙漠研究中心在西奈有4个主要站点。其中"Sheikh Zuweid"站位于北西奈，用于植物遗传资源的保护和利用；"El-Maghara"站位于西奈中部的El-Arish南部，用于集水和牧场管理；"Ras sudr"站位于西奈南部，用于生物、盐碱农业；"Baloza"站位于西奈的El-Qantra，用于牧场土地管理和沙丘固定。中心在Marouh、Toshka、Siwa、New Valley、Halayeb、Shalateen等地还有站点。

埃及沙漠研究中心的工作职能主要是对埃及沙漠中的各种自然资源进行研究和探索，推动农业的可持续发展并积极改善当地农村小农的生计。其主要的研究领域包括水资源、土壤管理、植物生产、畜牧业、生态学、社会经济研究，以及监测和评估荒漠化原因。中心的业务范围很广泛，从埃及西奈半岛到新河谷省，并延伸到阿斯旺高坝湖。

埃及沙漠研究中心历史悠久，可以追溯至20世纪20年代。1927年初，福阿德国王Ⅰ世（FouadⅠ）决定建立一个勘探埃及沙漠的机构，以评估埃及沙漠丰富的自然资源，该机构为埃及沙漠研究中心的雏形。该研究中心由法鲁克国王Ⅰ世（FaroukⅠ）于1950年正式成立并命名，此后由埃及多机构和部委同时管理。1990年，中心正式以"沙漠研究中心"命名，并成为埃及农业部的独立中心，并与埃及农业部的发展计划保持一致，并将埃及沙漠应用研究作为其研究工作的重中之重。

埃及沙漠研究中心的机构主要包括：水资源和沙漠土壤司（Water Resources and Desert Soils Division）、地质研究部（Geology Research Dep.）、地球物理勘探部（Geophysical Exploration Dep.）、可再生能源研究部（Renewable Energy Research Dep.）、水文研究部（Hydrology Research Dep.）、水文地球化学研究部（Hydrogeochemistry Research Dep.）、土壤学研究部（Pedology Research Dep.）、土壤物理与化学研究部（Soil Physics & Chemistry Research Dep.）、土壤肥力与微生物研究部（Soil Fertility & Microbiology Research Dep.）、水土保持部（Soil Water Conservation Dep.）、生态与旱地农业司（Ecology & Dry Land Agriculture Division.）。

此外，在植物学研究领域，专门设有植物遗传资源部（Plant Genetic Resources Dep.）、植物生产研究部（Plant Production Research Dep.）、植物生态与农场管理部（Plant Ecology & Range Management Dep.）、沙丘研究部（Sand Dune Research Dep.）、药用和芳香植物部（Medicinal and Aromatic Plants Dep.）、植物保护部（Plant Protection Dep.）。在动物研究领域，主要包括畜禽生产部（Animal & Poultry Production Division Dep.）、畜禽养殖部（Animal & Poultry Breeding Dep.）、畜禽营养研究部（Animal & Poultry Nutrition Research Dep.）、畜禽生理研究部（Animal & Poultry Physiology Research Dep.）、羊毛生产与技术研究部（Wool Production & Technology Research Dep.）、动物卫生研究部（Animal Health Research Dep.）。另外，还设有社会经济研究司（Socioeconomic Studies Division）。

该中心由55名教授、59名副教授、56名研究员、75名副研究员、32名助理研究员以及1 000名行政人员、技术人员和普通职员（位于总部和沙漠站点）组成。除8个站点和5个部门（组织培养实验室、地理信息系统GIS、卫星接收站、私营服务部PSU和图书馆）外，该中心还单独设有很多行政办公室。该中心由32个实验室和4个主要部门（Major Divisions）以及14个部门（Departments）组成。

该中心建立以来开展了广泛的国际合作，与世界上重要的国家和国际组织开展了一系列合作活动。在国家层面，与一些国家的国家级研究中心、科学技术研究院与这些国家的科学部和其他相关组织建立了联系。在区域组织和国际学术机构层面，与非洲联盟、欧洲联盟，以及包括波士顿、马里兰、新墨西哥等在内的美国大学开展了合作。此外还与美国农业部（USDA）、联合国环境规划署（UNEP）、联合国粮食及农业组织（FAO）及国际原子能机构（IAEA）等开展了广泛的合作。

该中心根据研究需求，不断拓展其研究领域及范围，其相关研究机构及研究能力也在不断拓展。主要包括沙漠对农业发展潜力的研究，代表政府机构、社团和小农开展研究，为沙漠研究领域培养高等教育人才以及研究人才，向特定的目标群体（贝都因人及投资者）提供技术支持，针对沙漠土地和新开垦土地的综合利用和发展管理。

（三）埃及国际农业中心

埃及国际农业中心（The Egyptian International Centre for Agriculture，EICA）成立于1965年，隶属埃及农业部，在埃及的农业技术推广以及技术转移等领域发挥了关键作用，同时是非洲具有广泛影响的国际农业官员培训机构，每年面向发展中国家组织国际培训项目，并通过由农业部和外交部联合组织的培训计划，帮助非洲、亚洲、拉丁美洲和东欧的农业技术官员及相关人士提升能力建设水平。

该中心除了其核心培训及常规课程外，还与其他阿拉伯国家和相关国际组织合作，如联合国粮农组织（FAO）、日本国际协力机构（JICA）、阿拉伯联盟（ALO）、国际农发基金（IFAD）、非洲亚洲发展组织（AARDO）及国际干旱地区农业研究中心（ICARDA）等。在该中心接受培训的人员很多已在各自的国家中担任领导职务，甚至担任部长等高级官员职位。中国曾派出农业官员和技术人员接受培训。中国和埃及都面临着促进农业农村发展的问题，在开展发展中国家农业官员培训方面有着很好的合作基础和广阔的合作前景。

（四）农业大学以及研究实验站

塞西总统执政的6年以来，高度重视埃及的大学在提升埃及人民素质，加快埃及自身可持续发展领域的重要地位。埃及每100万人应拥有一所大学，全埃及应至少建有100所高等级的、有国际影响力的综合性大学[①]。埃及高等教育部门近年来积极推动包括农业大学在内的众多高校在各个领域取得了成

---

① 塞西（Abdel Fattah Al-Sisi），埃及总统，2020。

就，为发展高等教育体系和提高埃及大学和研究机构的学术水平取得了优异的成绩。迄今为止，埃及的公立大学数量已达到27所，494所公立大学学院和研究所，35所私立大学，8所技术学院，包括45所中等以上技术学院。2019—2020年有3所新科技大学投入使用，分别是新开罗理工大学（University of Technology in New Cairo）、奎斯纳科技大学（The Technological University of Quesna）、贝尼苏韦夫理工大学（University of Technology in Beni Suef）。此外还有5所科技大学正在筹建中，分别是东赛义德港大学（East Port Said）、十月六日大学（6th October）、博格阿拉伯大学（Borg El Arab）、新卢克索大学（New Luxor，Teba）以及阿斯尤特大学（Assiut）。上述这些综合性的大学大多数设有农业院系及专业，为埃及培养农业研究人才提供了坚实的人才基础。

埃及的高等教育部根据需要还与一些国家和机构合作拟建立国王大学（The University of Majesty 'Al-Jalala'）、南西奈萨勒曼·本·阿卜杜勒·阿齐兹国王大学（King Salman bin Abdulaziz University in South Sinai with its three campuses in Sharm El-Sheikh，El-Tor，Ras Sidr）、阿拉曼国际大学（Al Alamein International University）、新曼苏拉大学（New Mansoura University）4所有重要影响力的私立大学。受到塞西总统高度关注的埃及信息技术大学也正在新的行政首都建设中，还有168所国际私立和高等院校。另外，埃及还与一些国家单独建立了国际协议大学，包括在埃及较有影响力的埃及日本科学技术大学（The Egyptian Japanese University for Science and Technology）、伊斯拉斯卡大学埃及分校（University of Islaska's branch in Egypt）和德国国际大学（German International University）。甚至还建立了一些外国大学的分校，例如加拿大大学的爱德华王子岛大学分校（The Canadian Universities in Egypt，which hosts the Prince Edward Island University branch）、考文垂大学英国分校的知识国际大学（The Knowledge International University which hosts the British branch of Coventry University）、赫特福德郡大学英国分校的全球基金会（The Global Foundation which hosting the British branch of the University of Hertfordshire）等。上述这些国际大学以及学院也针对埃及在农业可持续发展领域的核心关注，如水资源综合开发与利用、小农能力建设、农村减贫与营养改善、农村综合治理等热点领域纷纷开设了相关专业或者与在埃及的联合国粮农机构等组织合作开展了农业发展领域的联合研究与合作。

在本书以后章节"埃及农业的国际化"中也将提及与美国康奈尔（Cornell）大学等知名大学就农业科技创新开展的合作，通过"农业卓越中心"等项目建立更紧密的合作伙伴关系，提升埃及青年在农业领域的研究技能，进一步提升埃及农业领域的高等教育水准，特别是推动未来在利用农业资源改善食品质量和保护环境等方面做出更大举措。另外，开罗大学也与康奈尔大学就食品科学等领域培训埃及年轻农业科技人员。美国4所顶尖的农业研究机构（康奈尔大学、普渡大学、密歇根州立大学、加利福尼亚大学戴维斯分校）也将参与联合研究，支持埃及农业产业创新以及生产和技术整合。埃及的一些大学还与中国宁夏的大学在农业废水综合利用领域开展了合作研究。

埃及目前在校大学生约有300万人，每年约有50万人毕业进入劳动力市场。有约12万名教职员工，在人工智能、核工程、物联网、能源工程、制药工业、生物技术和纳米技术等领域具有一定的研究优势。埃及近年来在海水淡化领域的研究居世界第11位，非洲第1位。在纳米技术方面排名第25，在气候智能农业方面排名非洲第3位。

埃及大学的综合科研能力在全球排名靠前，在全球230个国家中，科研创新能力排名第38位，在2019年全球创新指数中排名第92位。在2018年全球竞争力指数（GCI）评价中，埃及在140个国家中排名第94位。在研究资金方面，埃及的大学在能源、水、卫生、通信、农业、现代技术、环境和战略产业等领域共参与了582个国家研究项目，总资金1.95亿埃镑。

此外，埃及还有一些专门的农业专业技术学院也在埃及的农业人才培养中起到了很大的作用。这些学院多设在一些综合大学里，埃及全国共有14所综合大学设有农学院。农学院不但从事教学，而且也从事科研工作，主要侧重基础理论研究。埃及没有独立的农业技术推广体系，科研与推广融合为一体。在埃及的16个国家级研究机构和48个地方性研究机构中，约有25%的人员从事技术推广工作。这些人员一方面参与科学技术的研究工作，能够深入地了解科学技术发展动态和技术要点。另一方面，从事技术推广工作，了解农民在农业生产实际应用中的问题和需要，有利于确定针对性较强的研究目标。这样的推广体系能保障先进技术在埃及的推广应用。

分布在埃及各地的农业实验站直接由埃及农业研究中心管理，80%以上的试验都在野外实验站进行。研究中心的良种培育也都是在实验站开展。实验站除要解决本地区农业生产中的具体问题外，还负责农业科技成果推广工作，将生产中遇到的问题向中心汇报。实验站负责向农民发放种子、指导育种和栽培，起着承上启下的作用。

（五）埃及农业组织

埃及农业组织（the Egyptian Agriculture Organization，简称EAO）是埃及历史最悠久的民间农业组织，成立于1898年。

该组织的经营业务非常广泛，包括提供水果、蔬菜和观赏植物以及植物育苗技术服务，通过本地生产或从国外进口精选的蔬菜、作物种子并进行推广，通过提供现代灌溉技术以及各种肥料（氮、磷酸盐、钾、磷和复合肥料）和农药等，提供所有类型的杀菌剂、杀虫剂以及生物制剂，以满足农民、政府机构、公司和粮食部门的需求，并帮助农民提高产量，提供各种优质果树品种，改善埃及果品的质量，提高埃及果品的出口附加值。此外，在上埃及各省（Bahtim、Tanta、Mansoura、Damanhur、Minya、Dirout）积极开展良种的推广，特别是与埃及农业部合作推广小麦、水稻、玉米、棉花等优质的田间作物，同时开展农业机械的制造和农用拖拉机的维修等服务。尽管如此，EAO由于其在历史上对著名的埃及阿拉伯纯种马繁殖和培育的贡献，也成了埃及最重要的马繁殖和选育机构。

马是阿拉伯人的挚爱，其先知穆罕默德曾教导信徒"每个人都要爱护你的马"。马同样也一直是埃及人生活中最重要的动物之一，特别是阿拉伯人统治埃及后，埃及的王室对马的迷恋达到痴迷的程度。

公元13世纪以来，特别是自纳赛尔国王时代（King Al-Nasir）以来，埃及王室就对埃及外形俊秀、速度和耐力惊人的阿拉伯纯种马钟爱有加。穆罕默德·本·加洛文（Muhammad bin Qalawun）从1293年起成为埃及的统治者以来，埃及的阿拉伯战马得到了空前发展。而"现代埃及创建者"穆罕默德·阿里·帕夏·卡比尔（Muhammad Ali Pasha al-Kabir）在1805—1848年统治埃及期间，埃及阿拉伯马名扬欧洲，并大量出口至欧美地区。1897年，阿里·帕夏·沙里夫（Ali Pasha Sherif）王朝结束之后，埃及系阿拉伯马开始大规模流向欧洲、北美等地。埃及政府在之后意识到"最珍贵的财产"对于国家的文化、历史上的重要意义，因而采取保护措施。1908年，埃及政府联合本国的繁育阿拉伯马的贵族成立了"埃及皇家农业协会（the Royal Agricultural Society，简称RAS）"，并把散落民间的良种阿拉伯马收集起来进行繁育。

至1953年穆罕默德·阿里王朝（Muharomad Ali）结束，皇家农业协会更名为
"埃及农业组织（the EgyptianAgriculture Organization）"，这就是埃及农业
组织的由来。

由于具有埃及血统的阿拉伯种马极为独特罕见，如今意大利和德国等欧洲
国家都会从埃及进口这种马匹，然后进行驯化并参加世界顶级的马术及赛马大
会。2017年，在欧洲阿拉伯马匹组织协会（ECAHO）的赞助下，EAO在其Al
Zahraa种马场举办了埃及全国冠军赛和阿拉伯马匹国际展，成为全世界阿拉伯
马迷的一次盛会。

（六）埃及农业发展中心

埃及农业发展中心（Egyptian Agricultural Development Center，EADC）是
埃及农业部在联合国发展计划署（UNDP）的援助下共同建立起来的农业综合
性研究中心，该中心设在尼罗河畔的阿米里亚（Amiyira）。其主要任务有两
个：一是对埃及已开垦或即将开垦的土地进行全面规划，合理使用水利资源，
巩固和发展在新开垦土地上建立的新农村。二是在此基础上开展农业应用技
术研究。例如，在20世纪80年代初，该中心曾尝试引进激光技术平整土地并投
资150万美元从美国购进了3套激光设备，其中包括21台装有激光接收仪的拖拉
机，对明亚省（Minya）的84公顷土地进行平整并取得成功。此外，该中心在
利用沼气解决埃及的农村能源、秸秆氨化等方面，也展开了颇有成效的研究和
推广。

第二节　埃及农业的国际化

埃及地处亚、非、欧交汇地区，自古以来是多种文明的交融和冲突热点
地区，埃及同时还占据连结地中海和红海、沟通大西洋和印度洋的咽喉要
道——苏伊士运河。得天独厚的地理和交通优势，决定了埃及在全球经济贸
易往来的重要枢纽地位。埃及同时还是非盟、阿盟、大阿拉伯自由贸易区
（GAFTA）、东南非共同市场（COMESA）等多个国际联盟、区域性组织重
要成员，自然享有较为优惠的相关贸易待遇。在这种条件下，埃及自然成为国
际利益集团关注和角力的舞台。

随着埃及不断走向非洲事务中心，迈向全球综合治理力量的一角，与其发展稳固关系的重要性越来越得到国际社会的关注，美国、英国、日本、俄罗斯等国近年纷纷以各种方式走进埃及。美国在埃及深耕40多年，在埃及基础深厚。近年来在埃及的新兴国际力量中尤其以日本最为显著，日本在埃及的投入是全方位、多层面、有重点、有步骤地将日本的文化和理念渗透至埃及经济社会的各个角落，近期以清洁能源、教育、人文、农业等"以人为本"的领域居多[①]。埃及和日本全面、多样性的经济合作关系目前正在迅速升温，埃及各界对日本的友好度也在上升。其他国家也积极开展了与埃及的合作。2020年2月，白俄罗斯总统访问埃及，也与埃及达成了一系列战略合作意向。8月、9月俄罗斯、韩国新任驻埃大使分别高调在媒体宣传对埃及的发展援助计划。韩国甚至还在卢克索地区与埃及就推广在埃的韩语教育提出了加大投入的计划。

一、美国

（一）政府间合作

美国国际开发署（United States Agency for International Development，简称USAID）作为政府援外机构，成立于1961年，总部设在美国华盛顿特区，在67个国家拥有分支机构，与90多个国家拥有合作项目。在农业援助方面的职能最初是对美国480公法（Public Law 480）案下所进行的农业剩余物资的处理。随着全球的农业环境变化，其在农业及其相关领域的援助工作逐渐拓展至确保农业和食品安全、促进环保和应对气候变化、促进性别平等和妇女就业、提高全球卫生水平、确保水质安全、危机和冲突管理、抗击疾病等。其主要方式就是资助各国的政府或非政府组织和机构，由其代为执行具体工作。美国国际开发署还与联合国联合开展"千年发展目标"项目，以帮助贫穷国家发展和抗击疾病。

在与埃及的合作方面，最远可追溯至未建立正式援助关系的1946年。据估算，自该年至2017年，美国共计向埃及实施各类援助790亿美元。自通过USAID正式展开援助活动的1978年起，历经40余年的合作，美国已经提供了约300亿美元的发展援助，其中美国国际开发署资助的项目价值8.146亿美元，

---

① The Capital Gazette，2020.2.23.

其中在农业领域的援助投入总额为14亿美元。至2018年底，美国在埃及的投资总额约为218亿美元，2017—2018财年美国新增对埃投资10亿美元。2019年美国国际开发署对埃及的总援助额为14.2亿美元，其他援助来自农业部和美国贸易和发展署（USTDA）。但是，埃及当年仅使用了15%，即2.136亿美元。对于2020—2021财年，特朗普政府已提出向埃及提供总计13.8亿美元的援助，其中不足10%用于非军事用途的发展援助①。

美国对埃及长期的高额援助对增强美国与埃及的伙伴关系发挥了重要作用。目前，美国是世界上对埃及实施最长时间和兑现最实质性的援助承诺的国家。2017年，美国国际开发署与埃及签署8份经济合作协议，总值达1.216亿美元，合作领域包括投资、教育、医疗、农业和水处理等。其中600万美元用于改进埃及农村地区的计划生育及生育医疗事业。美国国际开发署目前在埃及实施的许多项目，包括对阿斯旺高坝进行现代化改造、升级埃及的基础设施水平、减少丙型肝炎感染以及教育领域的其他项目。此外，美国还在与埃及合作抗击COVID-19中形成了紧密的合作伙伴关系，埃及还向美国提供了紧急物资援助。2020年2月，美国国际开发署发布《埃及的农业和粮食安全》报告。报告全面回顾了美国国际开发署在帮助埃及提高农业生产力、增加农民收入，推动其小农能力建设等方面的各项措施以及实施效果。3月，宣布投资3 700万美元协助埃及改善灌溉基础设施、培训农业出口组织以及农民，以帮助埃及小农尽快从传统的主粮作物生产过渡到高附加值的现代农艺领域中。该项目还将推进埃及与美国大学建立更紧密的合作伙伴关系，包括在埃及建立"农业卓越中心"。6月，宣布与将与埃及在未来5年内就农业、水资源等五个重大领域项目开展合作，总价值将达1.05亿美元。这些项目具体涉及经济和社会上对妇女支持、赋予女孩更多权力、政府机构服务自动化和数字化、新行政首都项目、重要省份的特别扶助项目等。上述项目均紧密围绕着美国国际开发署与埃及政府在农业、卫生、教育、妇女权益等部门业已开展的许多发展项目中展开。7月，美国国际开发署与埃及签署了6项价值9 000万美元的援助协议，旨在在8个优先领域合作实施发展项目，包括基础教育、高等教育、科学研究、技术、卫生、农业以及贸易和投资。9月，埃及与美国国际开发署共同启动了卢克索Al-Hubail地区农业用水处理厂的扩建工程项目，通过扩建，卢克索地区的农

---

① USAID，2020.

业用水处理能力提高了约3.6万立方米/天。该水处理厂是美埃农业部门共同实施的发展项目之一，这些项目旨在促进卢克索地区的农业可持续发展。此次扩建实际上是对埃美两国此前签署的《设施管理协议》的补充。该协议投资额约4.5亿美元，主要用于改善卢克索地区的饮用水和卫生条件。该项目通过改善水质提高生活质量，将使30万卢克索地区的农民，特别是5万边远地区的农民受益，将实质性地改变他们的生活。

水和环境卫生项目是埃及《2030年国家发展战略》中最主要的项目之一，该战略与联合国17个SDG目标相一致。对此美国已拨出45亿美元用于上埃及地区的农业可持续发展，并与SDG目标保持了较高的一致性。其中35亿美元用于饮用水改善项目，拟为超过2 500万人提供洁净饮用水和生活用水。另外，10亿美元则用于提高埃及国内的农业生产率和农产品的适销性。WFP驻埃及代表及埃及农业和土地改良部也参与了项目建设。

项目涵盖了三个子项目，第一个项目为美国国际开发署资助的高级园艺营销和农业综合物流（AMAL）包装间（Advanced Marketing and Agribusiness Logistics（AMAL）Horticultural Pack House），该包装间可帮助当地农民增加3倍的收入和就业机会，并通过应用智能农业技术使他们与当地和区域市场有效对接。该项目以妇女和儿童为优先扶助对象，通过增加粮食产量并强化有关省份的农业价值链以改善其营养状况，这些省份包括贝尼·苏韦夫（Beni Sweif）、阿斯尤特（Assiut）、苏哈格（Sohag）、奎纳（Qena）、阿斯旺（Aswan）以及开罗（Cairo）。第二个项目是USAID的"滋养未来：美国政府的全球饥饿与粮食安全倡议"（Feed the Future：The U.S. Government's Global Hunger and Food Security Initiative），该倡议旨在通过改善农业设施，帮助埃及小农按照全球农业惯例和公平贸易标准，实现自我能力的提升。第三个项目是El-Mahrousa村埃及粮食安全与农业综合企业（FAS）项目〔the El-Mahrousa Village Egypt Food Security and Agribusiness（FAS）project〕，旨在服务埃及的Assiut、Aswan、Beni-Suef、Luxor、Minya、Qena和Sohag 7个省。在该营养和食品安全项目的支持下，7省的8 000多名农民和12 000多名妇女及其家庭将得到技术培训和援助。当地直接参与项目的1 200多名农民将从销售中收益约510万美元。

埃及历来高度关注与美国的合作关系，并在援助项目等方面与美国国际开发署等机构保持着多年的战略伙伴关系。近年来，特别关注通过与民间社会和私营部门的利益相关者参与埃及的援助、发展项目及对人力资本的投资项目。2020年7月新增的6项新协议更加强调了多样化投资组合，力图在埃及的更广泛领域全面推动合作，特别是在一些关乎埃及民生的例如自力更生、促进经济稳定增长、增强妇女赋权、减贫扶贫等，为实现埃及包容性和可持续性的经济增长做出贡献。此次合作项目是根据埃及的《2030年愿景》中的可持续发展战略设计，重点将突出发展的包容性、企业参与的作用等。

——在基础教育合作领域方面，美国国际开发署将着眼于埃及青年的教育现状改善和推动更多优质教育机会，同时继续与教育部合作，支持教师专业发展计划，提升对教师的执业许可和认证方面的培训力度，以提升对学生的批判性创新思维和实践技能的培养。为了进一步改善埃及的高等教育水准，美国国际开发署将继续重点支持埃及优秀学生的深造，并持续提供奖学金，支持他们就读于埃及的一流大学。

具体包括设立一项全新的奖学金计划，该计划将在未来10年内提供700个大学奖学金名额，同时还将继续资助埃及高校建立3个卓越创新中心，以推动埃及高等教育机构持续创新，特别是在农业、水和能源领域的研究与技术推广，此外还将积极与埃及合作推动公共和私营部门的参与合作。

美国国际开发署将继续致力于应对发展中遇到的各种挑战并促进经济持续稳定增长，特别是在应用科学研究和技术商业化运作等方面，将努力促进美国和埃及科学家之间的科学与技术联合研究。

——在卫生领域合作方面，合作将旨在改善埃及人民的健康生活和日常行为，提高社区卫生服务质量以及帮助埃及政府实施更加科学的政策指导和规划设计。进一步强化与埃及卫生和人口部的合作伙伴关系，支持双方共同开展关键领域的研究、监测和培训等。特别是计划生育和传染病预防，以及共同应对COVID-19。

——在贸易和投资领域合作方面，双方将共同推动建立政府间合作伙伴关系，通过共同营造健康的贸易与投资环境，提升埃及企业能力建设，增强其国际竞争力。在这方面，美国国际开发署将推动专门为青年和妇女提供工作的中小微型企业，提升其对风险的抗御力和包容性。此外，还将着眼于技术教育和职业培训，提高埃及职业工人的技能，帮助埃及的企业具备更强的全球竞争力。支持埃及的中小企业提升其出口能力，以获得更多的贸易机会。

——在农业合作领域方面，双方将聚焦农业企业的援助计划，将通过增加农业项目融资、提升农产品安全标准和安全规范以及改善其与国际合作伙伴之间的合作渠道，最终实现上埃及和尼罗河三角洲地区的广大农民生计改善，能力提升。推动埃及的农产品生产品质显著提升，更加符合国际出口标准，从而全面带动埃及食品加工企业的生产率、产量和盈利全面提升。

——在合作项目的具体手段方面，自1978年以来，美国国际开发署使用向埃及投入的14亿美元巨资，帮助埃及的小农购买土地，改进农场管理技术并获得相应金融服务。此外，还向埃及开放了化肥和种子的农业投入市场。美国国际开发署通过美国政府全球饥饿与粮食安全倡议——"未来的饲料"项目，鼓励埃及的相关产业参与自由市场竞争，并帮助农民与本地和国际市场对接，以满足市场需求和消费者需求。

美国国际开发署与当地农业协会和农村合作社合作，帮助小农户对全球市场需求做出更迅速的反应。通过培训使农民能够获得国际质量标准认证，这有助于他们赢得出口商对其产品的信心。美国国际开发署在冷藏基础设施和灌溉中采用了创新技术，并与农民合作进行生产、收获采后过程加工和市场营销，使农民能够以更高价格交付高质量的农产品。

美国国际开发署的援助项目重视对农村妇女赋权的强化，埃及的农业目前已经雇用了将近45%的女性劳动力。此外，美国国际开发署还通过与埃及广大的农业技术学校、大学和研究机构的合作，为农场和农业企业就业的学生创造了更多的就业机会和实习机会。以下是美国国际开发署在埃及重点实施的几个专门项目。

1. 提供未来的埃及食品安全和农业支持项目

美国国际开发署采用市场主导的理念，通过帮助加强埃及国内和出口市场的可持续性果蔬产品的价值链，显著增加了1.4万名农民的农业收入。该活动在小型冷库基础设施和灌溉中采用了创新技术。此外，还与农民合作组织进行生产、收获及采后加工、农产品市场销售等。

实施伙伴：培育农业新型前沿力量

活动期限：2015年7月至2020年6月

估计总费用：2 300万美元

主要参与省份：Assiut，Aswan，Beni Suef，Luxor，Minya，Qena和Sohag

2. 埃及农村农业综合业务的强化项目

USAID通过加强埃及农村农业综合业务的活动，帮助上埃及和三角洲的农民显著提升其能力建设水平，种植符合国际出口标准的可销售农作物。根据美国政府的全球饥饿与粮食安全计划——"养活未来"，协助埃及农民和食品加工商建立与国内和国际市场的联系，获得融资渠道，并强化农民对食品安全的意识。此外，该活动还通过升级农产品加工设施、冷藏车和节水灌溉系统，协助埃及提升农业综合企业现代化食品技术和输送系统。该项目建立在USAID先前对埃及农业部门投资的基础上，包括在灌溉基础设施、建立农业协会和培训计划方面的投资，以帮助农民从传统的主粮作物过渡到高价值的园艺作物。

实施合作伙伴：ABT Associates

活动期限：2018年8月至2023年12月

估计总费用：3 630万美元

参与省份：Assiut，Aswan，Beni Suef，Cairo，Luxor，Minya，Qena和Sohag

3. 评估影响力和建设能力项目

为确定项目对埃及农业干预措施的总体效果，USAID提供资金进行影响评估，以形成有助于政策和计划设计与实施的证据。此外，该项目增强了埃及农业部工作人员的监测和评估能力，并建立了基于实证的研究资料库，为决策和资源分配提供了信息。

执行伙伴：国际粮食政策和研究所

活动期限：2015年7月至2020年6月

估计总费用：550万美元

参与省份：Assiut，Aswan，Beni Suef，Cairo，Luxor，Minya，Qena和Sohag

从上述项目的实施来看，美国国际开发署以及其委托机构、基金组织和私营部门等在埃及开展的援助与合作中，农业与可持续发展中长期项目占据了重要位置，这也反映了美国在埃及农业领域系统性的长期战略布局思想。为进一步密切与埃及的战略合作关系，特别是2020年新冠疫情期间的美埃战略关系深化，美国国际开发署通过全方位利用其优势领域，不断实现着美国在北非的战略利益。

由于埃及政府与美国国际开发署的长期合作基础较为稳固，因此埃及对美国国际开发署作为埃美战略伙伴关系的重要协调人也给予了重要的期望，特别是两国之间的新时期合作战略与埃及的发展重点和可持续发展目标也基本保持了一致，同时也是埃及国际合作部推出的一系列新战略以及构建的新型国际伙伴关系的重要体现，即以公民的关注焦点和民生项目作为合作目标与动力。

值得一提的是，美国国际开发署高度重视与埃及未来在妇女经济和社会的权利增强领域的合作项目，上述一揽子能力建设项目中特别强调了美国国际开发署致力于增加对埃及妇女经济和社会权能、性别平等方面的投资，以减轻新型冠状病毒对妇女的负面经济影响。埃及政府亦认为，埃及与美国国际开发署未来开展的合作项目对于促进埃及经济改革的可持续性、确保经济指标稳定增长、鼓励妇女更多经济活动的参与、扩大妇女的经济独立性以及落后省份的经济恢复至关重要，特别是应积极鼓励埃及的私营部门和全国妇女组织的参与合作。

双方预计还将通过双边协议的形式，在借助美国更多企业、基金机构的运作下，在农业、基础教育、高等教育、卫生、旅游、贸易和投资、水与卫生、中小型公司和增强妇女权能等更多领域开展更大规模的合作，预计投资总额将达到10亿美元。

（二）与公共私营及国际机构间的全球伙伴关系合作

埃及是一个沙漠国家，横跨肥沃但多变的尼罗河。几十年来的人口迅猛增长和农业生产的快速增长使该国的农业一直处于不稳定和对未来的不确定状态。在自然资源有限的情况下，埃及的农业日益面临水资源短缺和人口增长的严峻挑战。这些都迫使埃及在农业研究领域不断投入大量资金，以便在农业的各个领域取得持续进步，以适应农业可持续发展的要求。今后10年将是埃及农业发展的关键时期。埃及也充分地认识到与包括美国在内的国际顶尖公共私营机构、公司等的合作对推动埃及农业可持续发展的重要意义，为此与美国的诸多跨国公司开展了多领域深入合作，2017—2018年度，美国的私营机构及公司在埃及的农业投资已逾10亿美元。

2019年，埃及高等教育和科学研究部及埃及企业家与康奈尔（Cornell）大学就农业科技创新开展了合作。埃及农业卓越中心（COEA）指导委员会以此制定了一系列策略，推动埃及未来在利用农业资源改善食品质量和保护环境等方面做出更大举措。开罗大学与康奈尔大学食品科学、商业、植物育种、信息科学等领域专家就此开展了一项为期5年的合作项目，项目由美国国际开发署资助，旨在培训埃及年轻的农业科技人员，在未来改善这个北非国家的农业生产。

在美国，有将近17%的土地适合种植农作物，而在埃及，有效的农业耕地面积不到全国土地面积的3%。对于一个几乎完全依赖尼罗河水源的国家来说，气候变化将极大地影响埃及的农业生产。在这种情况下，农业科学必须进行革新以便应对未来的挑战。康奈尔在发展中国家实施农业创新方面拥有丰富的经验。康奈尔大学将作为主要实施者，支持开罗大学农业学院（COEA-CUFA）利用开罗大学的优势开展农业创新领域的研究。美国4所顶尖的农业研究机构（康奈尔大学、普渡大学、密歇根州立大学、加利福尼亚大学戴维斯分校）将也将积极参与该项合作研究，以支持埃及农业经济和相关产业的创新，同时推进埃及的农业生产和技术整合。

此外，美国大豆出口委员会（USSEC）也在埃及开展了在大豆产业领域的长期合作。USSEC通常每3年在包括埃及在内的全球目标合作国家中进行一次代表机构合作征询（RFP）。该种做法有助于确保当地使用美国大豆产品的经销商和农民与美国大豆产业最新技术保持市场同步。USSEC鼓励埃及所有有兴趣和有实力的机构和个人申请该合作计划，并通过埃及各主要媒体全面向埃及各商家征求下一年度合作提案建议，以进一步推动美国的大豆产业在中东和北非地区通过当地的区域代表继续加快项目实施和可持续发展。此次合作征询的主要目标客户将包括埃及的有关行业协会、政府、非政府机构、贸易商、进口商、集成商和加工商。

USAID通过遍布全球的网络，推动USSEC在当地实施美国的大豆发展计划，帮助当地人民建立对美国大豆和大豆产品的偏好，特别是积极倡导当地在饲料、水产养殖和生活消费中更加全面地使用大豆产品，并通过培训和教育促进当地人民提升对大豆使用益处的认识。

USSEC于2018年5月曾在埃及举行了第一届水产饲料工业合作探访活动。此次访问的主要目的是向埃及的水产饲料生产商和水产饲料使用者展示美国如何以不同品种的大豆产品作为基础原料生产高品质的水产饲料。USSEC联合摩洛哥水产养殖发展局（ANDA）和国家渔业研究所（INRH）

对埃及的水产饲料部门进行了广泛的访问和交流，向潜在的水产饲料产业合作生产者展示了美国大豆行业的最新情况以及豆粕和其他大豆产品在不同鱼类饲料中的使用情况。

目前埃及鱼饲料行业市场中有几家大型工厂正在运营，其使用的各种鱼饲料中，大豆产品占很大比例，这为全球最大的大豆生产国——美国提供了更多的投资机会。USSEC经过实地调研后认为，以美国大豆产品为基础的本地水产饲料的生产将有助于美国大豆的国际化，积极开展多样化战略有利于扩大美国大豆的国际市场。目前，美国向摩洛哥等新兴的水产饲料生产国家提供技术援助被视为美国大豆产品多样化和扩大市场份额的一种有效方式。目前摩洛哥每年从美国进口大量的大豆、大豆皮、大豆油和粗粉等产品作为水产、家禽业的饲料。

埃及还与美国积极开展畜禽疫苗等领域的合作。2020年9月，埃及第一家生产转基因兽医疫苗的工厂开工建设，这也是埃及、中东和非洲地区的首个此类疫苗的生产工厂，预计将为埃及疫苗生产领域翻开崭新的一页。目前这项新技术正在通过美国的合作伙伴进入埃及，而这一创新行业将尽快在埃及实现本地化生产。埃及农业部近几年还与美国等国家以及有关公司在疫苗的生产领域开展了良好的合作，例如在口蹄疫苗等领域，有效地应对疫病的传入。目前能够生产转基因兽医疫苗这项技术的仅限于世界上很少的公司。

最后，美国国际开发署还与FAO合作，在埃及开展了一系列农业职业技术培训以及农村小农能力提升等项目。美国国际开发署还在全球卫生安全议程框架下提供支持，帮助FAO与包括埃及在内的17个非洲及亚洲国家合作，增强发现和应对人畜共患性疾病的能力。

二、英国

英国是在埃及多领域的最大投资国之一，投资领域主要包括金融服务、能源、建筑、旅游、制药、纺织和通信等。"埃及—英国商会"在支持和发展两国的贸易和商业合作中起着不可或缺的作用。目前英国在埃及的投资总额约为480亿美元，有1 816家英国公司在埃及进行投资。作为埃及最重要的战略伙伴之一，英国仅在2016—2020年就为埃及提供了超过5 000万英镑的资金，此外近期还推动世界银行（WB）向埃及提供1.5亿美元贷款。

2020年1月，英国为了进一步巩固在非利益，同时也为了积极寻求通过在非洲的投资改善本国的金融环境。英国在伦敦主办了"英国—非洲投资峰会"，该峰会举全国金融巨头之力，以前所未有的力度动员英国的金融家和投资家对非洲特别是埃及进行新一轮的投资，峰会的主要议题就是积极推动双方的就业创造和共同繁荣的促进。此次英国政府的一系列重大对埃及注资举措包括通过支持商业环境的改善和边缘、弱势群体的能力增强以促进双方的包容性经济增长。通过不断支持金融普惠，推动埃及的金融国际环境得到进一步改善。通过积极改善埃及高等教育的质量和多样性，解决埃及当前面临的严重青年失业问题等。英国借此举希望通过实施战略联合，帮助埃及实现其"2030年愿景"以及联合国可持续发展目标（SDGs）。

此次在峰会上与埃及总统塞西达成的战略合作协议中，包括了英国国际发展部长阿洛克·夏尔马和埃及国际合作部长拉尼亚·马沙特通过的联合声明。在联合声明中，双方均同意未来进一步加强两国之间的全面经济合作。根据声明，英国将支持埃及在未来积极推进与全球的发展伙伴，包括政府、政策制定者、私营部门和民间社会的多边和双边参与，以帮助埃及更加有效地实现其2030年国家议程，并与联合国可持续发展目标（SDGs）保持一致。

英国在声明中宣布再向埃及提供1 300万英镑资金支持，以帮助埃及改善其商业环境，扶持边缘、弱势群体，促进埃及的包容性经济增长。此外，英国还将提供300万英镑，以支持埃及的金融普惠；提供800万英镑，帮助改善和提升埃及高等教育的质量和多样性，解决埃及的青年失业问题。根据声明，英国志愿奖学金计划每年将为埃及青年专业人员在英国的研究生学习提供50个全额资助的奖学金。英国投资5 000万英镑成立的"牛顿—穆沙拉夫计划"将资助英国与埃及的科学研究和创新合作伙伴关系。英国和埃及的高等教育机构之间目前已形成了80个合作伙伴关系。

自英国在伦敦主办由21个非洲国家参加的英非投资峰会以来，英国试图重新进入非洲舞台的愿望日趋强烈，正如俄罗斯"俄非首脑会议和经济论坛"、德国"德非工商峰会"和中国"中非合作论坛"等主要国家一样，非洲已经成为全球政治、经济角力的重要舞台。英国驻埃及大使亚当斯曾表示，英国首相约翰逊力邀埃及总统塞西出席峰会。英国将把这次峰会打造成建立新的、持久的伙伴关系的一次盛会，并为双方带来更多的投资、就业和增长。它将把英国和非洲的商业精英、非洲领导人、国际机构和青年企业家聚集在一起，建立面向时代的新的战略伙伴关系。这次峰会将加强英国与非洲国家的伙伴关系，为英国建设一个安全和繁荣的未来。峰会将动员新的和大量的投资来创造就业和促进共同繁荣。英非投资峰会特使、英联邦特使菲利普·帕勒姆也表示，此次峰会的主要目的就是构建政府与私营部门之间的合作，可以以减少政府干预的方式刺激新的融资来源。作为呼应，非洲的企业和政府也必须相应确定鼓励投资的目标行业。峰会的重点将放在制造业、基础设施、农业和可再生能源领域。

埃及规划和经济发展部长哈拉·萨伊德认为峰会将有助于建立更加稳固的伙伴关系，这些伙伴关系可以增加在非洲的投资机会，并提供适当的就业机会，以实现符合2063年非洲议程目标的经济增长。她强调非洲需要吸引更多的外国投资并启动国际贸易活动，以帮助实现联合国的可持续发展目标。

在双方的联合声明中，还包括了如下合作内容和意向：埃及将在伦敦证券交易所筹集220亿美元政府债券。英国发展金融机构（CDC）自2003年以来就投资了埃及的私营部门，为20家雇用9 000多名员工的公司提供了支持。英国疾病预防控制中心已投资9 700万美元，帮助埃及实现其绿色能源目标并创造就业机会。2019年，英国出口信贷机构英国出口金融公司宣布将其对埃及的出口限额提高至12.5亿英镑。英国加强培训埃及医疗专业人员，支持埃及的全民健康保险，并在埃及和英国的医疗机构之间建立4项战略合作伙伴关系。英国将支持埃及的私营部门发展并提供技术援助和能力建设支持。英国将支持埃及加强教育和医疗保健，强化金融支持，并促进贸易和投资。英国将支持埃及在非洲的互联互通项目，帮助增强埃及作为非洲国际贸易和能源枢纽的地位，并开启埃及和英国在非洲的三边合作的可能性。英国还将与埃及建立《英国—埃及协会协定》。双方还将承诺共同消除市场准入壁垒。将加强在可持续发展和环境方面的合作，包括在《2030年可持续发展议程》和《联合国气候变化框架公约》基础上，增强在气候适应和环境恢复等方面的合作。双方将共同支持《生物多样性公约》缔约方会议。英国将支持埃及在伦敦证券交易所上市其首只绿色债券。英国将支持埃及"中东和非洲加速学习高级别会议"倡议，以促进埃及的Education2.0改革并推动埃及的经验在非洲推广。

在埃及，英国当前在建的投资为55亿美元，是埃及最大的海外单一投资者，埃及也是英国贸易扩张最强劲的目标国家之一。英国已充分意识到，埃及是世界上增长最快的市场之一，因此英国的目标是不断增加与埃及的贸易量。

2020年11月，"英国—埃及双边贸易协定"宣布将于12月31日之前敲定。关于英国脱欧和即将与埃及达成的这项贸易协定，两国之间正在进行谈判，并将很快宣布。该协议在年底之前确定将便于英国脱欧后建立埃及与英国贸易关系的基本框架。该贸易协议将以欧盟和埃及之间的现有协议为基础。

英国认为埃及是通往非洲的门户，也是重要的市场，埃及存在着巨大的贸易潜力和机会。埃及总统塞西也认为投资人力资本市场是最佳选择。这对即将实施的英国在埃及医疗保健系统、教育和基础设施方面的投资是一个激励。目前英国在埃及的大部分投资都在石油和天然气领域，此次贸易协定将引导英国公司在其他领域进行多元化的贸易和投资。英国将以中小企业、制造业和绿色经济为核心进行投资，并对埃及的经济改革和法律强化有效促进埃及的经济充满信心。

顺便提及的是，由于历史原因，长期以来英国一直与埃及保持着较为稳固的关系，英国视埃及为中东地区的核心国家。埃及的任何风吹草动都将对中东国家造成影响。虽然英国与埃及在双边关系上保持着良好的发展势态，但由于近年来中东地区的各种错综复杂的政治、社会和宗教等问题频发，导致两国间的合作有可能受到影响，特别是在英国脱欧之后随着英国对海外农产品市场的依赖程度加大，地区环境的各种改变有可能影响两国农业领域合作的健康与可持续发展。

三、欧盟

埃及与欧盟的合作主要体现在对埃及的农业生产技术与农村发展领域的合作。2019年1月，欧盟农业专员数十年来首次访问埃及向世界发出了一个重要信号，表明欧盟对与埃及的战略关系将全面推进。欧盟农业和农村发展专员菲尔·霍根（Phil Hogan）和埃及时任农业部长埃兹·埃尔丁·阿布·赛义德教授（Ezz el-Din Abu-Steit）还共同宣布双方在农业和农村发展合作方面的共同主张，即全面推进埃及与欧盟的双边农产品贸易和投资，并加强技术层面的交流。

双方的合作将以《欧盟—埃及协会协定》（EU-Egypt Association Agreement）作为依据，并以此确定共同的伙伴关系优先事项，以及明确埃及在中东及北非地区以及全球范围内与欧盟的战略合作事项，特别是在粮食安全和农业贸易合作领域。为此，双方还拟定了非洲农村问题工作报告（the Task

Force on Rural Africa）。

欧盟在过去10年中通过《欧洲近邻合作办法》（European Neighbourhood Instrument，ENI）对埃及农业和农村地区的发展提供重要支持。该办法涵盖很多具体的合作项目，其中近期最重要的项目是《2015—2019年农村联合发展计划》，项目投资2 190万欧元，该计划此前曾在2010—2017年对农村发展提供了1 000万欧元资助。上述两个多年度发展计划都致力于促进埃及的农业和环境发展规范，以及农业领域水资源的高效管理，并提升埃及的农业生产技术和价值链。

在欧盟的支持下，欧洲投资银行（EIB）和欧洲复兴开发银行（EBRD）也对埃及提供了特定的支持计划，强化了欧盟对埃及农业与食品部门的支持，特别是"EIB和EBRD贸易和竞争力计划"总投资4 000万欧元。另外，法国开发署（AFD）与埃及农业部共同实施了"2015—2020年农业中小企业支持项目"，投入2 200万欧元，在该项目中，欧盟为埃及农业中小企业提供信贷便利以及信贷担保计划。同时支持埃及两个价值链的能力提升：乳制品和水产养殖。此外，欧洲外部投资计划（EIP）还将支持针对欧盟近邻撒哈拉地区的"农业和农村金融"投资计划，埃及将获得的信贷额度最高为1 050万欧元。

欧盟对埃及的所有支持都针对埃及的粮食安全、农村地区的发展以及向欧洲地区移民的应对。因此这些合作将重点涵盖卫生和植物检疫措施（SPS）、欧盟地理标志体系（GI's）[1]或农业和农村发展政策等，以帮助埃及增加进入欧盟市场的机会。欧盟近年还决定降低对进入欧盟市场的埃及草莓和葡萄的进口管制，并支持对埃及出口贝类和软体动物的授权评估，以及对埃及进口工业明胶的授权。

地中海地区研究与创新伙伴关系（The Partnership for Research and Innovation in the Mediterranean Area，PRIMA）和欧盟—非洲粮食与营养安全与可持续农业R&I伙伴关系（the EU-Africa R & I Partnership on Food and

---

[1] Geographical Indications。欧盟地理标志是单独的知识产权类型，为其制定专门法律提供保护。除了受保护的地理标志（protected geographical indications，PGI）制度，欧盟还有受保护的原产地名称（protected designations of origin，PDO）。欧盟委员会（European Commission）负责对PGI、PDO进行统一注册。地理标志是在具有特定地理来源并因该来源而拥有某些品质或声誉的产品上使用的标志，《地理标志概述》，WIPO，2019。

Nutrition Security and Sustainable Agriculture，FNSSA）是欧盟和埃及未来10年农业研究合作的两个主要领域和平台。欧盟对埃及农业研究中心现代化建设的支持（2015—2017年）也表明了欧盟对埃及农业创新和发展的重视①。

2019年9月，埃及农业部与欧盟驻开罗大使伊万·苏科斯（Iro Surkos）共同确定了由欧盟资助的农业合作项目，这是2020年埃及与欧洲伙伴关系合作计划的一部分。该合作项目包括支持埃及全国蔬菜育种和种子生产，最大程度地减少气候变化对埃及小农的影响，加强对埃及农产品市场上所有农产品的质量控制以及进一步提升埃及的农业检疫能力②。11月，欧盟通过"欧盟联合农村发展计划"向埃及拨款600万欧元（1.112 1亿埃及镑），用于资助埃及两个灌溉项目。欧盟联合农村发展计划分配的资金将用于恢复埃及法尤姆省（Fayoum）和明亚省（Minya）的灌溉基础设施。

欧盟联合农村发展计划是欧盟对包括埃及在内的发展中国家农村地区支持的一部分。该计划于2014年启动，最初在马特鲁省（Matrouh）、法尤姆省（Fayoum）和明亚省（Minya）3个省启动。它首先是在意大利外交与国际合作部（MAECI）通过意大利驻埃及大使馆在意大利合作署（Italian Agency for Cooperation，AICS）的技术援助下实施，欧盟为该计划提供了2 190万欧元。

欧盟近年还通过其成员国主导的其他项目支持埃及的农业可持续发展。例如欧盟和意大利合作通过欧洲联盟—联合农村发展计划（EU-JRDP）加强埃及的农村发展。EU-JRDP是一项"基于区域的计划"，始于马特鲁（Matrouh）、明亚（Minya）和法尤姆（Fayoum）3个省，项目执行期为2014—2020年，由意大利外交与国际合作部通过意大利驻埃及大使馆实施，为该项目拨款1 100万欧元，欧盟此前已为该项目拨款2 190万欧元（即前文提及项目）。多年来，欧盟在此项目的捐款已经超过2亿欧元③。JRPD计划旨在加强埃及农村协会的能力，无论是农民还是非农民，都必须对当地资源进行可持续管理，并探索创新的创收解决方案。JRDP寻求通过"通过更有效地管理水资源和自然资源来提高可持续农业生产，并通过促进创收活动来改善农村生

---

① European Commission，2019.
② 埃及国家信息服务中心（https://www.sis.gov.eg），2019。
③ European Union in Egypt，2020.10.4.https://www.facebook.com/517902401572546/posts/3901203043242448/？sfnsn=scwspmo.

计"来寻求"改善农村地区人民的生活质量"。

除了上述大型援助项目组合外，欧盟还积极通过多种形式的民间项目进一步丰富与埃及的全方位合作。2020年12月，埃及水资源和灌溉部（MWRI）与欧盟资助的欧盟水务部门技术援助和改革支持项目——"欧盟水之星"（EU Water STARS）发起了埃及"青年水大使计划"。该倡议旨在帮助培养提高埃及学生的对环境和社会的承诺精神与忠诚度，并通过开展节水做法的普及树立榜样，同时对其家人进行水资源重要性教育，推动他们在当地社区普及相关对水资源的认知，并落实具体行动。此外，埃及还将启动"农民水大使计划"，通过项目推动埃及更多的农民使用现代灌溉技术。

此外，中国业内人士较为熟悉的"欧洲地平线计划"也是欧盟对埃及未来开展合作的一个非常具有潜力的平台。"欧洲地平线计划"是欧盟的一项重要的全球合作计划项目，重点针对欧盟周边国家。其中"地平线2020"是欧盟为实施创新政策而打造的资金工具，其周期是2014—2020年，计划预算总额约为770.28亿欧元。"地平线2020"中有关农业领域的项目主要包括粮食安全、可持续农业、海洋海事和内陆水研究及生物经济，项目总投资为38.51亿欧元。"地平线2020"计划统一了以前各自独立的欧盟研发框架计划（FP）、欧盟竞争与创新计划（CIP）、欧洲创新与技术研究院（EIT）3个研发计划的预算，并将欧盟结构经费中用于创新的部分也囊括进来统筹管理，避免条块分割和重复资助。另外，多年项目—欧盟2021—2027年的"欧洲地平线计划①"有可能为埃及进入欧盟市场带来更多机会，2021—2027年的欧洲"地平线计划"是下一个年度周期的计划（表4-1）。

表4-1　"地平线2020"4类资助领域及内容

资助领域	资助内容
农业和林业	这些行业面临的三大挑战： （1）面对全球不断增长的粮食需求，实现粮食安全生产； （2）确保自然资源和气候的可持续性管理； （3）促进欧盟农村地区的平衡发展

---

① 经历了2008年金融危机之后，由于欧洲经济萎靡不振，为恢复欧盟成员国的经济活力，欧盟委员会制定了"欧洲2020战略"，提出了三大战略优先任务、五大量化目标和七大配套旗舰计划，其中构建创新型社会居七大旗舰计划之首。作为落实该旗舰计划的创新政策工具，"地平线2020"于2014年正式启动实施，主要包括三大战略优先领域和四大资助计划。

（续表）

资助领域	资助内容
农业粮食安全与健康的饮食习惯	在充足粮食供应的基础上，通过自由贸易获得安全和营养丰富的食物，确保粮食安全问题；满足消费者的需求和喜好，同时减少对健康和环境的不良影响；支持覆盖从生产到消费全过程和相关服务的研究和创新，包括食品和饲料保障与安全，增强欧洲食品生产、加工和消费的可持续性和竞争力
水生生物资源和海洋研究	以可持续的方式管理和利用水生生物资源，最大限度地从海洋和内陆水域获得好处；优化渔业和水产养殖对粮食安全的可持续贡献、通过蓝色生物技术推动创新、促进跨部门海洋和海事研究；充分利用欧洲的海洋和海岸的潜力来促进就业与经济增长
生物工业	欧洲产业向低碳、高效资源利用和可持续发展的转变是一个重大挑战；将传统工业生产过程和产品转化为环保综合生物精制过程与生物产品；支持减少依赖化石能源方法和手段的研究与创新

资料来源：欧洲联盟"地平线2020"指南，2014。

四、日本

日本国际协力机构（Japan International Cooperation Agency，JICA）成立于2003年，是直属日本外务省的政府机构（图4-2、图4-3）。主要任务是开展以对外培养人才、援助发展中国家开发经济及提高社会福利为目的国际合作。日本国际协力机构技术合作的主要形式有专项技术合作、开展调查和技术培训等，类似于国际上很多国家设立的国际发展署。其中国事务所成立于1982年，是日本国际协力机构在世界101个国家设置的事务所中较大的一个，以培养人才和支援中国的国家开发建设为事业的中心。日本国际协力机构埃及事务所承担着日本国际协力机构在埃及的援助与合作项目的具体实施及协调工作。

埃及与日本之间的双边关系可以追溯到19世纪，当时埃及和日本在政治、经济和文化等各个领域建立了良好而牢固的关系。埃及的劳动力和市场对日本企业也很有吸引力，目前约有50家公司在埃及开展业务。日本在埃及的合作始于1954年的技术合作，其后是1973年的赠款援助和1974年的官方发展援助贷款（Offical Development Assisttance，ODA）[①]。1977年，日本国际协力机构埃及

---

① ODA贷款是日本对埃及的最主要官方发展援助贷款，该贷款一般通过提供长期低息和优惠资金来支持发展中国家的经济发展，项目将由接受援助的发展中国家自己支配。

办事处成立，此后，日本国际协力机构在埃及开展了领域广泛的合作[①]。

日本与埃及最早的农业合作项目始于1979年的高坝湖泊渔业管理中心发展研究（Establishment of High Dam Lake Fishery Management Center Development Study）项目。总体而言，双方的合作自一开始就是涉及多部门且范围十分广泛的合作。日本一直在支持埃及在各个领域的发展，共提供了13亿美元的援助，并为能源、卫生、运输、旅游和教育部门提供了68亿美元的贷款。日本政府认为，日本在埃及长期以来开展的持续合作是基于埃及的可持续发展目标，是着眼于整个中东地区的和平与发展。

日本近年来在埃及的投入是全方位、多层面的介入埃及经济社会的各个角落。埃及公报《The Egyptian Gazette》在2020年2月以两个通版的专栏详细介绍了埃及和日本的全面、多样性的经济合作关系。埃及各界对日本的友好度也在迅速上升，对此应给予高度的关注。

埃及政府在《2017年国家水资源计划》的基础上，提出进一步改善水管理，合理化灌溉水量和改善灌溉基础设施，并加大实施旨在更有效利用灌溉水的大型灌溉项目，这些都将对埃及农业生产力提升和国家粮食安全产生影响[②]。对此埃及近年加大了对小农支持政策，日本政府也敏感地认识到参与埃及小农能力建设的潜在价值，也加大了与埃及以及国际组织之间在埃的双边、三边乃至多边合作。

——在总体合作方面。日本在埃及目前投资了12个项目，总价值20亿美元，其中包括埃及日本科学大学、阿布瑞什大学医院项目、日本学校项目及可再生能源项目。可再生能源项目是埃及首个独立清洁发电项目，旨在帮助埃及2022年实现20%电力来自可再生能源。

2020年9月，埃及国际合作部与日本国际协力机构（JICA）共同提出旨在提升2021—2022年合作水平的新战略合作规划，将通过合作项目在各个地区实施包括卫生、农业、航空、电力、运输和环境在内的由多个部门共同实施的项目，以促进两国科学技术交流，加强"促进有效发展的全球伙伴关系"[③]。

JICA的ODA贷款项目主要针对埃及的电力部门，占34.6%。交通和电信部门占20.8%，例如Borg El Arab国际机场现代化项目。另外还包括旅游、教育、

---

① JICA's cooperation in Egypt, JICA Egypt Office, 2020.
② JICA Egypt office, 2020.
③ 兰达·哈姆泽（Randa Hamzeh），埃及国际计划和战略研究合作部长助理，2020。

水资源等其他部门。农业部门投入占1.8%。JICA的ODA赠款项目则主要用于公
共工程和公用事业部门，占41.3%，例如苏伊士运河大桥建设项目，农业和渔
业部门占31%，此外还有其他部门，包括人力资源、规划和政府以及医疗保健。

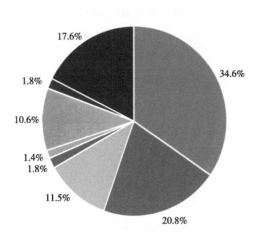

- 电力：2 540亿日元（19个贷款项目）
- 交通和电信：1 524亿日元（10个贷款项目）
- 旅游：842亿日元（8个贷款项目）
- 农业与灌溉：138亿日元（2个贷款项目）
- 水供给、污水处理与卫生及环境保护：104亿日元（7个贷款项目）
- 工厂建设：781亿日元（3个贷款项目）
- 教育及其他社会服务：139亿日元（5个贷款项目）
- 商业贷款：1 290亿日元（4个贷款项目）

图4-2　JICA ODA贷款支持的埃及合作项目一览

（数据来源：JICA Egypt Office，August，2021）

注：部分微小项目未计算在内。

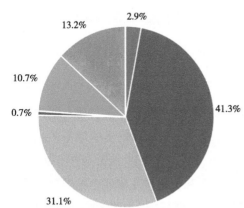

- 计划和政府机构：38.65亿日元（22个项目）
- 公共设施：548.02亿日元（51个项目）
- 农业、林业和渔业：412.15亿日元（19个项目）
- 能源：9.7亿日元（9个项目）
- 人力资源：142.42亿日元（9个项目）
- 卫生保健：175.18亿日元（6个项目）

图4-3　JICA ODA赠款项目总量

（数据来源：JICA Egypt Office，August，2021）

注：部分微小项目未计算在内。

日本国际协力机构在埃及所有项目的目标都是按照"以人为核心"（People at the Core）、"行动中的项目"（Projects in Action）和"以目的为驱动力"（Purpose as the Driver）三大支柱以确保可持续发展。为了帮助埃及在新冠疫情后尽快复苏，日本国际协力机构的目标是着重于扩大可再生能源、维护和改善输配电网、促进离网电力供应①、建立氢能社会并改善设施用于现有的火力发电厂。该机构旨在通过日本公司的支持和投资来推动埃及的数字化转型，以增加自动化和远程工作。在卫生方面，将提供超过1 850万美元的赠款，用于支持日本医疗设备出口及技术援助，以促进埃及的卫生部门抗击疫情。为推进双方的持续及深入合作，埃及日本大学将设立5项科学技术特别项目（EJUST）。

——在农业发展领域特别是针对埃及小农能力建设合作项目方面，埃及在2014—2019年实施了SHEP及ISMAP项目，改善了埃及小农的生计。项目还制定了独特的将性别观点纳入主流的方法，以解决目标地区的妇女问题，项目注重妇女对家庭经济做出的贡献，同时考虑上埃及农村社区的传统社会道德。目前，埃及政府已经建立了ISMAP部门，作为该项目的后续行动，以扩大项目在埃及的成果。

ISMAP方法主要侧重于小农的能力建设，以实践"以农为营"，并将其观念从传统的"种植和销售"概念转变为"种植到销售"概念。它还根据上埃及的传统社会规范，考虑农村妇女为家庭经济做出贡献的需要，制定了独特的方法应用于目标地区的农村妇女。日本国际协力机构希望ISMAP为改善上埃及的福利做出贡献，并在全国范围内推广。

2019年4月，日本国际协力机构埃及办事处和埃及农业和土地改良部联合对"改善小农的市场导向（ISMAP）"项目进行了评估。该项目于2014年5月在明亚（Minya）和阿斯尤特（Assiut）省开始，以支持农业和土地改良部的"2030年可持续农业发展战略"。过去5年中，该项目的实施取得了积极成果，与两个省的26个村庄的2 000多名小农和700名农村妇女展开合作。2020年3月，日本国际协力机构埃及办事处与埃及农业和土地改良部联合推动对"小农园艺赋权与促进（SHEP）"和"改善小农的市场导向（ISMAP）"等农业项目的国际培训。这些项目旨在帮助非洲农民通过实践SHEP方法，深化并普及"从种植到销售"的理念以及传统的"从种植到市场出售"理念的重要性。项

---

① 离网发电，系指采用区域独立发电、分户独立发电的离网供电模式。

目将通过鼓励农民的广泛参与，推动非洲农民通过提升能力增加其农产品的收入。自2006年至今，日本国际协力机构也一直在非洲推广"小农园艺赋权与促进"（SHEP）方法，以支持面向肯尼亚小农的以市场为导向的农业推广项目。

——在水资源与灌溉领域。日本和埃及的农业科研人员近年在尼罗河三角洲（Nile Delta）伊斯梅利亚省（Ismailia）联合开展了可持续农业生产和高效水资源利用领域的合作研究。为了进一步帮助埃及明确具体的计划实施方法和提升埃方的自主性与创造力，日本国际协力机构进一步提出了双方的合作应紧密围绕埃及的国家战略计划，以便更具针对性地面向埃及的减贫目标实施项目。其次提升埃及水资源相关协会和民间团体在项目中的作用。此外，进一步鼓励小农产品的增值活动并促进地方农民组织、团体的积极参与以便更高效率地改善小农的生计。

日本国际协力机构在埃及的灌溉合作计划涵盖了从设备援助（即灌溉系统开发）到软件援助（例如能力建设和知识转移活动）的所有方面。日本国际协力机构的"水管理改进项目"（Water Management Improvement Project）就是一项具体的软件实施计划。此外，还通过直接提供赠款援助，用于巴哈尔·优素福水渠（Bahr Yousef Canal）浮泵等灌溉设备的修复，以增加灌溉渠中的水通量并提高配水效率，这些都极大地使当地农民受益。

自2011年3月以来，日本国际协力机构一直通过改善上埃及小农的农产品销售来支持小农的生计。日本国际协力机构还于2020年上半年启动了一项有关节水灌溉的可持续粮食生产的研究项目，以进一步推动深度组织研究。

——巴哈尔·优素福运河修复改善项目。日本国际协力机构目前在埃及执行的唯一农业领域的具体合作项目是巴哈尔·优素福运河水资源综合修复和改善项目——"Project for Rehabilitation and Improvement of Monshat El Dahab Regulator on Bahr Yusef Canal"。

巴哈尔·优素福运河是一条贯穿埃及中部的水道，全长约300千米。Monshat El Dahab水闸位于运河沿岸，始建于1900年，原有的设施老化破损严重。日本国际协力机构的该修复项目于2008年6月启动，项目实施金额为21.41亿日元①。预计该项目将更有效地对水资源进行分配，并提升当地农业生产效率

___
① 1日元=0.15埃镑（2020.9.10）。

11%以上，显著增加农作物产量，明显改善当地农业经济水平[1]。

随着埃及不断走向非洲事务的中心，迈向全球综合治理力量的一角，与其发展稳固关系的重要性越来越得到国际社会的关注，美国、英国、日本、俄罗斯、白俄罗斯近年来纷纷以各种方式走进埃及，尤其以日本最为显著，埃及各界对日本的友好度也在上升，日本的这种"以人为本"的合作模式值得借鉴。

埃及所拥有的古老而神奇的文明，对崇尚原生态文化的日本有强烈的吸引力。日本是能源匮乏国家，近年来国民的老龄化现象越来越严重。笔者曾在2019年末在东京及附近调研，感受到日本人对未来各类资源匮乏的担忧。人民的可持续发展始终是日本政府最为关心的核心问题，日本与埃及近年来频繁地开展人文、科技等领域合作，无不体现了日本能源和资源多元化战略在非洲及中东地区的布局。

五、非洲

农业部门是大多数非洲国家国民经济的重要支柱，对国内生产总值做出了巨大贡献，并为许多行业提供了所需的粮食安全和原材料，此外还吸收了很大一部分劳动力，是主要收入来源。

为进一步改善埃及国内的资源匮乏状况，拓展外部市场，应对越来越严重的内外挑战，埃及近年来显著加强了与非洲国家的农业合作。早在2009年，埃及就与乌干达政府达成小麦合作协议，合作建设联营农场。埃及提供资金、技术以及小麦品种，并派遣专家指导种植技术，乌干达负责基础设施建设、配套的灌溉系统工程。农场生产的小麦出口埃及以弥补埃及小麦的巨大需求缺口。埃及的这种在非洲其他国家不断建立小麦生产基地的做法主要基于其国内的粮食安全考虑。该段时间世界范围内小麦产量的下降使埃及国内大饼、面包等事关民生的食品价格上涨，给国民经济发展和社会稳定带来了较大压力。为此埃及积极扩大本国小麦种植面积，并引导农村养殖户放弃把小麦作为牲畜家禽主要饲料的传统做法，以避免小麦浪费。同时积极寻求国际合作，特别是周边具有土地优势资源的国家在粮食生产领域的合作，以确保埃及小麦进口来源的稳定性和渠道多样化。对此，埃及政府积极拓展新渠道，同非洲很多国家开展农业合作经营。目前，埃及在乌干达小麦种植面积超过30万公顷，在赞比亚、尼

---

① JICA Egypt Office，2020.

日尔、坦桑尼亚均建有粮食及蔬菜等生产基地。这些农场的建立，不仅保证了埃及粮食供应和粮食安全，也帮助这些国家开发了闲置的土地资源。

埃及近年来高度重视并积极倡导非洲一体化战略，希望通过一体化的途径，进一步巩固与非洲其他国家的农业战略合作。为进一步加速推动非洲国家实现农业一体化进程，2020年2月，埃及农业和土地改良部与埃及农业专业联合会在埃及沙姆沙伊赫（Sharm El-Sheikh）倡议成立非洲农业专家联盟（AUAP）。会议吸引了20个非洲国家的大使参与。在非洲一体化的进程中，埃及积极扮演着为促进非洲和平、开放与全球经济融合做出贡献，在共同利益、尊重国家主权和加强经贸关系基础上，促进非洲大陆与大国之间的战略伙伴关系的领导角色。埃及的积极倡议也得到了非洲各国政府农业部门的高度重视，对埃及提出的将根据非洲发展议程，在气候变化、生物多样性、荒漠化、水资源等挑战下实现对农业资源最佳利用的倡议积极进行了回应。埃及农业专业联合会倡议建立的AUAP，将成为非洲农业专业人士之间交流合作的平台，该平台将实现非洲农业可持续发展、推动非洲农业一体化进程，更好地服务非洲的农业部门高效运行。

六、其他国家

（一）俄罗斯

俄罗斯当前正在挑战西方在中东及北非的存在，并正试图在叙利亚以及整个中东和北非的一些国家中站稳脚跟。叙利亚的局势是俄罗斯干预的明显例子，但实际挑战并不仅限于此，埃及是俄罗斯下一个重要的战略重点。最显著的例子就是2017年12月双方合作在埃及西北部达巴（Dabaa）建立的El Dabaa大型核电站和为此投入的250亿美元投资，以及苏伊士运河地区建设的俄罗斯工业区高达70亿美元的投资，这些都显示了俄罗斯正试图与埃及建立更紧密的战略合作。普京还承诺将埃及尽快纳入其欧亚经济联盟，以进一步强化俄罗斯与埃及的全面战略合作关系。

在经济领域，埃及和俄罗斯之间的商业和经济交流近年已达到50亿美元。埃及对俄罗斯的出口达到4.46亿美元，而俄罗斯对埃及的出口总额为42亿美元。在战略物资小麦的进口方面，小麦占据了埃及人很大一部分主粮消耗。埃及自俄罗斯的小麦进口量在全球1 000万吨进口总量中占了550万吨，而埃及本地的小麦生产能力一般仅有450万吨左右。

　　埃及是俄罗斯在北非和中东农产品和食品相互贸易领域的战略合作伙伴。2020年前8个月，国家之间的贸易农产品营业额与2019年同期相比增长了12%以上，超过12亿美元。埃及传统上是俄罗斯最大的谷物进口国之一，小麦是出口的主要商品。2020年1—8月，埃及自俄罗斯进口了350万吨价值超过8亿美元的俄罗斯小麦和黑麦草，比2019年同期增长了19.7%。俄罗斯小麦占埃及全部国际小麦进口的80%以上。俄罗斯对此看好埃及市场，甚至对进一步增加对埃及的农产品供应表现了更大的兴趣。此外，双方不仅对农产品原材料进出口贸易感兴趣，而且对高附加值的农产品出口也给予较高期待，特别是收益更大的牲畜、奶制品和家禽产品等。

　　2020年9月，埃及农业部和俄罗斯就未来进一步扩大在农业合作及贸易领域的深入合作达成了一致。双方就埃及对其他国家及俄罗斯的出口潜力进行了评估，特别是对俄罗斯的农产品贸易进出口潜力等方面进行了评估，以便消除阻碍埃及农产品出口到俄罗斯市场的技术障碍，并扩大两国之间的贸易往来。俄罗斯对埃及的特色农产品和乳制品给予了厚望，对14家埃及重要的农产品出口公司向俄罗斯出口乳制品表现出了强烈的意愿。同年10月，俄罗斯农业部长德米特里·帕特鲁舍夫（Dmitry Patrushev）与埃及驻俄特命全权大使伊哈布·阿合麦德·塔拉特·纳赛尔（Ihab Ahmed Talaat Nasser）还专门就两国未来农业领域合作进行了磋商。埃及和俄罗斯之间的合作具有战略意义，这主要建立在双方积极的政治对话和牢固的经济合作基础，以及互利互惠的贸易和经济合作，特别是农业综合贸易合作。

（二）法国

　　法国与埃及在地中海区域的国际治理方面有共同点和相互利益，埃及是法国积极倡导的地中海秩序的重要合作伙伴，得益于上述重要双边关系，双方的贸易往来近年增长迅速，双方各自拥有的优势农业领域也成了进一步推动双方战略互信合作的重要部分。

　　埃及和法国之间的合作可追溯到1974年，目前总投资额为75亿欧元，涵盖交通、电力、住房、卫生、农业、中小企业、环境、基础和技术教育等多个领域。

　　2020年12月，埃及中央动员和统计机构（CAPMAS）宣布埃及和法国之间的贸易额增加，从2020年1—9月，贸易额达到16亿美元。2019年埃及与法国之间的贸易额为24亿美元。根据CAPMAS的数据，当年1—9月埃及出口法国的贸易额为4.12亿美元，而2019年为6.54亿美元。同一时期，埃及自法国的进口额接近12亿美元，而2019年为17亿美元。

埃及出口贸易中最重要的是电气设备，约1.349亿美元，其次是化肥出口，价值1.285亿美元。燃料和矿物油的出口额约为1.264亿美元，成衣的出口额为4 530万美元，塑料出口额为4 490万美元。同时，埃及最主要的进口商品是药品，价值为2.552亿美元，其次是汽车、拖拉机和自行车，价值为2.192亿美元，谷物进口为1.718亿美元，电器为约1.445亿美元，化学产品为1.254亿美元[1]。

法国与埃及的农业合作主要在欧盟的框架下开展，此外，法国国际开发署（AFD）也独立与埃及开展系列针对畜牧、养殖等领域的金融支持项目，以帮助埃及小农发展养殖业等。法国国际开发署于2012年启动了一个价值3 000万欧元的项目，旨在支持在埃及建设400家中小型乳制品和水产养殖企业，并将提供2万个工作机会。该项目所需要的融资基金和担保基金由法国国际开发署支持的"农业研究与发展基金"提供。该金融支持计划预计在7年内将直接惠及埃及的1.6万户小农。该基金主席Sobhi al-Nagar提出将为每个项目提供价值1 600万埃镑的软贷款，可在5年内偿还。此外，只要项目属于不同类型的行业，一位投资者甚至可以获得多笔贷款。贷款共计有11种类型，包括肉牛育肥项目、奶牛育肥项目、农场建设、养鱼业和其他农业生产项目。

2020年11月，法国国际开发署联合欧盟与埃及农业部宣布了"埃及农业中小企业项目（SASME）"三方项目的具体内容。该项目最初于2018年设立，总投资5 200万欧元，其中欧盟占2 150万欧元，法国国际开发署占3 000万欧元。到2020年第三季度末，通过该计划发放的贷款总价值为9.45亿埃镑，11 179名埃及人受益。此外还向1 295个受益人提供价值130万埃镑的担保。项目覆盖埃及34个部门，在22个省推进。项目为发放农业信贷的8家银行提供人力资源培训。项目还侧重于发展和提升乳制品和鱼类加工领域的价值链，涵盖埃及525个奶牛场，7个牛奶收集中心和3个奶酪工厂，亚历山大港的2个渔场及塞得港（Port Said）和伊斯梅利亚（Ismailia）的2个专门从事贝类加工的渔场和亚历山大渔产品批发市场[2]。考虑到埃及渔业在世界的影响

---

① Al-Ahram online，2020.12.7.
② Egypt today，2020.11.23.

力，特别是近年来埃及在鱼类养殖领域的综合能力在非洲排名第一，在国际上排名第六[①]。12月，埃及与法国宣布将进一步深化鱼类养殖领域的合作并达成了加强该领域合作的初步协议。埃及鱼类资源开发总局局长萨拉赫·莫瑟里（Salah Moselhi）强调该机构在鱼类养殖方面的丰富经验可以借助法国政府支持的相关项目在这一领域为非洲和发展中国家提供更好的支持[②]。埃及总统塞西还在当月访问了法国并进一步拓展了双边关系，埃及国际合作部还与法国开发署合作发行了《埃及与法国全球伙伴关系叙事》，纪念双方46年的合作。该全球伙伴关系叙事主要面向"核心人员、行动中的项目和目标驱动力"（People、Projects、Purpose）[③]，是双方外交关系和经济合作的核心原则。此前，该部还通过上述叙事项目与联合国工发组织（UNIDO）推动埃及农村妇女能力建设项目，提升了埃及棉花项目对促进农村妇女就业的影响。另外，还与美国国际开发署（USAID）合作，通过该叙事项目开展STEM学校项目（the STEM's schools project）实施。

为全面深化埃及与法国的合作，埃及国际合作部和法国开发署共同签署了价值7.156亿欧元的全面发展融资协议，旨在加速推动埃及的经济复苏和向绿色经济过渡以及对人力资本的投资。双方达成的上述包括农业在内的一揽子合作效果如何，需要拭目以待。

（三）荷兰

埃及和荷兰都是跨境水资源流域的下游国家，同时都在面临着全球气候变化带来的威胁，特别是在下游流域入海口的三角洲地带，这些地域受到气候变化的影响最显著。这些共同点推动埃及与荷兰在农业可持续发展特别是跨境水资源综合利用以及保护等领域的合作多年来形成了稳固和系统合作。

埃及和荷兰于1976年开始推动水资源合作项目，其中包括为埃及农业生产区提供"地下排水"的大型项目。该项目在阿斯旺水坝建成后尼罗河流

---

① Al-Ahram online，2020.12.7.

② Egypt today，2020.12.16.

③ 第一个支柱：埃及致力于通过公共私人合作伙伴关系改善埃及人民的生活，这些合作伙伴关系促使埃及人充分发挥自己的潜力；第二个支柱：与国际伙伴、政府及私营部门和民间社会等多个伙伴合作，在教育、运输、淡化海水、可再生能源、企业家精神和增强妇女权能等方面实施项目；第三个支柱：旨在实现17个可持续发展目标的伙伴关系，实现持续和包容性增长。

域天然水域遭到破坏后的环境修复过程中发挥了重要的作用。在过去40年的合作，双方已经完成的主要合作包括：水治理合作和将荷兰水务局管理模式（Waterschap）引入埃及的废水管理、农作物生产、水产养殖、沿海管理和能力建设中，以大幅提高埃及的用水效率。40多年来，埃及和荷兰一直在水资源开发领域开展密切的合作，双方还为此建立了高级别专家顾问机制——"埃及—荷兰水资源管理专家咨询组"，该专家组自1976年成立以来，一直致力于支持两国政府在水资源规划和管理方面的经验交流，在指导两国开展跨境水资源的合作以及参与全球治理方面发挥了重要作用，每年轮流举办的水资源高级别专家组磋商还启动了很多新的开发项目，进一步强化了两国政府、企业以及研究机构和非政府组织之间的合作。此外，双方还在其他相关领域开展了深入合作，包括最大限度地提高农业用水的回报率、改善水质、发展污水处理技术、建立沿海地区水资源综合管理系统。

2019—2022年，荷兰将为埃及水务和农业领域的发展合作项目提供2 400万欧元，旨在支持埃及寻求可持续合理用水、增加水供应、增强粮食安全以及应对埃及面临的水管理挑战。2020年11月，埃及和荷兰签署了一项谅解备忘录，以建立双方在水资源管理项目方面的长期合作。双方的合作范围将主要集中在水资源与农业可持续发展、沿海地区水资源的综合管理和污水处理等领域。由于COVID-19在今后几年的不确定性影响，此前成立的咨询小组预计将在后续合作中发挥重要的作用。该专家组由埃及水资源和灌溉、农业和住房部以及水和废水控股公司的代表以及荷兰外交、基础设施和水利合作部组成。该小组在两国之间的技术交流和政府之间的政策对话方面将发挥重要的协调和政策支持作用，此外还将对双方的私营部门、研究机构和非政府组织的合作提供进一步合作指导。埃及与荷兰的这种合作形式将从交换政策观点、专业知识和经验到能力建设和促进两国组织之间的全方位合作而不断提升。为进一步对埃及的水资源开展精准指导，该专家组还成立了水资源事务小组，负责协调双方的灌溉及排水领域的政策对话和技术交流，目前已发展成为一个独立的咨询机构，在支持埃及发展水资源合作计划方面发挥了重要作用。

（四）韩国

埃及与韩国的合作近期逐渐升温，目前韩国在埃及的投入约4.58亿美元，其中3.9亿美元是贷款，约0.68亿美元为赠款。两国的合作范围主要集中在交通运输、高等教育、卫生和文化交流等领域，农业领域涉及的合作正待开发。
2020年9月，韩国新任驻埃及大使洪锦旭（Hong Jin-wook）与埃及国际合作部
讨论了未来的优先合作领域，例如埃及科技大学项目的扩展、韩国与埃及卫生
部血浆衍生物研制、贝尼·苏韦夫（Beni Sweif）埃及韩国技术学院以及对妇
女能力建设项目等。埃及与韩国之间的合作将本着以经济促进双边外交、双多
边发展伙伴的合作平台共建、全球战略的协调一致和发展资金的可持续性这
3个基本原则来进行。

第五章

创新之争

第一节　埃及农业的发展矛盾

一、主粮严重依赖进口

埃及长期以来是世界上最大的粮食进口国之一。埃及作为世界上最大的小麦进口国，常年从世界各地进口大量的小麦，埃及的小麦进口商一般更倾向于从法国、美国和加拿大等西方国家进口各类小麦，近年来开始转向从俄罗斯、澳大利亚、罗马尼亚和乌克兰进口大量优质小麦。尽管如此，但仍不能满足埃及爆炸的人口增长所带来的对粮食安全的巨大冲击。为扩大耕地面积，增加粮食产出，2015年，塞西总统提出了雄心勃勃的"百万费丹"土地改良计划，力图从沙漠要土地，从沙漠要粮食。

粮食进口量是衡量一个国家粮食安全的主要依据。2004年以前，埃及每年仅进口小麦500万吨左右，目前已经至少翻了一番。如今埃及每年大约需要960万吨的小麦，才能基本满足埃及1亿人口的口粮需求。然而，埃及自身的小麦产量近10年虽然在800万吨左右，2020年逼近1 000万吨，但是巨大的缺口仍然导致埃及每年不得不进口大量的小麦用以弥补严重的产能不足。

为填补粮食缺口，埃及政府和私营公司进口的小麦可能将达到1 300万吨左右。在粮食大量依赖进口的情况下，埃及如何满足1亿人口的粮食需求，不是一件容易的事情。

不仅是埃及，阿拉伯国家整体面临粮食短缺的问题。人口增加、自然条件限制，特别是近些年来地区的持续动荡，使粮食问题日益凸显。粮食进口也许对外汇充足的阿拉伯产油富国不成问题，但对于像埃及、突尼斯等外汇短缺的国家来说，是一个沉重负担。

埃及农业专家认为，小麦的替代作物大麦更有营养，此外更加容易生产，小麦需要6个月的成熟期，而大麦仅仅需要3个月。此外，大麦对于灌溉水的需求要远远少于小麦。因此，如果能够实现作物的替代，那么将会极大地减轻埃及农业生产的压力。2020年2月，埃及农业研究部门在研究小麦的替代作物方面获得进展。不久的将来，一种由小麦、大麦和藜麦等制成的混合产品有望成为埃及主粮小麦的替代品，被广泛用于制作埃及的主要食品——面包及大饼。

随着埃及人口呈现爆炸式增长，埃及对粮食的需求与日俱增。埃及国家研究中心食品工业部认为埃及小麦进口量受埃镑与美元汇率变化的影响较大。现代埃及对于小麦的巨大需求已经基本使埃及对谷物的传统依赖模式固定下来。主要由小麦制成的大饼已经成为埃及人最主要的日常主食。埃及的大饼成本大约60皮亚斯特，但是补贴后的价格大约为5皮亚斯特，可以看到大饼在埃及举足轻重的作用以及政府对这种主食的巨大财政补贴。

对此，埃及一直不遗余力地努力提升小麦的产量，但是困难重重。水资源的严重短缺是一个重要的因素，土地的肥力不足是第二大因素。此外，在农村地区不断加剧的土地沙漠化也严重影响了粮食的产量。埃及对国内农业产业化的改造和提升将受到其日益严酷的水资源制约和工业化、城市化侵蚀的多重夹击，难以在短期内实现突破。

二、农业生产力的潜力不足

农业是影响埃及国家发展方向的最重要的部门之一，其农业产值占埃及GDP的14%左右，农业就业占全国就业的28%，占农村全部就业的55%。在过去10年中，埃及主要出口创汇农产品，即蔬菜的出口收入增长了40%，这对于埃及实现联合国若干可持续发展目标（SDG）极为有利[1]。然而，过去5年间，埃及人口增长了555万人，平均每年增长约100万人，处于非洲中等水平，而2019年埃及净增则突破230万人[2]，但是全球最发达国家——美国的人口自

---

[1] Al-Ahram online，2020.10.3.
[2] 埃及中央公共动员和统计局，2020.9.17。

然增长首次少于100万，中国同期年增长约420万人。但是就埃及自身国内并不宽裕的生存环境总体而言，特别是近期来自"复兴大坝"挑战带来的对未来水资源的不确定性及国内日益恶化的农田生产条件等，这样的增长速度属于比较严重的失调状况。如不加以调控，以及提升农业的生产潜力，预计在未来10年左右，如前章所言，育龄人口如出现暴涨，很有可能会出现因人口问题引发的社会和政治危机。

届时，作为农业生产力最重要指标的劳动人口将由于过量而对埃及的农业可持续发展带来负效应，因此劳动人口的适度规模和能力提升是埃及未来面对的最主要的农业可持续发展难题。以下是埃及农业人口的基本情况及在国内其他行业的比重比较。

埃及全国劳动力人口：2 900.8万（2020.3）

埃及全国劳动力就业人口：2 677.2（2020.3）

埃及农业人口：5 477万（2017）

埃及农业劳动力就业人口：562.9万（2018）

埃及农业人口与全国人口占比：5 477万/9 644.26万，占比56.8%。

埃及农业劳动力人口与全国人口占比：562.9万/9 890万，占比5.69%；埃及农业劳动力人口与全国劳动力人口占比：562.9万/2 677.2万，占比21%；埃及农业劳动力人口与农业人口占比：562.9万/5 477万，占比10.28%[1]。

埃及全国（2020.3）GDP：13 345.141 12亿EGP

制造业（产值及GDP占比）：2 668.554 19亿EGP，19.99%

批发零售贸易（产值及GDP占比）：2 370.307 27亿EGP，17.76%

农业（产值及GDP占比）：1 483.245亿EGP，占比11.11%（2020.3）

房地产（产值及GDP占比）：1 475.521 88亿EGP，占比11.05%

金融（产值及GDP占比）：537.894 84亿EGP，占比4%

旅游业（产值及GDP占比）：350.519 00亿EGP，占比2.62%

电力（产值及GDP占比）：254.197 94亿EGP，占比1.9%

苏伊士运河（产值及GDP占比）：208.068 00亿EGP，占比1.6%[2]

---

[1] 因未获得各个年份的农业就业人口数值，部分比值取自2018年埃及农业劳动人口与埃及近似年份的全国人口比值。

[2] IECE，2020.

2020年2月，埃及宣布人口突破1亿大关。埃及人口近年来的迅猛增加所带来的直接后果就是对粮食需求量的剧增，但同时耕地面积却在以每年数万公顷的速度不断减少，人地矛盾尖锐从客观上限制了农业的发展和粮食生产的进一步提高。

从上述数据可以看出，近年来埃及的农业产值一直在攀升，2020年已经超越埃及传统的四大支柱产业中的两项，跃居埃及第三大支柱产业。此外，埃及政府一直通过粮食进口和粮食补贴等措施不断满足人民的基本需求，但从长远来看，这只是治标不治本的做法，非但不能彻底解决粮食问题，反而还会成为国家经济发展的掣肘之力。对埃及而言，在其重新崛起的道路上，除了重视工业和第三产业发展之外，应更多地给予农业政策上的扶持。

三、现代农业的挑战与机遇

（一）棉花产业的浮沉

1. 埃及棉花黄金时代

埃及棉花的历史具有传奇色彩。公元70年，上埃及发现了一种灌木，其果实看上去像是"带有胡须的坚果，并且在其内部包含一种丝状物质，其羽绒被纺成线状。"随着阿拉伯人的征服和伊斯兰教的传播，棉花种植和制造技能转移到南欧。随着工业化的到来，棉花吸引了世界各地的机会主义者。进入19世纪，印度次大陆首次开始了大规模的棉花生产。到19世纪中叶，棉花在英格兰推动了一场工业革命，在美国南部掀起了奴隶制。内战之前，英国纺织厂使用的棉花中有80%来自美国南部。随着战争的升级，棉花价格上涨，英国纺织品制造商开始寻找替代品。

埃及阿里王朝君主穆罕默德·阿里·帕夏（Muhammad Ali Pasha）决定沿着尼罗河广泛种植棉花，因此棉花在埃及得到了兴旺发展，在王室的推动下，这个国家变成了一个巨大的棉花种植园。在1860—1865年，埃及棉花产量从5 000万磅增加到2.5亿磅。埃及的棉花工业的兴盛源于美国内战，由于美国内战对其棉花产业的打击，埃及棉花产量借势迅速超越了美国。到19世纪末，埃及的国民收入中有93%来自棉花产业。棉花已经成为几乎所有生活在尼罗河三角洲的埃及人的主要收入来源。

早在1922年，埃及棉的名气就已经与意大利橄榄油或法国葡萄酒比肩了，埃及棉花一度曾是"豪华"一词的代名词。时至今日，使用埃及棉的著名服装公司Kotn仍认为埃及棉即代表"奢侈"和"昂贵"。埃及此后还种植了一种特别有光泽的棉花，也就是著名的长绒棉，在美国被称为皮马棉（Pima）。这种看起来像丝绸的超长绒棉品种曾占世界棉花产量的3%。

历史上埃及亚历山大港是埃及棉的重要集散地，因亚历山大港在历史上就是外国富人聚居的地方。在1952年，亚历山大证券交易所的35家注册棉花经纪人中只有两家是埃及人，其余的全是外国经纪人。埃及长绒棉曾经因质量高而一度成为国际棉花市场上的抢手货，价格是其他国家棉花的3倍之多。由于利润可观的棉花贸易，使得埃及的地主阶级和外国商人迅速富有，但是由于垄断和剥削，迫使无数的埃及平民守着"白色黄金"却陷入贫困。普通的埃及人仍旧用最低端的手工方式采摘棉花，大量的童工使用使得棉花的采摘成本更低，销售利润成倍得到提高。资本家通过极具剥削性的棉花产业短时间内积累了巨大的财富。

埃及共和国成立以后，为了尽快恢复国内经济，埃及对棉花产业进行了整合。1959年设立棉花发展基金，1985年开始实行"一地一种"的棉花生产体制，1995年，决定改变国营棉花公司垄断经营的做法，放开棉花经营。埃及棉花走上市场化得到自由发展的同时，也为埃及棉花日后的衰落埋下了祸根。当政府放开棉花部门的同一时刻，也就停止了直接补贴棉农，而让私人公司自由交易棉花种子。在这种情况下，没有任何权威力量可以监督这些公司。由于放开，棉花的轮作由农民自行决定，由于缺乏科学统一的指导，加之农民对市场的掌握有限，因此放养式的种植模式直接导致了对尼罗河谷地土壤的破坏，产生了恶性循环，埃及棉的产量与质量日渐衰退。

棉花的生产过程问题重重，加工过程同样危机四伏。由于棉纺织业的产品生产时间长、工艺复杂，特别是在棉花收获后，在轧棉、纺丝以及在位于不同国家/地区的不同工厂织成织物。因此产品很容易在上述过程中掺假。甚至可以直接在棉花田中开始，高端棉包与陆地棉混合，一夜之间棉包就可能被替换。此外纺纱厂和织造厂还可以将不同类型的棉花混合在一起加工。这些供应链上游的所有薄弱环节都可能被不法分子充分利用。长期以来以质美价廉闻名的埃及棉越来越多地受到这些不良因素的影响而使声誉饱受摧残，使得埃及棉的国际市场受到了较大的冲击。例如在2014—2016年，印度的纺织工人一直在用便宜的品种代替埃及优质棉。在2009年末至2010年，埃及棉花在国际市场的影响力明显衰退，美国Lacoste、Diesel、Lee Jeans等品牌也纷纷不再使用埃及棉。加之2011年的埃及革命在政治与社会大环境下导致了该国棉花产业的衰落，农民在动荡的社会巨变中自顾不暇，因此普遍疏于种植和科学管理，甚至忽略了不同品种棉田之间的"隔离距离"，导致种子严重异花授粉，致使棉花品质严重下降，埃及棉花自此悄然衰落，风光不再。

亚历山大棉花出口商协会（Alexandria Cotton Exporters Association）提供的埃及棉花产量统计，2016年，埃及的棉花产量是有记录以来的最低水平。在2006—2016年，埃及棉花的产量下降了70%。美国2016年3月的研究报告归因于埃及政府政策的不规范和种子质量的恶化。

埃及植棉业的黄金时代已经宣告结束，随着棉花种植面积大幅度减少、国际竞争日益激烈以及参与国际市场经验的不足，都使得埃及棉花告别黄金年代，进入了衰退期。要重现昔日风光困难重重。

尽管如此，在今日的埃及，棉花产业仍然是一项重要的支柱型产业。埃及棉花生产主要集中在两棉区：上埃及棉区主要生产耐热性好的中长绒棉（35毫米以下），每年2月中旬播种，8月中旬收获；开罗以北的三角洲地区，称为下埃及棉区，主要适应生产超长绒棉（36毫米以上），生产和收获期普遍比上埃及要晚1个月时间。

埃及棉花常年种植面积27万～47万公顷，约占总耕地面积的17%，20世纪60年代曾一度占到总耕地面积的1/3。90年代棉田面积逐年下降，从1960年的79万公顷下降到2000年的22万公顷，2017年进一步下降到9万公顷。在20世纪70年代，埃及的棉花种植面积最多时达60万公顷。而进入90年代后，棉花种植面积在40万公顷左右。其中以开罗附近和三角洲地区棉田面积最大，所生产的棉花占全国的60%，且全为长绒棉和超长绒棉[①]。

1960年的产量为48万吨，2000年下降到21万吨，2006年总产量又提升为25万吨，占世界总产量的3.4%。2017年产量水平只有7万吨。2016年埃镑实现自由浮动，贬值幅度超过100%，在这种环境下，埃及政府决定对棉花进行恢复性生产。2018年种植面积达15万公顷，产量9万吨，未来5年将达12万吨，目标是25万吨。特别是埃及长绒棉绒长、光洁、韧性好，产量约占世界总产量的40%。

---

① 商务部，2007。

在出口贸易方面，1990年埃及棉织品出口金额达6.35亿美元。1993年埃及原棉出口仅为4.5亿美元，2006年更下降为约2亿美元。

在棉花的收益方面，考虑棉花是一种需要精心照看的作物，与其他农作物相比，它对土地、灌溉的条件要求很高，生长周期也长，为5~6个月。根据埃及政府的收购价格，棉农种植1费丹（面积单位）的棉花仅可得到600埃镑。如果种植水稻，可获得2 000埃镑的收入，而水稻的生长周期仅为3个月。另外，棉商压价购买原棉以期在出口中获得高额利润的做法也极大损害了棉农的利益。在过去的25年中，政府也仅对棉农提供了一次直接临时补贴。

2018年埃及棉花种植面积为30万费丹。2018年埃及进行了多项棉花新品种试验，推出吉萨97（Giza97）和吉萨98（Giza98）两个棉花新品种。过去4年埃农业部推出了4个棉花新品种。由于目前埃及95%纺织工业依赖短绒棉，埃及农业部只允许在特定区域种植短绒棉，以免其与埃长绒棉杂交，并鼓励投资者在埃及投资短绒棉种植以及增加埃及棉花及棉织品的附加值，并利用新增土地种植短绒棉。在2018年春季开始播种季节之前，埃及政府为棉花设定了指导价格，但是指导价格仅仅起到敦促纺织公司以预设价格购买棉花的作用。这些价格一般没有约束力，但通常情况下会作为惯例被遵守。近几年随着棉花种子的改良，埃及棉产量提高了63%，且棉花的长度、颜色和强度都有所改善，这种积极的现象增加了本地和国际市场对埃及棉花的需求，并且发展势头良好。但是由于最近几年棉花交易商未严格执行指导价格导致了农民的利润显著受损。2019年，由于棉农种植棉花的积极性下降，埃及的棉花种植面积还是较往年减少了近一半。

棉花是一种非常耗水的作物，在埃及这样的干旱国家如果广泛种植棉花，其可持续性值得怀疑。联合国有关报告已经提醒，由于气候变化和人口增长，埃及到2025年可能会出现水资源短缺。但是那种深深的"棉花情结"仍然根深蒂固地被埃及人与其自我紧紧联系在一起，难以割舍。甚至埃及的教科书中仍然还有对超长绒埃及棉的描写，以及各种采棉的歌曲和遍及埃及的相关民间传说。这种文化的烙印短期难以被消除[1]。

2. 埃及现代棉花产业创新举措

当前全球有80多个国家在种植商业棉，约150个国家在从事棉花进出口贸

---

[1] Yasmine Al-Sayyad，《纽约客》（The New Yorker），2020。

易，经济产值每年高达5 000亿美元①。近年来，由于发达国家"再工业化"方针和新兴发展国家"低加工成本"优势的双重挤压②，一些国际跨国集团开始调整在全球棉花生产国的经营策略，埃及的棉花产业因此受到了一定的影响。

棉花作为埃及一种重要的战略性劳动密集型作物，需要50名工人共同劳动才能从1费丹土地上收获棉花。2007年，埃及约200万人依靠棉花产业生存，其中60万为棉农。埃及的棉花在收获后剩余的棉纤维和棉油还可用于饲料生产，因此棉花产业对埃及经济和社会意义重大。

在埃及棉花的黄金时代，埃及每年生产1 000万坎塔尔（qantars）③的棉花，而到2014年之前，一度降至200万~300万坎塔尔。2018年是历年来产量较高的一年，埃及政府的收购价格是3 300埃镑/坎塔尔，以鼓励农民下一个季节扩大产量。但是在之后两年，埃及的棉花种植面积一直在缩小，特别是当2019年埃及政府宣布上埃及的棉花收购价格为2 500埃镑/坎塔尔和下埃及2 700埃镑/坎塔尔时，埃及的农民种植积极性受到严重挫伤，棉花耕种的土地因此显著减少，2019年的种植面积为23.6万费丹，到了2020年仅为18万费丹。2020年3—6月是埃及长绒棉的收获季节，埃及农民种植的18万费丹长绒棉的收成达到了120万坎塔尔。埃及农业部棉花委员会预测2020年的收成约为150万坎塔尔，平均每费丹产量为8坎塔尔。照这样的趋势，如果越来越少的埃及农民种植棉花，那么埃及未来可能无法在国际市场参与有效竞争④。

埃及棉花价格也呈下跌势态，目前平均价格为每坎塔尔2 100埃镑。埃及自2019年棉花市场发生动荡，导致棉花的需求减弱，农民种植棉花的积极性进一步下降。2019年危机加剧的原因是前一年收获的棉花未能得到顺利销售，因为政府没有出台针对这一季节棉花的营销计划。为了避免2020年出现类似的问题，政府应在2020年棉花收获之前就与农民提前达成适当的棉花收购价格协议。价格应根据当地成本而不是前一年的国际价格确定。如果国际上对埃及棉花的需求疲软，埃及政府应该按照法律规定，以更有利于埃及农民的合理利润率收购棉花。

埃及的农业应该更多地由自己决定和做主，应该根据自己的实力和能力决

---

① 张爱民等，2016。
② 姚穆，2015。
③ 棉花的一种计量单位。详见前文注解。
④ 侯赛因·阿布·萨达姆（Hussein Abu Saddam），埃及农民联合会主席，2020。

定种植哪种农作物，应该确保农民有能力支付收获和加工棉花的费用，并保障棉农的利益[①]。目前埃及棉花收购价格较低是导致农民2020年减少种植棉花的主要原因。

针对埃及棉花的现状，埃及总统近期启动了一项支持棉花生产的计划，以确保埃及棉花及时恢复到相应的国际贸易水平。该计划同时还将赋予埃及农业部门专营棉籽的权利。尽管如此，埃及仍然普遍存在棉花价格较低的问题，农民普遍认为单纯依靠补贴并不能弥补种植和收获的成本，也不能刺激在国际市场销售埃及长绒棉。原因是埃及的大多数当地工厂使用的棉锭是为中短绒棉设计的，这就导致了埃及的棉花产量只有20%用于国内，其余的大量优质长绒棉未经加工即用于出口，因此利润高的长绒棉并未给埃及带来可观的预期利润。

埃及每年进口200万坎塔尔的中短绒棉，但是质量远低于埃及自己生产的棉花。虽然大量的进口满足了国内的需求，但是同时也意味着，即使2020年棉花种植的面积减少，进口量也不会增加，而且由出口棉花换取的外汇还会减少。因此继续向国外制造商出口埃及原棉的习惯并不利于埃及的棉花产业复兴。埃及总统塞西为此计划在当地纺纱厂推广使用长绒棉适用的设备。此举可能增加出口纺织品的附加值，并增加当地对埃及棉制成品的需求，也有助于埃及棉成品服装在国际上提升竞争力。

为重新振兴埃及棉花产业，推动埃及棉花产业的复兴和棉花机械的全面现代化，同时全面运营现代化的管理、营销和培训系统。2020年7月，埃及宣布将在埃及的马尔哈拉（Al Malhalla al-Kobra）地区建设全球最大的纺纱厂，并将于2021年9月投产。为此埃及政府将与埃及的3家主要轧花厂共同建立23家纺纱和织造公司，预计耗资210亿埃镑。埃及总统塞西还亲自宣布8家新工厂的开设，占整个埃及棉花项目的8%。预计该项目将在2022年上半年完成。

该项目通过将23家纺纱、织造、染色和加工公司合并为9个公司，并将9个棉花贸易和轧花公司合并为一个实体，使之成为一个强大的整体，使生产能力提高3倍。位于马尔哈拉（Malhalla）的工厂将占地约6.25万平方米，拥有18.2万多个纺纱轮，纱线的平均每日产能为30吨。工厂的建设需要大约14个月的时间，费用约为7.8亿埃镑。

---

① 瓦利德·萨阿达尼（Walid Al-Saadani），埃及棉花生产者总协会会长，2020。

（二）椰枣产业的机遇

埃及椰枣是中东地区特有的作物，因营养价值较高，有"沙漠面包"的美誉。除了食用，椰枣还具有较高的综合经济利用价值。埃及的椰枣产业还是埃及重要的出口创汇产业。目前埃及是世界主要椰枣生产国，年产量为140万吨，年出口量为4万吨，居世界第七位。2018年，埃及椰枣的年产量达190万吨，占全球椰枣年产量900万吨的18%，为世界上最大的椰枣生产国。仅2018年1—2月，埃及椰枣出口价值就达2 050万美元（约合人民币1.45亿元），与上年同期相比暴增127%。2020年8月，埃及椰枣产量就已超过170万吨，占全球产量的21%[①]。

中国市场为埃及椰枣出口提供的黄金机遇对该产业形成了推动作用。2020年6月，埃及农业出口协会曾表示期待向中国出口更多的埃及农产品。2020年10月，中国海关总署发布《关于进口埃及新鲜椰枣植物检疫要求的公告》，标志着埃及新鲜椰枣可正式出口中国。这是继柑橘和葡萄以来，该国对华出口的第三个新鲜水果品项。

然而，由于从种植棕榈树到包装和分销的价值链附加值不高，埃及椰枣在国际市场上的排名并不高。FAO目前已与联合国工业发展组织（UNIDO）、埃及农业和土地改良部、埃及工业和贸易部以及哈里发国际枣椰和农业创新项目共同开展合作，将着重开展在生产、营销、出口、研究与创新、包装和制造以及质量等方面的战略研究。

该战略合作的目标是将埃及的椰枣出口量从2016年的3.8万吨提高到2020年的16万吨。每吨平均价格从1 000美元增加到1 500美元，预计将实现收入从1.8亿美元增加到4.5亿美元。

当前社会经常讨论的粮食系统以及粮食安全等问题，绝大多数人将关注点聚焦在水稻、小麦等大宗粮食作物，认为粮食安全就是这些主粮的安全。其实这是一种并不客观的认识，粮食的概念是非常广泛的，不仅包含生存的含义，还包含营养、发展、生计等多重含义。粮食安全的真正含义是人类为了生存和发展以及获得良好生计而需要得到满足的物质的综合需求。因此，我们谈到粮食安全的时候，不仅仅需要关注主粮作物，还应该高度关注主粮的可替代作物，以及对水果和蔬菜等经济作物的充分利用。遗憾的是，当今世界上运行的

---

① FAO，2020.

粮食系统过于依赖小麦、水稻、玉米、大豆等少数几种大宗作物。对一些原产自特殊地区的、极易推广且具有较高营养价值的作物，例如产自美洲的藜麦和马铃薯、产自中非的木薯、产自北非的椰枣等，因为文化、传统以及功能性等原因，并未得到推广，更未成为替代性主粮，因此目前还难以对世界粮食安全的多样性做出更大的贡献。而营养丰富的地区性特色作物品种可以使我们的粮食系统和粮食安全更加多样化，从而能够更好地保障我们的粮食安全。

基于上述原因，目前全球多数国家的粮食系统并未能正常地运作，导致了全球仍有超过8.2亿人在忍受饥饿。而且在如此多的人在饥饿线上挣扎的同时，肥胖等营养问题却在世界各地快速蔓延，甚至在极端不发达国家和地区，肥胖也成了和饥饿一样严峻的问题。

解决粮食安全及饥饿肥胖问题，对于健康性食物特别是"健康粮食"的获得是一个重要影响因素。纵观当前世界粮食生产体系，"健康粮食"的概念还远远未被深入地理解。而埃及目前对由粮食加工而生产出的食物，无论是从数量、品种、质量、口感，还是种植与物流方式和销售等方面都有很大的改进空间。这些粮食系统的改进将有助于减少自然资源消耗、降低温室气体排放、控制产后损耗，让消费者特别是弱势群体获得更多、更好的食物。

值得欣慰的是，对于上述挑战，可行的解决方案很多。传统的耗时耗力的农作物产出食物的收获和生产方式也正在被重新审视。食物中蕴含的文化价值也在慢慢地被更多的人所认知，对食物内涵与价值的尊重也在被更多的人所接受。

椰枣就是其中之一。产自埃及的特有物种——椰枣，以其丰富的营养价值和较高的经济价值很有可能成为未来埃及解决粮食问题的重要食物之一。椰枣之所以能够成为主粮的替代战略食物，是因为它主要有营养价值、开发价值、文化价值、栽培价值、生计价值五大价值（图5-1）。

椰枣在我们的未来饮食中可能发挥更大作用，主要原因第一就是椰枣营养丰富。椰枣富含铁、钾、钙、镁，也是纤维的重要来源。还含有大量卡路里，能提供能量。椰枣味道甜美，也是精制糖的绝佳替代品。目前全球超重人口超过20亿，从过度加工食品转向食用水果等营养丰富的天然食物有助于扭转肥胖趋势。今天的粮食系统使我们更易选择更加便宜、快捷的食物，但这些食物里的脂肪、盐、糖和卡路里含量往往更高。增加新鲜水果和蔬菜的供应可以帮助人们做出更加健康的选择。可以保存数月的干枣是快捷营养的替代食物典范，而且干枣货架期长，有助于减少食物损失与浪费。

图5-1　椰枣

　　第二是椰枣巨大的开发潜力和价值。现在的粮食系统过于依赖少数几种作物。纵观人类历史，约6 000种植物曾作为食物种植。但如今，其中只有8种植物为我们每天提供50%以上的卡路里。气候变化让粮食生产的脆弱性加剧，我们无法依靠这么几种作物来养活日益增长的人口。许多传统作物营养丰富，适应当地条件，并对气候变化具有抵御能力。它们可以使我们的粮食系统多样化，提供健康生活所需的各种营养，并且正在发挥越来越重要的作用。虽然枣在世界上许多地方都为人所知，但真正在国际市场上进行大规模交易的枣类只有少数的几种，椰枣就是最重要的品种之一。

　　第三是椰枣独特的文化性。椰枣是埃及农业文化遗产的重要部分。枣椰树在中东和北非已经种植了5 000多年。椰枣提供营养与热量，可以为生活在沙漠和其他干旱地区的人们保证粮食及营养供给。在世界各地，粮食和农业是文化和身份认同的重要组成部分。为了宣传和保护这一遗产，FAO启动了全球重要农业文化遗产系统（GIAHS）项目，表彰世界各地独特和适应当地景观与气候的种植及收获食物的传统。埃及的锡瓦绿洲（Siwa Oasis）作为全球重要农业文化遗产系统的典范，完美展现了当地农民如何通过创新方法使农业适应困难条件。在这里，椰枣与水果、蔬菜、饲料作物间作，有时还包括谷物，形成三层树冠结构，椰枣占据最上层空间。这个多层系统形成了小气候，保持宝贵的水源，使其他作物在枣椰树下生长（图5-2）。

图5-2　椰枣晾晒、分选

第四是椰枣的栽培价值。椰枣可以耐受极为恶劣的环境条件。埃及、沙特阿拉伯、伊朗和阿尔及利亚是世界上四大枣生产国，它们都面临着水资源短缺问题。椰枣可以在炎热干旱的气候中生长，并且耐盐碱。这些特性使椰枣能在沙漠等恶劣的环境条件下种植，提供食物来源。

第五是椰枣的生计价值。对于农村人口来说，种植椰枣不仅能确保粮食安全并提供营养，也对维持生计起到重要作用[①]。

为了将椰枣尽快推向全球市场，为全球的粮食安全做出贡献，很多国家、国际组织和相关机构也积极参与椰枣产业的扶植、培育和宣传。在技术支持领域，FAO开发了一种称为"Susa Hamra"移动应用程序，帮助世界各地的农民在检查和应对这种棕榈树害虫时收集数据。FAO还将遥感与人工智能相结合，绘制棕榈树地图，监测虫害传播，以帮助保障近东和北非区域的生计。在全球市场推广领域，埃及工贸部与阿拉伯联合酋长国国际枣椰联盟、UNIDO、FAO和埃及马特鲁省在2018年共同举办了第四届埃及国际椰枣节。来自全球的椰枣经销商通过这次盛会交流如何满足当地市场需求、全球出口市场，如何扩大就业机会，从而促进椰枣行业在服务国民经济中的作用。此外，FAO还开展了另一项活动，通过与《国际植物保护公约》庆祝"2020国际植物健康年"，

---

① FAO，2020.

提高公众对保护植物资源免受病虫侵害并促进安全国际贸易的重要性的认识。这一活动不仅将提高公众对粮食和营养安全的认识，也对保护生物多样性和恢复健康的生态系统至关重要，对于极端干旱地区尤其如此。2019年6月，在沙特阿拉伯王国的组织下，FAO还主办了全球宣介活动，通过多种方式宣传椰枣在促进经济、环境和社会发展的益处，特别是对于传统当地作物如何对实现联合国可持续发展目标2产生的积极影响。

考虑椰枣等高功效食品的巨大发展潜力，当前应当充分重视这些功效食品对世界粮食安全的价值，应当重新审视当前全球粮食系统，充分关注全球领域那些仍未被充分利用的作物，把重点放在营养而非单纯的粮食问题上。

（三）大饼补贴的代价

粮食补贴是否是影响埃及经济与社会发展的真正原因？这个问题似乎有些"好笑"，也似乎没有人认真地思考过。补贴总归是件好事，怎么会影响经济的发展呢？但是，如果补贴政策使得受益人成为一种依赖，使得价值观发生转变，或者使得社会福利成为一种社会负担，那么，就应该认真考虑是否需要改革或进行创新了。否则，过度的福利政策难免会成为经济社会顺利发展的羁绊，更会成为社会政治力量角逐和较量的砝码。

埃及自1952年建立共和国以来，历届政府均将稳定政权、振兴国家经济，实现埃及复兴作为最核心的工作。埃及的工业化优先发展战略虽然刺激了民族经济快速发展，但农业发展滞缓，关乎百姓特别是中下等生活水平的埃及人的基本生活资料——粮食问题却难以得到有效解决。为确保人民的正常生活，维护政权的稳定，埃及政府于20世纪60年代就出台了食品补贴政策。著名的"大饼补贴"（或称面包补贴）应运而生。埃及主要的食品补贴是提供廉价的补贴面包。埃及政府在本国小麦收购季节收购和进口的软麦被用来生产一种名为巴拉迪（Baladi）的大饼，然后再以低价向市场销售，这种大饼从1980年起售价一直都是1皮亚斯特。居民要以补贴价格购买粮食需持有政府所提供的补给卡，通过此卡居民可以购买特定数量的大米、食用油和白糖等。如果购买量超出补给卡所规定的数量，那么居民可以以自由市场的价格向独立卖主购买，或者当农村合作社储有充足的粮食时，也可以用高价向其购买。

"大饼补贴"福利政策是埃及为维护社会稳定的一项重要国民福利，作为一项庞大的食品补贴计划，埃及政府每年向超过6 000万人提供补贴大饼。但是随着埃及已成为全球最大的小麦进口国，埃及的粮食生产与消费的矛盾越来越大，加之人口的不断膨胀以及国际贸易环境变化导致的各种成本的上升，迫使埃及不得不经常考虑压缩补贴大饼的投入。但是这样做在已经形成长期依赖需求的埃及普通百姓中，无疑是一件非常敏感和危险的尝试，甚至有可能引发社会动荡乃至暴动。1977年的"大饼暴动"就是一个典型的例子。

埃及政府一直给民众提供巨额的大饼补贴，政府对大饼销售进行统一管理。埃及每年用于大饼的补贴高达210亿埃镑，每块大饼成本0.33埃镑，而补贴后售价仅为0.05埃镑。无补贴大饼的售价是补贴大饼的10～12倍。但是近年来，埃及的粮食问题随着气候、环境、水资源、人口、灾害以及疫病的不断涌现而显得越来越突出，引发了群众对埃及粮食安全的担忧和焦虑。然而2013年1月，埃及政府决定削减大饼补贴配额，每人每天仅允许购买3个补贴大饼。此举引发部分埃及的人愤怒，认为将使贫困人口陷入饥饿[①]。到了2020年8月，埃及政府再次决定将如此重要的国民基本福利补贴大饼标准降低，无疑又是一次冒风险的做法。此次具体做法是每只大饼减少了20克重量，为此大饼生产商家将可以从标准的100千克大袋面粉中制作更多的补贴用大饼。新的补贴大饼重量将为90克，每100千克标准袋面粉将产生8 450个大饼。

然而埃及民众对此反应却不一。开罗一家大饼店老板告诉媒体，补贴大饼的任何变化对消费者来说都很敏感。由于埃及供应部近期得到来自全国大饼生产、经销商的反映，由于天然气、柴油、人工等价格的上涨，导致大饼的生产成本不断上涨，在现行价格标准销售补贴大饼的压力越来越大。对此，埃及供应部标准袋装面粉的成本将由现在的213埃镑（13.40美元）上调至265埃镑（16.68美元）。但是补贴大饼仍支付0.05埃镑（0.003 1美元），每个人将在补贴计划中分配5张大饼。农业部已宣布将加强对所有大饼店的监督，确保遵守生产补贴大饼的指定规格、质量和重量，并对违规者进行处罚。这种不改变价格，克扣重量的做法究竟效果如何，还需拭目以待。

埃及本地生产的小麦将与进口的小麦一起用于生产2.5亿～2.7亿张大饼，为7 000万人提供每日补贴。埃及每年的大饼补贴支出大约530亿埃镑。埃及政府在2020—2021年预算中为供应和内部贸易部提供了845亿埃镑的财政支持，主要用于为7 100万埃及公民提供大饼补贴，为6 440万使用食品配给卡的埃及

---

① 中国商务部，2013。

公民提供配给需求。

埃及在册的配给卡每户前四个人为每月50埃镑的定量卡，其余的每个人每月25埃镑，他们通过这些定量卡获得食品和非食品商品。此外，还可以每月以每张5皮亚斯特（piasters）的价格购买150张补贴大饼。

（四）芳香产业的诱惑

埃及是沙漠的国度，也是茉莉花的国度。每年6—11月是埃及茉莉花的收获季。特别是在9月，埃及到处是"花海"及"花田"，遍地盛开的茉莉花将当地变成了一片芳香的世界，鲜艳的花瓣在9月已经是肥硕饱满。埃及的花农们整日在花田中精心采摘、挑选，小心地将柔软易碎的花瓣轻轻分装，运送到工厂用来制作香氛和精油。

埃及茉莉花贸易历史悠久，在过去几十年间一直占据世界市场的重要地位。目前该国种植药用、芳香植物土地面积约为34 020公顷，且种植面积还在不断扩大。埃及每年出口茉莉花浸膏约6吨，其中70%出产自西部加尔比亚省（Gharbia）。埃及主要的茉莉花产区位于尼罗河三角洲，有400公顷花田，距离首都开罗约100千米。由于土壤富含矿物质，加上尼罗河水的滋养，该省成为茉莉花主要产区。在埃及每年生产的约6吨茉莉花膏中，西部省贡献了约70%的产量。每吨花膏至少能提取出半吨精油，萃取出的精油几乎全部出口。1吨浸膏经过处理可以得到500千克茉莉花精油。

国际精油和香料贸易联合会（IFEAT）报告显示，埃及出产的茉莉花几乎100%用于出口，茉莉花贸易每年为该国带来650万美元的外汇收入，提供约5万就业岗位。埃及农业研究中心教授胡萨姆·阿瓦德表示，埃及茉莉花产业发展历经几十年，精油质量世界领先，受到很多西方进口商追捧，产业规模不断扩大，茉莉花为埃及花农带来了可观收入。

在西部省舒卜拉贝卢拉村（Shubra Beloula），很多村民以种植茉莉花为生。受新冠疫情冲击，茉莉花精油全球需求量大幅下降，对茉莉花产业造成不小影响。为了保证精油质量，花农们不辞辛苦，颇为讲究地采摘。

近些年，埃及的农村纷纷兴起了茉莉花种植，不仅有祖祖辈辈的农民种植茉莉花，更多的普通农民也开始大量种植茉莉花，将收获的茉莉花运送到精油加工厂。由于利润可观，一些种植规模较大的农民甚至开办了自己的茉莉花精油加工厂，并开始从事茉莉精油出口贸易。然而，一些花农认为纯手工采摘工作量过大，与花朵出售至加工厂的收益不成比例。再加上2020年以来，疫情影响造成市场需求萎缩，埃及茉莉花产业需要在探索中前行。

过去三年里，埃及花农普遍将收获的茉莉花卖给埃及本地的出口公司。但是2020年，部分花农和经销商开始与来自美国、法国和中国的进口商直接接触，直接向他们推广埃及的茉莉花及精油等产品。

据介绍，与玫瑰等其他花类精油通过蒸馏法萃取不同，制作茉莉花精油需要使用浸提法，先使用有机溶剂浸泡茉莉鲜花，提纯其精华部分，再过滤有机溶剂，得到浓缩成稠膏状的茉莉花浸膏。茉莉花精油因其气味高雅、功效显著备受推崇，因萃取工艺复杂而珍贵，是高档香水、化妆品成分表上的"常客"。过去，茉莉花提取物市场前景一直不错，产品价格也随着市场稳定上涨。但是2020年受新冠疫情影响，加之香料并不是日常必需品，因此整个市场并不十分景气。

第二节　埃及农业现代产业的推进方向

一、"抱团要粮食安全"——非洲农业一体化

随着埃及的人口、水资源、环境、土壤等问题逐渐成为埃及农业实现可持续发展的羁绊，埃及国内的农业生产与流通及贸易也面临着越来越复杂的环境和矛盾，农产品价格波动、供求不均、质量控制等问题不断浮现。为了控制农产品价格上涨、保证市场供应，埃及积极实施小麦进口多元化，同时改变鼓励粮食出口等政策，限制或禁止粮食出口。例如从2007年9月起开征粮食出口税，并在2008年3月提高了这一税率。为使粮食补贴惠及低收入百姓，防止投机倒把，埃及政府又向每户居民发放了"购饼智能卡"。

但是管好"出口"还远远不够，由于埃及国内粮食消费和实际供应能力存在着巨大的缺口，因此每年必须耗费巨额外汇购买进口粮食。然而对于像埃及这样外汇短缺的国家来说，是一个相当沉重的负担。2020年，埃及遭受了食品价格上涨和金融状况恶化双重冲击，加之全球新冠疫情蔓延、邻国蝗灾此起彼伏、复兴大坝挑战步步紧逼、埃利边境战祸重启等多重危机蜂拥而至。如处置

失当可能触发新的社会不稳定因素，曾经的"大饼革命"给埃及社会带来的多样的"意识流"很难说已经彻底销声匿迹和不再萌发。埃及的政治家们也很清醒地认识到，长期依赖从美国、法国、俄国、乌克兰和澳大利亚等国进口粮食平抑供需缺口不是终极解决途径，进口来源的相对集中隐藏着许多不确定性，国际市场价格波动和突发贸易管制更是难以预料。埃及在首波新冠疫情爆发时遭受的一个多月的国际贸易禁运就是警示。

埃及作为世界上最大的小麦进口国，对西方国家，特别是法国等国家的粮食依存度很高。因此，国内的粮食安全在很大程度要受制于这些国家。埃及在2020年2月宣布将其目前执行的进口小麦的含水量限制标准再延长一年，以适应法国小麦的13.5％的含水量，就明显体现出对法国小麦的依赖。然而埃及不愿意长期受制于法国，因此近年将目光投向俄罗斯、乌克兰、美国和澳大利亚等小麦含水量低于13％的国家，近期又反复调整小麦进口标准，一方面旨在为埃及开辟更多的粮食进口来源，另一方面在同法国进行交易时站在优势地位，压低法国小麦的价格。但种种技术层面的手段再高明，也不是终极解决之道。尽管埃及实施了如此花样繁多的调控政策，效果仍然不显著，并未对埃及农业领域的诸多矛盾产生根本性的影响，对此埃及逐渐将眼光投放到周边更为广阔的国际环境，寻求国际途径和国际平台解决本国面临的实际问题。

作为阿拉伯世界的领军角色，埃及认为，除了各国独自采取的政策外，阿拉伯国家特别是阿盟应积极采取共同行动，致力于实现农业一体化。阿拉伯国家应清醒地认识到，解决粮食安全问题，粮食援助和进口只能作为辅助手段，而因地制宜地在农业可持续发展战略框架下走联合保障道路，则不失为长久之计。如沙特和阿联酋等海湾国家酝酿在海外投资农业，这些投资主要集中在其本国无法种植、耗水量大的水稻等农作物生产上。作为粮食战略的一部分，海外农业将有助于这些国家以低廉价格获取充足的粮食供应。

同样作为非洲大陆的重要代表性国家，埃及一样认为，"非洲的事务应由非洲人用非洲自己的方式解决"，面对困扰了非洲大陆几个世纪的饥饿、贫困、营养不良等严重危害非洲人健康、破坏非洲人生计的粮食安全问题，非洲必须找到一条团结合作之路，必须形成一个共同实现粮食安全的新型合作关系。

农业部门是大多数非洲国家国民经济的重要支柱，因为它对国内生产总值做出了巨大贡献，并为许多行业提供了所需的粮食安全和原材料，此外还吸收了很大一部分劳动力。农业长期以来是埃及的主要收入来源之一，埃及全年GDP收入的近1/7来源于农业贡献。随着非洲大陆近年来各种冲突和战祸略见平息，各国政府出于尽快恢复经济、改善民生的目的，纷纷加大了对农业部门的重视程度，非洲国家在各种国际场合频频发声，强调将根据非洲发展议程来实现对农业资源的最佳利用，特别是在应对气候变化、生物多样性、荒漠化、水资源等挑战方面，为此非洲一体化的倡议前所未有地得到了广泛的支持。

为进一步加速推动非洲国家实现农业一体化进程，埃及一直在积极推动通过非盟建立更为务实的农业合作机制和平台，力图通过建立多边农业合作体系，加速推动埃及的粮食安全战略在非洲一体化浪潮中赢得更多的先机和利益。

2020年2月，埃及总统塞西率先倡议成立非洲农业专家联盟（AUAP），力图打造一支为埃及粮食安全问题的海外解决方案而出谋划策的专家团队。埃及农业专业联合会倡议建立的AUAP，有可能成为非洲农业专业人士之间交流合作的平台，该平台将为非洲实现农业可持续发展、推动非洲农业一体化进程服务，同时也依赖于非洲农业部门的高效运行。

2020年上半年，随着新冠疫情在非洲不断演变蔓延，特别是埃及疫情不断演化加剧，疫情的复杂性和不确定性给埃及的各级政府机构首脑带来了深深的忧虑。此外，非洲国家百年来也第一次集体面临全球性公共卫生事件带来的生存挑战与严峻考验。非洲国家不断意识到，在重大危机面前必须团结一致、共同面对，在非洲一体化之路上协同抗击挑战才是唯一出路。特别是2020年入夏以来，随着疫情在一些非洲国家不断恶化，非洲国家更加意识到，必须建立一个协调、一致的应对机制，才能够有效抵消疫情危机给经济领域特别是农业生产和粮食安全带来的负面影响和冲击。疫情虽然在非洲不断蔓延，但是非洲国家仍然纷纷利用视频会议等虚拟会议手段，密集开展政府间战略协调，以谋求尽快为非洲一体化进程寻找突破口。5月，非洲国家召开"世界的抗性：非洲呼吁建立新世界秩序"（Resilient World：An African Call for a New World Order）的高级别视频会议。5个非洲国家元首、部长，以及来自全球129个国家的商业领袖等多达14 000人参与会议。大会主要讨论了如何加速非洲大陆疫情下的国际合作，重点探讨了非洲在发展中应汲取的教训，以及如何解决社会经济风险，特别是后疫情时期的合作远景，其中农业领域的合作也是重点领域之一。9月，在由非洲国家农业部长、非盟农村经济和农业专员、联合国代表以及世界银行和国际捐助机构参加的2020年非洲绿色革命论坛（AGRF）圆桌会议上，埃及农业和土地改良部宣布在全球冠状病毒大流行之后将进一步推动加强与非洲国家之间区域内的贸易合作。埃及倡议非洲国家加强一体化进程，在农业和食品领域应进一步加强投资。

COVID-19将成为整个非洲地区创新的催化剂，疫情是对非洲国家间的团结与合作的重大考验。通过协同抗击疫情，非洲国家进一步增强了改革与创新的信心，对以创新手段重振非洲充满期待。这场疫情促使各国政府决策者、私营部门和民间社会在内的所有社会力量团结起来，以创新手段采取行动和寻找危机的解决方案。非洲国家之间以及非洲与其他国家之间的经验借鉴是解决问题的最佳途径。疫情引发的挑战需要非洲国家团结起来共同努力，充分加强经济合作和利用非洲国家之间的经济互补性，这将有效促进非洲国家的经济增长。

关于粮食安全和加强区域价值链，国家的决策对农业部门具有重要的指导意义，这不仅对本地的农业发展意义重大，考虑到与粮食安全有关的下行风险，对全球粮食安全也将具有重要的意义。此外，增加对技术和人力资本投资以及促进与多边和双边伙伴的合作也非常重要，任何国家在面对这一危机时都不能采取单独行动。

在通过上述一系列国际合作平台的搭建，为进一步将埃及最紧迫的粮食安全战略计划落地实施，也为进一步解决埃及日益紧张的粮食需求同日益减少的水资源和日益退化的耕地之间的矛盾，埃及不满足于仅仅借助上述非盟、阿盟以及区域性合作平台等的"道义力量"来让自己的诉求得到广泛响应，而更加重视借助"非洲一体化"倡议，通过广泛实施国家间农业联合项目等具体手段谋求实现粮食安全。

二、"向沙漠要土地"——农田开垦战略

中东地区严重缺水，水资源是中东地区动荡的原因之一，同时也制约着中东国家的经济发展。同样作为中东国家的以色列，在美国的扶持下站稳了脚跟，凭借着先进的科技将沙漠变为良田。埃及作为一个中东国家，也面临着缺水的难题。埃及是名副其实的沙漠之国，那么为什么不引尼罗河水入沙漠，大面积扩充农田，让沙漠变绿洲，从而彻底改变埃及农业长期以来面临的窘境？把尼罗河水引入沙漠造绿洲，埃及确实曾经实施过，不过最终以失败告终。

埃及国土虽然有100多万平方千米，但是沙漠与半沙漠占了国土总面积的95%，全境干燥少雨，气候干热。仅西部沙漠就占全国面积的2/3。埃及毗邻世界上最大的沙漠——撒哈拉沙漠，埃及国土内的沙漠其实就是撒哈拉沙漠的一小部分。

埃及国土面积虽然比较大，但宜居的地方很小，主要位于北部尼罗河三角洲和沿海地区，毗邻地中海，属亚热带地中海气候，气候相对温和，超过90%的人口都集中居住在这个仅占国土面积不到5%的地区，人多地少的矛盾十分突出，用于农业发展的耕地就更少了。

尼罗河是世界第一长河，全长6 000多千米，由南到北贯穿埃及全境，这一段的长度大约1 500千米，形成了狭长的河谷，沿河两岸谷地还形成了绿洲带。尼罗河的水最终注入了地中海，并在首都开罗以北形成了尼罗河三角洲。尼罗河在埃及的地位，就如同黄河和长江在中国的地位，属于母亲河。没有尼罗河，也就没有古埃及文明。

在20世纪50年代，埃及人就已经有了引尼罗河水灌溉沙漠的想法，并提出了新河谷计划。当时的埃及刚刚建国不久，无论是在技术还是资金方面都达不到要求，最终放弃了。为了与干旱缺水做斗争，20世纪70年代，在苏联的帮助下，埃及建造了阿斯旺大坝，并形成了非洲最大的人工湖——纳赛尔水库。

纳赛尔水库让埃及人不仅尝到了甜头，更看到了希望。埃及前总统穆巴拉克于1997年启动了轰动一时的"图什卡工程"（Toshka Project）[①]，计划将埃及西部沙漠变成绿洲。这项工程的规模甚至比三峡大坝工程还大，预计20年完成，被称之为穆巴拉克的金字塔。但是由于宏伟的蓝图远远超出了当时埃及国情所能承受的范围，最终半途而废。2011年，随着穆巴拉克政府的倒台，埃及人民改造沙漠的梦想彻底破灭，图什卡工程60多亿美元巨额投资以失败告终。

埃及人的引水造地计划之所以没有实现，除了技术上的种种问题外，没有系统科学合理地规划及论证也是重要原因。图什卡工程引用的是水泵抽水，并且在尼罗河埃及段的上游大量抽水，这势必会导致下游水量减少。该工程没有像以色列那样采用滴灌技术，而是大水漫灌，这十分浪费水资源。

沙漠改造是一项大工程，并且是一项长期工程，不是一朝一夕能够完成的。国土大面积沙漠化，不管是自然原因还是人为原因，先要植树造林、防风

---

① 即南部河谷工程（全称Toshka & East Oweinat工程，常简称图什卡工程）。

固沙、固定水资源,从沙漠的边缘地带向内推进,或者分区域推进,然后才是造田造地以及移民,在水资源和绿色植物的配合下,最终改变当地气候环境。

在引水以及改造沙漠戈壁方面,中国拥有丰富的经验,"南水北调"和"三北"防护林就是例子。青山绿水就是金山银山,中华人民共和国成立之初就开始了防风治沙,并且一直鼓励民众参与植树。只有全民参与治沙造林,才能在真正意义上实现对沙漠的科学治理。

(一)新河谷计划

众所周知,作为北非明珠的埃及,还有一个很准确的比喻——"尼罗河诸神的馈赠"。称其为神的馈赠,足见埃及对尼罗河水的依赖程度。埃及90%以上的人口生存依赖尼罗河水,然而随着埃及近年来经济的迅猛发展,人口已经从20世纪60年代的3 000万到2020年初突破1亿大关(图5-3)。加之近年埃塞俄比亚在尼罗河水源纷争中日渐强硬,对埃及的尼罗河水源份额进行无情打压,使得埃及政府越来越感到仅仅依靠尼罗河难以实现自身的发展目标和复兴计划。

图5-3 尼罗河畔的埃及

在面对埃塞俄比亚不断收紧埃及头顶上的"达摩克利剑"——复兴大坝的同时,埃及只能将目光再次投向尼罗河河谷两边连接茫茫的撒哈拉大沙漠周边广袤的戈壁与荒涂。期望通过科技的力量,打造一个新的"河谷",为埃及寻找一个新的水源路径。1959年，埃及政府启动了"新河谷计划"，这是一个雄心勃勃的计划，目的是在西部沙漠中建立除了尼罗河谷之外的第二个河谷，以吸收尼罗河沿岸的过剩人口并开发新的土地。该项目涵盖了广阔的区域，包括了哈里杰（Kharga）、达赫莱（Dakhla）和费拉菲拉绿洲（Farafra Oasis）。经过多年苦苦探索，不断的失败伴随着政府的反复更迭，一次又一次点燃旋即又磨灭了埃及人心中的"希望之光"，几乎成了埃及人一道抹不去的沙漠"海市蜃楼"（图5-4）。

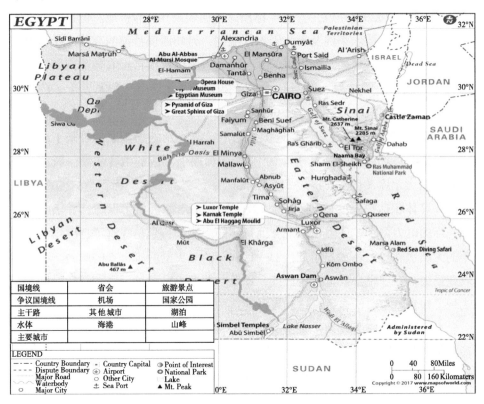

图5-4 "新河谷计划"示意

（资料来源：Internet）

"新河谷"指埃及西部沙漠中沿着尼罗河谷分布的一系列洼地。总面积大约为320万公顷，约占埃及土地面积的1/4。埃及政府经过实地勘探，发现其中大约1/4的土地具备了垦殖的条件。如能对这些土地进行改造，埃及的粮食产量将得到翻倍提升，被开发的地下水资源也将极大缓解埃及对尼罗河水的依赖。埃及政府在20世纪中叶通过对这些地区进行规划，实施了雄心勃勃的开垦计划，命名为"新河谷工程"（New Valley Project），又名图什卡计划，也就是前文提及的南部河谷工程。工程除了大面积开垦土地，还包括建设一批深300～600米的承压井，充分发掘该地区富含的深层地下水，同时挖掘一条运河，将水从纳塞尔水库引到埃及西部的撒哈拉沙漠，直到新河谷省（New valley）的省会哈里杰（Wahat al-Kharijah）。通过这种地上加地下的全面开发模式，将埃及西部广袤沙漠中能够利用的荒地进行改造，全面提升散落其中的绿洲灌溉面积，力求将埃及的新河谷开发成为一个崭新的人类居住地。这个计划最初预计在2020年完成，官方声称预计增加埃及10%的耕地。但是，由于埃及政府的财力、技术条件及人为因素等限制，另外西部沙漠的高盐度盐碱地以及该地区的地下蓄水层水流失等问题，对当地难以提供持续有效的灌溉，仅在2012年完成了先期工程——谢赫·塞义德运河。之后由于埃及发生了政治动荡，迫使该计划很快就宣告"夭折"。

埃及在1970年7月建成阿斯旺大坝之后，给埃及的拓荒之梦带来了新的希望。阿斯旺高坝建成后在其南面500多千米河段上形成的纳赛尔湖一跃而成为世界第七大水库（图5-5），库区长550千米，宽35千米，面积达5 250平方千米，库容体积达132立方千米。为埃及合理利用水源提供了保障，并供应了埃及一半的电力需求，还阻止了尼罗河每年的泛滥，特别是缓解了1964年、1973年的大洪水和1972—1973年及1983—1984年的旱灾给两岸带来的威胁，减轻了农业损失。纵观整个20世纪中后期，埃及在非洲深陷各种天灾袭扰的时候，却实现了粮食基本自给自足，这和埃及建造的阿斯旺大坝不无关系。

有了这样一座为埃及带来滚滚财源的大坝，埃及人心中的新河谷之梦再次被点燃起来。要知道赛纳尔湖的蓄水量高达1 640亿立方米，大约相当于5个三峡水库的库容。如此巨大的诱惑吸引埃及多次尝试重启新河谷计划，并汲取此前的教训，直接采取明渠引水灌溉方式。最初设想是在图什卡洼地建造一座巨型水站，以及5条大小数十千米的灌溉网，如若计划成功，图什卡洼地附近将多出数百万亩良田。

即便建成了足够长度的引水渠，将水源高效进行长途输送更是一项难题。沿途修建大功率的引水站也是一项必要的配套工程。此外，20世纪90年代末的一场意外洪水为工程带来了意外的转机，在巨大的洪水压力下，阿斯旺大坝承受了史无前例的压力，不得已向图什卡洼地开闸泄洪。然而却在下游的大片洼地荒滩中形成了巨大湖泊群。习惯了生活在茫茫沙漠中的当地百姓突然置身于碧波荡漾之中，瞬间出现"绿洲"的壮观情景震惊了埃及社会，人们心中更宏大的蓝图又开始萌动起来。虽然绿洲最后因治理不善等原因很快退化消失，但是沙漠造田却始终成为埃及人的梦想，甚至现任总统塞西也多次提出宏伟的沙漠改造计划。

图5-5　阿斯旺水库及其大型抽水设施

（二）"百万费丹"计划

2020年2月，埃及总理莫斯塔法·马德布利（Mostafa Madbouli）宣布埃及农业和土地改良部在全国范围内推广农田开垦项目——"150万费丹项目"，因该计划在前3年要完成150万费丹而得名，该项目也称埃及400万费丹土地改良计划。这一计划完成后将大大缓解埃及粮食供应紧张的问题。后续计划还包括新农村与城镇建设、移民等一系列关乎国计民生的重要发展战略。埃及乡村发展公司将主持在埃及全国范围内开展的"150万费丹项目"。该项目是埃及力图摆脱农业生产困境，实现粮食安全的一项野心勃勃的大规模土地改良计划，该计划旨在推动埃及的农业走出尼罗河峡谷，最终实现埃及20%的农产品自给，从而创造大量外汇，为埃及提出的"2030愿景"目标和"体面生活"提供战略保障。费拉菲拉（Farafra）地区是第一期150万费丹项目的重中之重，占地1万费丹，耕地面积7 500费丹，种有小麦、大麦和柠檬树，同时该区域的3个村庄已完成基础设施的建设（图5-6）。

此外，埃及还建立了其他重要的粮食安全重大基础设施保障项目，如农产品仓储与物流国际中心。该中心是埃及的战略粮食仓储与物流中心项目，该项目使得埃及成为粮食和食品的国际仓储与物流枢纽，不仅能满足本地市场的需求，保障这些货物的战略储备，还能满足周边市场的粮食需求①。

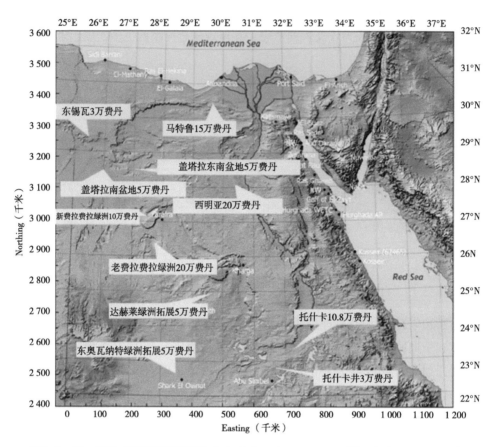

图5-6　第一阶段"百万费丹项目"分布（First phase：one million feddans project）

（资料来源：Mohamed Abdel Meguid，2017）

（三）埃及"绿色长城"计划

为积极应对整个非洲大陆的气候变化给非洲生态和农业可持续发展带来的挑战，2007年包括埃及在内的12个非洲国家在尼日利亚倡议启动一项被称为"绿色长城计划"（Great Green Wall Project）的跨国植树计划，之后又有9个国家加入倡议，但是项目并未得到很好的推动。1998年，埃及农业部下属的中央植树造林管理局启动了一项名为"Serapium森林研究"项目，作为政府保护

---

① 埃及国家信息服务中心，2016。

环境、减少污染和优化自然水资源利用计划的一部分，项目旨在探索在埃及沙漠腹地种植森林及相关植被以应对环境气候变化，以此作为推进沙漠农业开发的配套工程。在埃及政府的支持下，Serapium森林项目经过多年的坚持并取得成功，非洲许多国家对此深受鼓舞，"绿色长城计划"再次被提上日程。2019年，上述21个国家正式决定启动该项目，项目计划从非洲大陆最西边的塞内加尔开始，然后一直延伸到东部的吉布提，将半个非洲连成一片绿色长廊，将浩瀚的撒哈拉沙漠环抱其中。

随着埃及在沙漠中部种植森林成为现实且积累了部分经验，埃及目前正着眼于更多这样的项目以支持其经济发展并应对环境和气候变化。埃及目前已经成功地利用废水在沙漠中种植树木，埃及东北部伊斯梅利亚市（Ismailia）已完成了面积为200公顷的Serapium项目森林种植。该项目全长近8 000千米，至2020年底已完成了15%，预计2030年底完成超过1亿公顷森林面积种植，预计耗资80亿美元。

利用污水以及生活废水在沙漠中种植森林是一个创新思路，经过处理的污水可以被树木和其他植被有效吸收，并形成良性的生态循环，同时还有助于将埃及内陆的大片沙漠和荒涂变成可耕种土地以及生态涵养区域，将加速带动周边地区的绿化和环境生态进一步改善。埃及政府的具体做法是将经过无害化处理、富含营养元素的污水输送到微生物含量高的大型地下盆地，然后泵入氧气加速水的净化过程，将这些水逐步演变成一种"人造地下水"，为整个干旱沙漠地区营造出土地改良的良好土壤和水源开发环境。这些富含氮、磷等元素的"生活废水"对森林确是非常有益，营养元素将被整个森林吸收。这种环境下树木和植被的生长速度比欧洲任何其他森林都要快4倍以上，大约15年就能够成林。

另外，这种人工形成混合常青林不仅能起到净化空气、防治荒漠化以及降低夏季高温的作用，还能将柏树、松树和其他落叶针叶林等树种的叶子用作肥料和牲畜饲料。另外这些树种还能够较好地维持土壤肥力，加之科学的管理将可使一些特种木材如红木和樟树用于当地木材加工业，从而更好地为当地的森林产业经济服务，最终真正实现"绿色长城"的生态、经济多样化效应。

（四）海内外土地开垦与保护

埃及中央公共动员和统计局（CAPMAS）在2016年9月发布的一份报告中指出："埃及的农业用地在2015年为1 000万费丹，而2010年为960万费丹。根据世界银行的数据，埃及农业用地面积占国土面积从1961年的2.6%增至2015年的3.6%。"

目前，埃及因土地非法占用、流失破坏等原因，年损失5.7万费丹土地（2.4万公顷）土地。在当前埃及可耕种土地严重不足、现有土地肥力加剧退化、农地流失不断加剧等日益紧迫的挑战下，埃及在短期内无法看到设施农业等现代农业科技对农业高产的作用，将眼光不断投向境内占96%以上国土面积的沙漠、戈壁和绿洲及滩涂等贫瘠土地的开发以及在海外的土地开垦合作，特别是谋求建立埃及自己的"海外粮仓"。埃及历届政府不断探索土地的开垦方式和手段，也确实形成了一些成效，一些往日荒芜的土地被一片片农田以及设施大棚所替代。

——在境内土地开垦与保护方面。2015年，埃及总统赛西曾提出计划将10亿公顷沙漠土地变成农田。但是这样则意味着每年将需要800亿立方米的水，已超过埃及尼罗河的总水量。此外，由于城市化造成的耕地减少和环境恶化造成的水资源减少，农业生产的增长跟不上人口的增长，水资源的日益减少更是令埃及的农业发展雪上加霜。世界水理事会（WWC）认为，埃及的农业用水量已占全国用水量的85%，高于全球平均水平。

在过去的15年里，由于政府忽视修复破旧的水利设施，靠近尼罗河的农民不得不从排水沟中引水灌溉农田。这不仅损坏了水泵，还对农业产量产生了不利影响。此外，几十年的城市化也导致埃及大量农田被房地产行业侵占。2011年埃及爆发大规模示威游行并由此引发多年政治动荡，其重要原因就是部分政府官员腐败引发民众普遍不满。随着穆巴拉克总统在2011年被推翻，埃及出现了权力真空，诞生了一大批地产巨头，随之出现了埃及的宝贵农田资源被占用的现象。一方面，埃及政府希望农民播种更多的小麦，但另一方面，也希望保护日益减少的尼罗河水源。这两个目标与埃及积极扩大农业生产和城市化进程相矛盾。

2020年4月，埃及总统发言人巴萨姆·拉迪（Bassam Radi）发表声明，埃及总统塞西已要求政府扩大全国的耕地开垦力度，用以种植具战略性的作物。拉迪表示，塞西总统已就埃及目前的很多农业项目进行了改进和调整，以适应当前的疫情形势和对未来不确定性的战略考虑。埃及农业部中央土地保护部曾在2019年8月发布的一份报告中提到，在过去的8年中，埃及因各类侵犯土地的事件而减少了8 014费丹面积的耕地，侵害包括尼罗河河岸和三角洲的非法建筑、无证养鱼、工业废物和其他形式的污染。自2015年1月以来，该部与有关安全机构合作，发起了一系列打击非法占用土地的行动，以消除尼罗河沿岸发现的违规占用土地现象。2018年1月，埃及通过了一项法律，加强了对违法者的处罚，违反者可能面临长达2～5年的监禁，并处以10万～500万埃镑的罚款。

在确保农业用地不被占用的同时，埃及政府还采取多种形式的法律手段，严厉打击对农资的侵占以及农业官员在各个生产环节和领域可能的贪腐行为，保障农业生产顺利进行。埃及总统塞西一直坚持主张必须在政府机构内采取严格措施以打击任何腐败和违法行为。2016年，埃及法院宣布原农业部长因贪腐获刑10年引起舆论强烈反响。2020年7月，位于加尔比亚省（Gharbiya Governorate A. H.）Kafr El-Zayat市Abij村的埃及农业协会负责人因挪用公款72.4万埃镑（约合45 371美元）导致了2 335袋尿素肥料不能及时使用，被送交公诉后自杀。

——在"海外农场"合作开垦方面。前节已提及，埃及与多个非洲国家已经开展了富有成效的"联合农场"建设，以充分发挥双方的各自互补优势，实现农业生产和粮食安全的"双赢"局面。

近年来，埃及农业和土地改良部与外交部合作，致力于与非洲国家在许多领域，特别是在农业领域进行合作。为了增强非洲国家产品的竞争力和经济发展，埃及农业和土地改良部与非洲国家广泛建立了联合示范农场，开展联合农业研究，以提升非洲农产品的产量。

埃及农业与土地开垦部已开始进一步在阿尔及利亚、马拉维和津巴布韦建立鱼类养殖场，并在乌干达建立动物养殖场。这些项目自1998年以来就已经开始着手实施，但是在2011年埃及的政局动荡之后中止。埃及农业和土地改良部于2018年2月宣布在厄立特里亚建立埃及—厄立特里亚联合农场，这是埃及在非洲建设的第七个农业项目。在多哥，埃及—多哥联合农场项目于2017年11月启动。

2020年7月，埃及农业与土地开垦部宣布，经过6年旨在推动"非洲一体化"的跨国农业合作项目的实施，埃及农业部与6个非洲国家在农业领域展开的合作取得了显著成效。通过合作，埃及进一步扩大了与非洲国家的联合农场项目，为非洲的可持续发展计划做出了贡献。目前在乌干达、赞比亚、刚果、多哥、马里、桑给巴尔和尼日尔境内运行的埃及农场运营情况良好。

此外，在阿尔及利亚和厄立特里亚也正在实施埃及跨国境联合农场项目。而且，除续签苏丹联合农场的许可证外，埃及还与坦桑尼亚、马拉维、津巴布韦和南苏丹签署了农业合作谅解备忘录，以进一步促成埃及的国际联合农场项目的建设。

目前"埃及—非洲联合农场"项目是推动埃及的粮食安全国际化、加速非洲"一体化"的重要手段之一。埃及推动此项雄心勃勃的联合农场计划目的是扩大埃及的粮食生产能力，进一步提升饲料、动物产品、种子和蔬菜等大宗农产品的配套生产，有效应对日益严重的水资源和土地资源短缺面临的挑战。同时也为提高非洲国家农产品的国际竞争力和国家间农业经济协调持续发展，提供了一条新型的合作途径。

三、"向荒涂要粮食"——盐碱地新型农业

随着人口的迅速增长和资源消耗的不断增加，世界正面临粮食危机。由本地生产的粮食解决粮食安全问题是最为简便易行的方式，也正在被世界各国普遍采用。特别是在2020年COVID-19蔓延的形势下，造成粮食运输和物流的阻碍和停顿将对粮食安全造成巨大威胁。在粮食巨大需求的驱动下，埃及境内大量的盐碱地再利用受到关注。

盐碱地农业将有助于增加农作物的产量。疫情下埃及耐盐碱农业更有可能为埃及的粮食安全做出历史性的贡献。盐碱地农业由于其特殊的作用，在疫情之下受到有识之士的关注，亦有可能在未来成为解决全球粮食危机的一种方法。FAO也在新冠疫情期间提出了这种革命性的粮食生产的新途径和粮食安全新思维，对现有土地资源的创新性开发和应用将对未来的全球粮食安全危机的解决带来革命性影响。

COVID-19流行期间，在全世界引起的一系列反应为我们提供了很多启示，其中包括耐盐碱农业在支持国家和社会生产提供本地粮食方面可以发挥更加重要的作用。尤其是那些面临土壤盐碱化问题严重的国家，这些国家集中在中东，在粮食方面严重依赖进口，多面临粮食安全系统脆弱性的问题。这些国家在粮食方面严重依赖进口。

国际生物盐农业中心（the International Center for Biosaline Agriculture, ICBA）的Dionysia-Angeliki Lyra指出，到2050年，世界人口预计将增加17亿。这将增加对农业资源和粮食需求的压力，并对粮食产量增产的要求提高到

60%。但是由于土壤退化的速度很快，很难做到这一点，而当前的气候变化又使情况进一步恶化。

但是耐盐碱农业却可以帮助减轻气候变化对产量造成的影响，同时还有助于改善粮食安全和改善退化的土壤。它还有可能缓解水和土壤质量恶化，甚至还可以帮助当地生态环境变得更具适应性并适应气候变化。同时，它在提供新的食物来源的同时，还能开发干旱地区劣质水资源。耐盐碱农业还将有助于动物饲料、生物燃料的增加，同时还提供就业机会，特别是对于妇女和青年。

目前，有很多种盐碱植物可以进行开发，它们既可以作为药用，也可以用作人类的食物，如藜麦、海甘蓝、小米等。全球目前大约有4亿公顷的盐渍土壤，仅这些地区种植盐分适宜的耐盐碱作物，将足以推动农民种植更多种类的粮食作物，并足以满足近20亿人的口粮需求。这种盐碱水环境最明显的例子之一就是埃及三角洲地区，尽管萨布哈（sabkha）地区盐碱地面积占40%，但这些咸水地区有70%的土地属于盐度中等至低等。虽然当地农民认为该地区的土壤盐分太高，但是却适合用于盐碱农业的发展。

人们在荷兰的相似田间条件下测试了50种800株各类农作物，发现马铃薯、胡萝卜、甜菜根和花椰菜等农作物对中等盐度表现出更高的耐受性，且产量更高。ICBA目前也正在摩洛哥等国家实施类似的实验项目。摩洛哥目前已种植了五种盐碱地作物。这些项目还促进了妇女和地方社区的广泛参与，并促成了藜麦等重要替代性农作物的种植。目前埃及正在ICBA的支持下实施两个项目，其中一个将在新谷省（New Valley）种植藜麦，第二个是在红海省（Red Sea）种植红景天。上述作物如有很好的表现，将有效促进盐碱地农业的推广和创新，并有可能被联合国列入有关国际议程。尽管盐碱地种植粮食作物前景看好，但仍面临一些挑战，特别是改变当地农民的传统种植习惯。

在盐碱条件下生长的作物仍然可以获得巨大的产量，但这取决于土壤、气候和良好的灌溉管理技术。目前尽管盐碱农业的预计利润，但由于上述原因，目前规模仍然很小，没有形成规模效应。考虑未来全球粮食安全的紧迫和各种不确定性，应高度重视对盐碱地农业的开发和利用，通过不断的技术改进和土壤改良，充分挖掘现有农地的耕作潜力，释放现有盐碱等贫瘠土地的活力。

在全球范围内大力支持盐碱农业这项未来的朝阳产业，有助于缓解未来全球气候变化冲击下的粮食安全。

四、"向海洋要水源"——海水淡化战略

再生水的回收和海水淡化项目也是埃及考虑的一个节水措施方向。由于埃及是一个干旱的国家，主要依靠南北西奈（Sinai）、塞得港（Port Said）、伊斯梅利亚（Ismailia）、苏伊士（Suez）、达卡利亚（Dakahlia）、谢赫（Kafr E-Sheikh）、贝哈拉（Beheira）、马特鲁（Matrouh）以及其他红海沿海城市的海水淡化设施获得淡水，埃及已经将上述地区规划为埃及海水淡化厂场址并制定了宏伟的发展目标。2019年初，埃及宣布在西奈半岛建设全国最大的污水处理及海水淡化厂，以满足西奈约50万人长期水短缺窘境，随后埃及总统塞西宣布在赫尔格达（Hurghada）实施一项名为"Al Yosr"的大型项目，预计耗资8.45亿埃镑，主要用于建立大型海水淡化厂，这将是中东最大的海水淡化厂，面积达5.6万平方米，日产能为8万立方米。2020年4月，北西奈省也宣布位于西奈的非洲和中东地区最大的海水淡化工厂将动工建设。预计建成后将在第一阶段的海水淡化日产能达到10万立方米，第二阶段和第三阶段的日产能增加到30万立方米。7月，埃及宣布将拿出28亿美元来实施一个五年计划，建设47家海水淡化工厂。

该项目的实施将由埃及水务和废水控股公司（Egyptian Holding Company for Water and Wastewater，HCWW）、新城市社区管理局（NUCA）等部门整体规划和监控实施。预计到2025年日产量将达到244万立方米。项目将分为几个阶段，目前的首个阶段是对缺水地区的供水，特别是在北西奈和南西奈、红海和马特鲁省（Matrouh）。

除了积极开发海水淡化技术，以弱化埃及近年越来越严重的水源危机，特别是埃塞俄比亚的复兴大坝对埃及带来的直接威胁，埃及不得不进一步加紧对水资源的管理，逐步减少并淘汰耗水设施特别是耗水类农业设施，甚至对农作物开始重新进行评估，除了主粮作物的用水保障，埃及2020年7月前后决定大量减少种植耗水型的农作物，例如玉米和水稻等。

除了减少农作物的种植水耗，埃及的水资源和灌溉部也积极考虑实施一些综合节水项目，例如通过处理农业废水和提供家用节水设施来最大程度地节约及利用水资源。埃及预计利用这些措施将可能满足居民日常用水的40%～45%。

为了更好地对埃及的水资源进行统一规划和开发，埃及近期还推出了《2037年国家水战略》框架。在该战略中，埃及将着力扩大海水淡化厂的建设

规模。埃及海水淡化的策略旨在通过提高效率和扩大海水淡化站来满足水需求（特别是在沿海地区）。2020年11月，埃及水务部门宣布启动一项雄心勃勃的海水淡化发展计划，以解决日益严重的人口问题和相应的用水危机。但是海水淡化高昂的项目投资额亟待私营投资者的加入。此次的海水淡化发展计划为期30年，总计投资约150亿美元。埃及中央水务机构计划鼓励大量社会资本进入此次计划，以解决资金的不足。

埃及水务和废水控股公司将联合埃及新城市社区管理局和埃及城市规划局一起实施项目。项目预计分为4个阶段，而每一阶段的海水淡化处理能力将以每5年为一个时间单位进行分段提升和升级。大部分的项目资金将用于分散在各地的小型海水淡化厂，这些水厂的供水将主要用于替代尼罗河三角洲和苏伊士运河周围的地表水供应（图5-7、图5-8）。

埃及目前的人均水拥有量已降至1 000吨/年以下，加之人口仍在快速增长，到2050年，人口预计将增长至1.5亿～1.8亿，且随着复兴大坝等外来的水源约束压力越来越大，埃及的人均水源拥有量预计还将继续下降。因此开发更多用以缓解尼罗河供水压力的新型水源已经刻不容缓，由此催生了此次宏伟的海水淡化发展计划。

阶段	计划目标	五年内计划提升海水淡化处理能力（1 000立方米/天）							投资额单位：百万美元
		2025	2030	2035	2040	2045	2050	总计	
1	满足因人工增加而增加的饮用水需求	312	1 355	220	212	189	–	2 288	3 120
2	减少运往沿海地区的用水	355	–	–	–	–	–	335	427
3	寻找更多的地表替代水源	1 297	700	1 510	1 170	935	1 265	6 877	10 466
4	为新城市的发展提供更多的水资源	50	171	162	303	190	90	966	1 230
	总计	2 014	2 226	1 892	1 685	1 314	1 355	10 486	15 243

图5-7　各阶段海水淡化能力提升计划

（数据来源：埃及水务和废水控股公司）

德国施耐德电气与埃及Aqualia公司合作，在埃及建
设的大型智能海水淡化技术工厂

埃及水务和废水控股公司（Egyptian
Holding Company for Water and
Wastewater，HCWW）分布在亚历
山大等城市的水资源宣传车

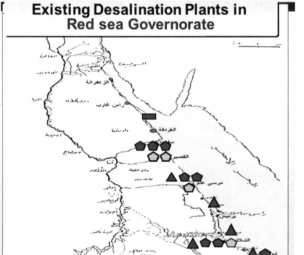

埃及水务和废水控股公司（Egyptian Holding Company for Water and
Wastewater，HCWW）在埃及红海拟建设的海水淡化项目

图5-8　海水淡化项目在埃及的分布情况
（数据来源：埃及水务和废水控股公司）

该项目总投资逾2 400亿埃镑（约150亿美元），因此寻求多种融资渠道非

常关键，来自私营机构的融资将是实现该计划的重点目标。目前虽然具体引入私营资金的合同模式尚未确定，项目招标仍将采用传统模式，包括任命外部顾问同时进行透明的公开竞争性招标等。对于招标模式，目前还存在很多不确定性，有些可能是公开招标，有些可能是直接由政府指定相关机构来实施，也有可能有更多的国际性工程公司和投资者加入。

目前已经有众多国际投资和建设公司对此表现出了浓厚兴趣。埃及建筑和工程集团（Hassan Allam Holding，HAH）与沙特阿拉伯的Abdul Latif Jameel集团宣布联合收购埃及著名的海水淡化公司Ridgewood Egypt。与此同时，总部位于伦敦的私募股权投资机构英联投资（Actis）也与埃及的主权投资基金签署了谅解备忘录，以参与上述水务投资。

为进一步提升埃及对海水淡化的能力，埃及甚至积极考虑将可再生能源应用于海水淡化项目。12月，埃及电力和可再生能源部长穆罕默德·沙克尔（Mohamed·Shaker）提出，由于可再生能源的发电成本已经降低，该部将依靠可再生能源淡化海水。目前电力和可再生能源部已经与住房部合作启动了一个海水淡化项目，将290万立方米/天的速度向埃及人提供淡化饮用水，以满足人民对饮用水的需求。

目前埃及利用可再生能源发电的成本已经比以前降低了，这有助于扩大这些项目的可能性，从而在未来几年内使其收益获得最大化。目前埃及的可再生能源价格已降至每千瓦时太阳能2美分和风能3美分，这是世界上最便宜的。该部正在加快发展并扩大可再生能源项目，以提高向公民提供公共服务的水平[①]。

五、设施农业

在轰轰烈烈的沙漠农田改造计划下，埃及的设施农业已经颇具规模，在西部荒漠地区开垦出大量农田，这些新开垦的农田占到全国总耕地面积的30%。与之相配套的节水技术推广和应用以及节水灌溉设施建设也取得了进步，农业新技术的应用显著提高了农业生产力，设施农业面积逐年扩大。目前埃及的设施及有机农业用地占总耕地面积的1%，且呈逐年上升趋势。埃及的有机农产品在国际市场上占有一席之地，这些对埃及发展本国的有机农业，以及出口创

---

① Egypt today，2020.12.19.

汇、增加就业率等起着非常重要的推动作用，而且已被证明在扭转农业对环境的负面影响方面非常有效，它改善了土壤结构，保持了水质，增加了土壤有机质和生物多样性，提高了产量。由于直接投入成本较高，有机农业还没有在埃及粮食生产中占据主导地位，但它能降低对环境和健康的损害。因此，从长远来看，它能带来更好的成本效益和盈利模式。

随着埃及人口不断增长，埃及有限的粮食及农作物的产量将越来越难以满足需求，在这种情况下，设施农业特别是有机农业及生物农业将为埃及的粮食安全提供一个重要的解决方案。埃及总统塞西高度重视埃及的设施农业，并积极推行在埃及受保护的农业基地全面推广设施农业。2019年，埃及提出了通过全面提升设施农业体系的建设跻身世界先进农业国家行列的目标，在全国新建了1 300个温室，这使得埃及成为中东地区最大的温室项目实施国家。目前在10 000块埃及各级政府的土地上新建的1 300个温室的农作物总产量将相当于在100万费丹土地上的传统农业产出。

埃及还为此拟在开罗"斋月十日"城建设国家温室大棚开发项目，该项目一旦落成，将成为世界上最大的椰枣生产农场，此外还包括250万棵棕榈树。该项目预计将成为世界上最大的设施农业项目，将包括10万个自动化温室，在温室中将通过一系列自动化调控手段，显著增加农作物的产量，从而最大限度地提高农业生产，提升经济效益，同时最大限度地减少常规的种植面积。

这个国家项目有助于进一步解决埃及的年轻人就业问题，项目将通过在埃及广大青年中进行专业培训，提升他们的农业生产技能，以推动这个巨大的国家项目的顺利发展。该项目将严格按照标准实施，并确保所有的温室能够在同时投入使用，最终实现所有埃及人食用新鲜的有机农作物。

作为中东地区最大的温室项目，该大规模设施农业投入旨在为实现埃及的粮食安全和进一步弥合农业生产与消费之间的巨大差距，并在合理利用灌溉水的同时最大限度地利用现有土地进行农业生产。

这个由埃及实施的国家温室项目旨在进一步提高国家的农业生产能力，这个共计将拥有10万个温室的庞大国家项目预计能够支持2 000万埃及人未来的消费需求。目前正在建立和拓展的国家设施农业项目将有助于提升埃及应对人口快速增长所带来的挑战的能力（图5-9）。

图5-9　埃及温室设施农业

2020年5月，埃及10万费丹（4.2万公顷）温室农业项目的进一步加速推动以及众多知名国际设施农业制造商的广泛参与，标志着埃及迈向了农业自给自足的重要一步。随着2017年埃及国家保护性耕作公司（the National Company for Protective Cultivations，NCPC）的成立，埃及宣布了将大规模投资设施农业。3年以来，该公司已实现了数千公顷的温室。最近又新完成了1 200公顷的温室。该设施农业项目由126个集群组成，每个集群有6个、8个、10个或12个至少1公顷的温室。通过该项目的实施，埃及的设施农业已经加速进行，并正在朝着实现粮食生产和粮食安全领域的自给自足迈出重要的一步，此外，还在国际市场上为埃及赢得了更多的商机。

该大规模设施农业项目首先在Al Amal地区进行，埃及在那里建造了40公顷的温室。在随后的几年中，在斋月市（Ramadan City）、阿布苏丹（Abu Sultan）和阿拉洪（Allahun）建立了总面积达数千公顷的温室。2019年，埃及总统塞西亲自在穆罕默德·纳吉布军事基地附近主持开设了1.3万个温室。这距离塞西总统提出的10万费丹项目的目标已经越来越近。

目前来自多个国家的国际供应商积极参与了该设施农业项目，并在项目中进行了大量的技术转移。例如，在项目中实现了高科技温室，包含双重通风和屏蔽系统。这些先进技术将被用于向中东和欧洲出口农作物的温室。

中东的作物在夏季种植，而出口到欧洲的农作物在冬季种植。因此需要采用使用混合种植系统的中等技术温室，还有分别用于春季和夏季生长的净温室（Net Greenhouse）（图5-10）。这些高、中技术型温室用塑料制成，旨在降低内部温度，以适应其所在的沙漠气候。净温室在冬季出口到欧洲，在夏季出口到中东。利用这些巨型温室，埃及希望在不同的时间和季节为不同的市场提供产品服务。10万费丹温室项目被认为是世界上最重要的农业温室项目之一。NCPC最近在位于亚历山大海岸附近的一个古老的海洋基地建设了一个1 200公顷的温室项目。

图5-10　温室外观

　　埃及的沙漠气候几乎没有倾盆大雨，夏季炎热，冬季温和。一年四季，气温差异很大。同一天沙漠中的最低和最高温度差约为20℃。一家荷兰公司为所有温室配备了Orion-GC气候计算机，使种植者能够监视和控制温室中的气候。

　　在这些类型的气候中控制温室是相当大的挑战。该公司为温室配备了Orion-GC的GMC电机控制系统处理通风，水平和垂直筛网安装，加热和再循环风扇等过程。对于每个集群温室，都有一个中央控制单元，Orion-GC从中控制整个灌溉过程。Orion-GC具备用户友好性，特别适合于那些没有高科技种植经验的农民（图5-11）。

　　这个自2019年宣布的现代设施农业项目计划，已经成为埃及刺激其国内经济增长的重要手段。对此，埃及一直在国际市场寻求在设施农业领域领先国家的公司参与上述项目。目前，一些国际示范项目和商业项目的建设已经在埃及开始实施。目前除了荷兰等国以外，埃及也已经与来自中国和西班牙的温室生产商合

图5-11　温室种植情况一览

作，改进温室设施，以求加快推进该项目计划。

六、生物农业

埃及农业约占国民生产总值的12%，年总产值大约2 500亿美元，主要来自各种粮食和经济作物。埃及境内由于绝大多数是沙漠土壤，更适合广泛种植马铃薯。埃及目前是欧盟最大的马铃薯供应国。随着埃及的设施农业技术水平不断提升，马铃薯的种植在近年实现了低投入高产出的目标，化肥与农药的年平均消费量也随之大大低于国际平均水平。埃及的这些农业进步得到了国际社会的广泛关注。

2020年3月，美国生物农药制造商GROPRO对埃及的马铃薯产业进行了调查。专家通过此次打破常规形式的实地调查，揭示了埃及农业特别是马铃薯产业的真实潜力。埃及的马铃薯产业经过自我完善与发展，现已形成了一个潜力巨大且充满活力的产业，其他特色农业也在埃及取得了不俗的进步。埃及借此诸多农业进步，正在雄心勃勃地推动将沙漠变成农田的宏伟计划。

众所周知，埃及传统的农业产区大部分仅限于尼罗河谷和尼罗河三角洲、西奈半岛的部分绿洲和耕地。除地中海沿岸的一些雨养地区外，埃及的整个农作物种植区域都能够得到有效灌溉。埃及目前在沙漠地带的设施农业在先进灌溉设施的作用下已经实现了高效的农业生产，特别是在一些特色作物种植领域。但是由于流至埃及的下游尼罗河水的质量较差，为沿岸农作物难以提供足够丰富的富营养水源。为确保作物的产量和品质，对作物追加一定的营养补充、植保支持和栽培管理显得更加重要。

埃及大多数的农场经营规模都不大，一个农场的平均规模约为1公顷。埃及每年的总耕种面积约为483万公顷。目前的种植面积不能满足当前的国内需求，因此埃及政府近年正在大力推进一项重大农业投资计划，力图通过对埃及南部广袤荒地的垦殖，增加120万公顷以上的农业用地，以提升该国的农业产能，从根本上改变现有受制于国际粮食市场的窘境。经过多年努力，在过去的40年中，埃及通过大量使用滴灌和现代农业技术，不断将沙漠变成农田，农业用地经过积累现已增加了37万公顷。

埃及马铃薯生产在国内居领先地位，已成为商品马铃薯的主要出口国。2018年，埃及出口了超过75.92万吨的商品马铃薯，是世界第五大马铃薯出口国，主要向俄罗斯和欧盟供应马铃薯。2019年埃及占全球马铃薯出口市场份额的5%，2019年埃及马铃薯出口产值为2.596亿美元。

埃及马铃薯因其生长在埃及特有的黏土或沙质土壤中，因此以其高品质而闻名于世。此外由于埃及马铃薯适当的硬度和糖度，使其具有超长的保质期而受到国际客户的喜爱。埃及马铃薯的出口季节是从1月中旬到5月底，此段时间基本处于出口热销状态。

在生物农药改进埃及农作物品质方面，考虑埃及的农产品对欧盟的巨大出口量，特别是广受欧洲人喜爱的薯类产品，埃及马铃薯的品质自然成为欧洲客户重要的关注点。由于欧洲市场对与食品相关的产品中使用化学药品的法规非常严格，对来自埃及的马铃薯同样也实行了严格的检疫标准，这也迫使埃及的马铃薯生产者不断提高种植技术和管理水平。

尽管国际市场对埃及马铃薯的需求不断增长，但是埃及目前绝大多数马铃薯生产者依旧停留在传统的种植方式上，更多地依靠自然禀赋提升产量，更加先进的生物农药技术目前在埃及尚未得到广泛应用，因此埃及马铃薯产业开发的潜力巨大。对此埃及政府也希望在不久的将来改变这种状况，并能够使用更多的生物农药技术以及相应的先进管理技术生产更高品质的农作物，特别是马铃薯。

在埃及农作物的植物保护方面，埃及农作物主要面临的病虫害包括螨、软体昆虫、线虫、粉虱、灰霉病（葡萄及草莓）、白粉病以及其他病虫害。对此，在GROPRO参与下，埃及政府也希望其农业环境综合治理能够得到进一步的改进，并且为埃及当地的经销商及生产商提供更多的、深入的技术支持。

针对埃及马铃薯的生产特点和需求，GROPRO为埃及量身订制了一系列植保产品，如Vigilance Nematicide是一种用于根保护的化学制品，该生物农药不会对马铃薯的植株生长造成压力。用该产品处理过的马铃薯植株在地面上的生长表现更加健康，优于同类产品，并且在整个生长过程中没有受压迫迹象。此外，该产品已被证明可更有效抵抗多种线虫为害，而且对于土壤中的有益微生物也很友好。这些为埃及农民传统使用烟熏杀灭害虫的方法提供了替代途径。此外，该公司还提供了一系列其他的植保技术，例如对控制镰刀菌、细菌性腐烂和其他对马铃薯产生负面影响的细菌性疾病也非常有效。此外还开发了抑制软体昆虫，特别是对叶蝉、蚜虫、木虱和粉虱有很高灭杀功效的生物制剂。这些都将确保埃及获得更加干净优质的马铃薯品种。

展望未来，为了获得更具优势的农产品出口地位，为了在全球市场上更具竞争力，埃及正在通过多种手段不断提升马铃薯及其他农产品的产能，对此埃及政府更加意识到对农民提供最佳的现代农业技术和投入品的重要性，特别是生物防治技术以及更先进的耕作方式。

总之，农作物的生物保护和促进技术，毫无疑问将在不久的将来扮演更加重要的角色，将会更有效地协助埃及发展其特有的马铃薯产业。这不仅可以提高埃及农作物的整体生产效率，并且将促进埃及的广大农民获得更为先进的技术、经验，推动他们产出更高质量的产品。

七、核农业

埃及一直热衷于改善其农业并提高其战略性农作物的自给自足水平，2020年1—4月期间，埃及农产品出口总量已经增加到240万吨以上，其快速增长的幅度依然不能满足埃及对于其日益增长的国内消费和国际贸易的强烈需求。为此多年来一直在不断积极探索通过各种途径和现代科技手段提升战略性农作物的产量，核农业就是其中一项行之有效的举措。埃及在开发核计划应用于农业等领域方面居阿拉伯国家之首。埃及无论是通过支持其核技术研究，还是在核医学领域，或通过建立El Dabaa核电站来生产清洁、廉价、可持续的电力等领域，都是阿拉伯国家的领军者。

当今世界正朝着对核技术更适应的应用领域发展，核技术不仅给国家及其经济带来了巨大的积极影响，而且也给个人带来巨大的改变。随着人类对核技术的认识加深，核技术正在越来越多地应用于人类社会的各个领域。

国际原子能机构（IAEA）与联合国粮食及农业组织（FAO）一直致力于核技术的应用，目前已有50多年的历史。目前可以确定的是，某些核技术可以改善土壤和水的平衡，改善农作物的产量，从而满足不断增长的人口的需求。这就是全球科学界不断加快核技术应用步伐，并不断谋求从核技术的应用中获得最大收益的原因。

特别是在阿拉伯世界，IAEA与FAO合作，积极支持面临土地严重盐碱化（土壤中盐含量不断增加）的中东和北非国家改善土壤的努力。IAEA对来自10个国家（伊拉克、约旦、科威特、黎巴嫩、阿曼、卡塔尔、沙特阿拉伯、叙利亚、阿拉伯联合酋长国和也门）的60位科学家进行了培训，他们现在正在使用核技术和同位素技术来提高耐盐碱农作物的产量。5年来，上述地区的农民在IAEA与FAO的帮助下成功地种植了各类农作物。

核技术在核电站发电领域的贡献众所周知。但是，大多数人并不知道该技术对其他领域应用的影响更大。研究表明，利用放射性同位素已大大改善了医学、农业和现代工业的发展进程，不断的创新应用将继续为人类生活质量的提升做出新的贡献。

核技术不仅可以提高农作物的产量，而且也更为环保。将放射性示踪剂与已知数量和种类的肥料结合可以帮助确定相关的养分效率。因此，该技术可以大大减少所需的肥料量，减少农民的成本，并最大限度地减少对环境的损害。另外，辐射技术在作物新品种开发中的应用将提升农作物辐射利用的经济价值，其中包括水稻、大麦、小麦等突变品种或栽培品种。

核能辐射育种是利用核技术农业应用的一个重要分支学科，核能辐射诱变技术应用于植物品种改良已经为全球粮食安全作出突出贡献。根据FAO/IAEA联合中心突变品种数据库统计，截至目前，世界各国已在214个植物物种中利用诱变技术创新种质培育新品种超过3 360个，为世界许多国家每年带来数十亿美元的经济收益[1]。

中国是核能辐射育种领先国，到2020年，育成和审定的农作物突变品种数为1 033个，占同期国际上育成突变品种总数的近1/3，为保障国家粮食安全、推进农业绿色发展、助力打赢脱贫攻坚战、全面实现乡村振兴发挥了独特作用，也为世界粮食安全、消除饥饿作出了重要贡献[2]。核农业技术的应用在埃及具有非常巨大的应用前景和良好收益，与中国在上述应用领域的合作潜力同样巨大。

八、灌溉农业

随着COVID-19在全球不断反复，在多国呈现胶着状态，人类将不得不适应在与病毒共存的全新生存模式下寻求发展。埃及当前的疫情形势扑朔迷离，外部政治、安全和其他公共危机考验层出不穷。出于对未来不确定性的战略考虑，埃及越来越重视粮食安全问题，尽其所为开垦土地，穷极所能开发水源，更有"复兴大坝"的强烈危机预期，迫使埃及在开垦、灌溉、海水淡化、水资源再利用等领域不惜成本投入巨资，以期缓解国民不断膨胀的担心和忧虑。

埃及是一个沙漠国家，横跨肥沃但多变的尼罗河。几十年来的人口迅猛

---

① 刘录祥，2021。
② 中国科学报，2021年9月28日。

增长和农业生产的快速增长使该国的农业一直处于不稳定和对未来的不确定状态。农业是埃及经济的主要组成部分，较高时期曾占到埃及国内生产总值的14.5%。农业部门的就业率占埃及全部就业率的28%，贫困最为严重的上埃及超过55%的就业与农业有关①。在水资源方面，埃及97%的水源来自尼罗河水，而源自埃塞俄比亚高原的青尼罗河占据了埃及境内尼罗河总水量的80%。根据多年前达成的尼罗河水资源分配协议，埃及占有555亿立方米，但是年用水需求为800亿立方米，实际可用水量为600亿立方米，其余来自深层地下水、海水淡化和少量降雨等。但是自从2011年5月埃塞俄比亚开始在青尼罗河上建造复兴大坝之后，埃及就对其尼罗河水源的份额越来越感到担忧，并不断对此做出各种努力，以延缓大坝的建成和投入使用。

埃及的农业用水量已占全国用水量的85%，高于全球平均水平，其中灌溉用水占农业用水量的90%。埃及人均用水量不足600立方米，低于联合国确定的人均用水标准（1 000立方米），在自然资源有限的情况下，埃及的农业日益面临水资源短缺和人口增长的严峻挑战。此外，还由于蒸发，埃及每年损失100亿立方米的灌溉运河水，尽管如此，埃及政府仍然有很多方法可以减少这种水的流失②。例如在节水技术领域，埃及近年来在农业研究领域不断投入大量资金，以便在农业的各个领域取得持续进步，以适应农业可持续发展的要求。为弥补供水不足，埃及还持续加大了对农业用水的再利用（达130亿立方米），并加大对尼罗河谷地及三角洲地区地下水的利用（达65亿立方米）。尽管埃及在水资源危机挑战下采用各种途径节约每一滴水，但仍有9 840万埃及人生活在"水贫困线"的标准50%以下，低于国际1 000立方米的标准。据估计，埃及的水资源消费量与供应量之间存在每年至少210亿立方米的缺口。埃及的用水量标准应该达到1 100亿立方米，而埃及目前每年实际仅使用了6 000万立方米③。

今后的10年，将是埃及农业发展的关键时期。但是面临如此极度缺水的状况，加之不断升级的地区水资源争端，逼迫埃及不得不积极考虑灌溉节水等技术对埃及水资源危机解决的重大意义。而中国在数十年的节水灌溉农业实践中积累了丰富的实践经验，中埃农业灌溉与节水领域的合作对于推进中埃农业的

---

① 中非贸易研究中心，2017。
② Nader Noureldeen，埃及开罗大学农业学院土壤科学与水资源教授，2020.8。
③ Mohamed Abdel Atti，埃及水利和灌溉部长，2018.10。

务实合作意义重大。

（一）埃及土地现状及灌溉的模式

埃及的农业用地为1 000万费丹左右，属于农地较为匮乏的国家。在当前埃及可耕种土地严重不足、现有土地肥力加剧退化、农地流失不断加剧等日益紧迫的挑战下，埃及在短期内无法看到设施农业等现代农业科技对农业高产的作用，不断将眼光投向境内占96%以上国土面积的沙漠、戈壁和绿洲及滩涂等贫瘠土地的开发。近年来，埃及历届政府不断探索土地的开垦方式和手段，也确实形成了一些成效，一些往日荒芜的土地被一片片农田以及设施大棚所替代。

——调水及沟渠工程。历届埃及政府先后推出了一些引水治沙垦地的宏大工程。1979年启动的"和平渠工程"是西水东调，将尼罗河水东引至西奈半岛，开辟耕地；20世纪90年代中期，埃及发起了北西奈开发项目，开采地下水建设试验农场；1997年启动图什卡工程，建造800多千米的引水渠和灌溉网，将纳赛尔湖的水向西引至西部沙漠和绿洲，将6个主要绿洲连为一体。1952年起，建立尼罗河水资源灌溉控制系统，整个系统由8万多千米的大小水渠、3万多千米的人工河道、560多座大型水泵站以及2 200多个配套水利设施组成。

——沙漠开垦工程。2015年，埃及总统赛西曾提出将10亿公顷沙漠土地变成农田的计划。但这意味着每年将需要800亿立方米的水，已超过埃及尼罗河的总水量。此外由于城市化造成的耕地减少和环境恶化造成的水资源减少，农业生产的增长跟不上人口的增长，水资源的日益减少更是令埃及农业发展雪上加霜。2020年，埃及在全国范围内推广农田开垦项目——"150万费丹项目"，该项目也称埃及400万费丹土地改良计划，完成后将大大缓解埃及粮食供应紧张的问题，最终实现埃及20%的农产品自给，从而创造大量外汇，为埃及提出的"2030愿景"目标和"体面生活"提供战略保障。

为确保新开垦的沙漠农田重新沙化，埃及开发水源的具体手段主要有以下两种：一是增加上游来水。通过增加对尼罗河上游的大型沼泽和亚盆地开发治理，每年可使阿斯旺水坝入库水量增加140亿～180亿立方米。埃及极力反对埃塞兴建复兴大坝就是基于这样的背景。二是开发地下水资源。尼罗河谷及三角洲浅层地下水的贮量约为5 000亿立方米，西部沙漠深部含水层中富集有约40万亿立方米的地下水，可开发潜力巨大。此外，埃及还对微咸地下水进行淡化，通过收集雨水等措施增加淡水。马特鲁省（Matrouh）的农田集雨项目已取得一定成效[①]。

——节水灌溉工程。虽然提高单位面积和耕地面积的产量可以提高产量，但这些措施仍然不能满足日益增长的需求[②]。从埃及当前国内的实际情况来看，人口、贫困等问题依旧严峻，这也是对塞西总统治理国家的一个极大考验。对此，塞西曾雄心勃勃提出将寻求通过投资额达1万亿埃镑（625亿美元）的现代灌溉项目来挽救尼罗河在埃及的"每一滴水"。

目前埃及能够采用和利用的最有效节水措施是改进灌溉网络，改善灌溉方式。埃及将田间引水渠加以衬砌，这既缩减了建渠占地、减少了渗漏，又增加了流速。尽量淘汰漫灌、沟灌，改为喷灌或滴灌。在实践过程中，埃及大力推行低压喷灌，因为这一技术比漫灌节水60%，比高压喷灌节水30%。逐渐减少需水量极大的水稻种植，改为进口，同时加强农技人员的科研攻关，培育生长期短、耐干旱的优良作物品种。埃及的一些绿色果蔬产品已成为出口创汇的新增长点。农田排水的利用是一大节水方向。目前埃及农田排水的利用量约90亿立方米，利用率不到50%。政府已规划加大投入提升回收利用率。

——强化立法和机构。埃及政府对机构设置、技术研发推广、经费使用等方面进行综合规划，并通过立法规范水资源的开发和利用。埃及的水资源实行统一集中管理，水资源与灌溉部整合所有水管理职能，促成各区域对水资源管理的分工协作；1996年，埃及成立了用水者协会。政府在统筹的基础上，将水资源管理权限下放，激发基层的节水积极性；埃及政府在节水技术推广、农业科研攻关等方面也起到较好地统筹作用；利用市场机制，采取价格杠杆，根据不同用水对象和用水地区，制定差异化的水费标准；埃及水资源与灌溉部利用遥感、定位等技术监控河水。加强对地下水的研究，于1953年建立地下水研究所，利用观测监控网监测地下水水位和水质变化，后于1975年并入综合性的研究机构水研究中心。

然而，若国家治理不能以人为本并放任人口、贫困等问题自由发展，那么任何企图通过水源开发利用等手段解决粮食问题的措施都将无济于事，粮食安

---

① 张瑾，上海师范大学非洲研究中心，2020。
② Gamal Siamu，开罗大学农业经济学家，2020。

全问题也无法从根本上得以解决。因此除了在技术层面加大对水资源的开发以外，在国家战略规划方面，必须对所有能够对水资源使用产生影响的因子进行整体规划，并制定国家战略计划才是有效的手段。

在推动自身水资源开发和利用方面，为了应对水资源缺乏对埃及未来的威胁，保障国家水资源的安全，并满足各个经济部门的需求，埃及将水资源管理战略与埃及"2030年愿景"目标进行对接，形成了一系列水资源管理与发展战略目标，一些目标甚至包括了2050年的相关战略目标与任务。根据埃及的特有地理特征，埃及的土地灌溉模式大致可以分为沿尼罗河湿地灌溉模式、沙漠腹地灌溉模式以及特有的沙漠绿洲灌溉模式。

1. 三角洲及河谷农业灌溉模式

该模式主要体现为地表灌溉体系。这种大量修建引水渠的做法，造价低廉，效果明显，直到今天，埃及还在各地广泛采用。埃及尼罗河的河谷流域以及三角洲地区是埃及传统的也是最大的农业灌溉区，河谷旧土地上的灌溉系统主要依靠重力灌溉和水提升系统的支持（0.5~1.5米），该区域灌溉总面积估计为345万公顷（占该国总面积的3.4%），耕地面积估计为500万公顷，其中85%位于尼罗河谷及其三角洲地带。由于该区域地域狭窄，人口众多，上述地带的农作物种植强度达到了146%。

该区域用于灌溉的水大部分是地表水，另一部分来自地下水。每年平均用于灌溉的水资源大约为66亿立方米，其中尼罗河每年提供57亿立方米，其余的约8.5亿立方米来自地下水，剩下的部分则来自被再利用的农业废水。考虑环境等因素影响，埃及法律禁止在位于灌溉系统末端的新填海区进行地面灌溉，这样更容易出现缺水的风险。在该区域农民必须使用喷灌或滴灌，这样的灌溉模式更适合埃及绝大部分地区的沙质土壤。埃及农业的最大限制就是灌溉用水，因此水资源的综合管理一直是该国各种发展战略所围绕的核心内容。

尼罗河流域灌溉系统总长约1 200千米，自阿斯旺高坝一直延伸至地中海。阿斯旺设有2个大型储水坝（低水坝和高水坝）。尼罗河在埃及流域共有7个主要拦河坝，通过分级的输水渠将河水输送至流域延伸线上密布的灌溉渠网。其中包括1.3万千米的公共运河主渠道、1.9万千米的公共运河二级（分支）渠道和10万千米的第三级私人水道，这些水道构成了埃及田间的主要灌溉形式。另外，免费的排水网络覆盖约27.2万千米，其中主要排水渠为1.75万

千米，开放的二级排水渠为4 500千米，地下埋藏式二级排水沟为25万千米
（图5-12，表5-1）。

表5-1　埃及装备灌溉的地区分布

序号	省份	合计（公顷）	地下水（公顷）	地表水（公顷）	占比
1	Janub Sina（South Sinai）	3 394	3394	0	0%
2	As Suways（Suez）	7 998	188.66	7 809.34	0%
3	Al Qahirah（Cairo）	8 062	190.17	7 871.83	0%
4	Bur Said（Port Said）	10 345	244.02	10 100.98	0%
5	Al Jizah（Giza），West	10 752.9	10 752.9	0	0%
6	Dumyat（Damietta）	46 067	1 086.63	44 980.37	1%
7	Al Wadi/Al Jadid	49 999	49 999	0	1%
8	Shamal Sina（North Sinai）	57 831	57 831	0	2%
9	Aswan	61 674	1 454.77	60 219.23	2%
10	Al Iskandariyah（Alexandria）	64 740	1 527.09	63 212.91	2%
11	Al Jizah（Giza），East	74 654.1	1 760.95	72 893.15	2%
12	Al Qalyubiyah（Kalyoubia）	79 989	1 886.79	78 102.21	2%
13	As Ismailiyah（Ismailia）	87 945	2 074.46	85 870.54	3%
14	Beni Suwayf（Beni-Suef）	117 858	2 780.05	115 077.95	3%
15	Suhaj	130 001	3 066.48	126 934.52	4%
16	Al Minufiyah（Menoufia）	134 662	3 176.42	131 485.58	4%
17	Matruh	135 296	135 296	0	4%
18	Asyiut	141 719	3 342.88	138 376.12	4%
19	Qina	158 055	3 728.22	154 326.78	5%
20	Al Gharbiyah（Gharbia）	165 262	3 898.22	161 363.78	5%
21	Al Fayyum（Fayoum）	181 357	4 277.87	177 079.13	5%
22	Al Minya（Menia）	202 978	4 787.87	198 190.13	6%
23	Kafr-El-Sheikh	265 731	6 268.09	259 462.91	8%
24	Al Daqahliyah（Dakahlia）	268 254	6 327.6	261 926.4	8%
25	Ash Sharqiyah（Sharkia）	333 729	7 872.03	325 856.97	10%
26	Al Buhayrah（Behera）	623 825	14714.85	609 110.15	18%
	总计	3 422 178	331 927.02	3 090 250.98	

数据来源：Nile Basin Water Resources Atlas，2016—2017年。

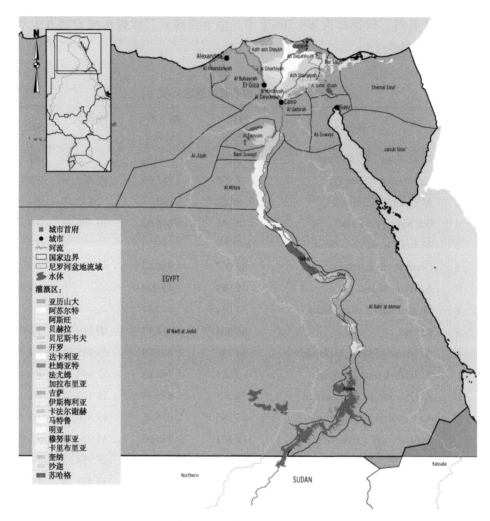

图5-12　埃及尼罗河谷及三角洲的主要灌溉区域

（资料来源：atlas.nilebasin.org）

2020年4月，埃及农业部提出了一项针对在2018年制定的节水灌溉改良计划，即对现有的地表灌溉系统进行大规模替代改造，投资1 837.39亿埃镑实现500万费丹面积全滴灌系统。

本书首章提及，在水资源危机的重压下，埃及为全力打造对水资源高效输送和减损的设施，在2020年开始在全国范围数万千米的防渗漏灌溉水渠，以节约每一滴从尼罗河流出的水。

2. 沙漠农业灌溉模式

该模式主要使用滴灌等旱作节水技术开展对小麦、水稻等主要农作物的种植，以及广泛采用耐盐碱农作物品种进行种植。作为国土面积94%是沙漠的埃及，近几年农业项目发展势头良好，许多国外投资者开始来埃投资农业项目。另外埃及也在积极引进外资，鼓励投资农业项目，所以从长期看，作为沙漠农业中必需的水井钻探工程，其需求势必越来越多，但埃及当地的水井公司众多，竞争激烈，必须要靠先进的钻井技术、良好的配套设备，才能在这个市场生存发展下去。

西奈半岛因其重要的政治安全意义和土地开发潜力也是埃及开发沙漠荒涂的重要对象。塞西总统在2020年上半年两次就做好西奈地区的农业灌溉现代化和西奈半岛开发项目发表公开谈话。塞西强调西奈必须实行农业灌溉现代化，提高灌溉效率并结合各地情况解决土地盐碱化问题，足见埃及对西奈半岛的开发决心。

3. "绿洲农业"灌溉模式

绿洲灌溉模式是埃及所特有的模式，主要以围绕着埃及的一些绿洲生态特点而发展起来的灌溉模式。结合了湿地的明渠灌溉、沙漠的暗渠及水井灌溉模式，同时考虑绿洲水源的高盐碱性特点，埃及很多绿洲也采用了滴灌等先进的节水模式。

众所周知，"绿洲农业"是埃及最著名的农业文化遗产项目之一。在埃及农业文化遗产章节部分已提及，埃及极具特色的绿洲农业是埃及自古王国以来原住民长期改造当地生态和农业建立起来的特殊农业体系中最成功的经验之一。这种完美结合了多种适应恶劣环境生长的枣椰等作物，在明暗渠及现代节水灌溉技术的保障下，为当地的生态保持和人民生计提供了最大限度的可能。因此埃及的绿洲农业也由此驰名世界，并被列为世界农业文化遗产项目之一，其中以"锡瓦绿洲"为代表的绿洲农业是埃及最具代表性的绿洲农业之一。

（二）埃及灌溉领域开发的最新动态

当前，埃及政府深刻地认识到在水资源危机的重压之下，任何对水资源节约与开发的技术创新，都将对埃及的农业发展产生巨大的影响。为此，埃及通信和信息技术部及农业与土地开垦部在改善埃及农业灌溉和加强水资源管理与利用方面开展合作，力图推进埃及的通信和信息技术在农业生产中的应用，有效提升埃及的节水灌溉水平。其中重点是使用人工智能（AI）技术，进一步增强农业生产者的技术能力。该人工智能AI技术可以有效地分析针对埃及农业灌溉系统运行效率的数据，准确反映其对水需求的动态信息。同时，将更加准确地预测季节性需水量，提高埃及农业部门进行水资源和灌溉预先规划的能力。该技术预计将在不久可提供基于手机应用程序的自动化服务系统。另外它还将对埃及的粮食安全预警以及相关应对举措甚至应对气候变化影响发挥作用。人工智能应用程序的广泛应用也是埃及目前积极倡导的工作治理改进的重要工具之一，特别是在埃及政府不久的未来移至新行政首都（NAC）的情况下，上述要求将变得更加迫切。

此外，为确保水资源的正常使用，对冲复兴大坝对其未来水资源获取带来的巨大不确定性，埃及还加快了对其所有类型水资源进行统一规划和开发的力度。为此埃及还专门推出了《2037年国家水战略》框架（NWRP），旨在保护埃及的可用水资源，包括其在尼罗河水、地下水、非常规资源和农业用水中的份额。目标是将农业、工业和家庭用水量减少到当前用水量的80%。该计划还拟通过在沿海地区实施海水淡化、现代灌溉、中水回用和尼罗河谷以外地区的集水计划来应对水资源危机。

在外部资源的利用方面，埃及政府还积极与各类国际组织、相关国家广泛开展农业灌溉、节水领域的合作。

——国际组织参与埃及灌溉领域的合作进展。由于埃及农业在非洲的重要地位和影响，因此目前在埃及驻有很多联合国机构开展各类援助与发展工作，特别是联合国粮农三机构（UN RBAs）[①]。三机构之一的FAO于2018年与埃及水资源和灌溉部、农业部合作启动了"支持新开垦区的可持续水管理和灌溉现代化"项目，借助FAO的经费和监测、遥感等技术来推动新垦区的开发。此外通过国际发展援助经费分配给水务部门，用于排水和灌溉泵站修复等项目。国际农发基金（IFAD）多年来通过各种金融组合项目与埃及政府在水资源管理以及灌溉领域开展了大量的卓有成效的合作，为埃及的不发达地区、荒漠和沙漠地区的农业可持续发展做出重要的贡献。埃及水资源和灌溉部与世界粮食计划署（WFP）在上埃及（埃及南部）也开展了颇具成效的水资源与灌溉合

---

① 即联合国粮食与农业组织（FAO）、世界粮食计划署（WFP）和国际农发基金（IFAD）。

作项目。双方目前正在为埃及阿斯尤特（Assiut）、苏哈格（Sohag）、基纳（Qena）、卢克索（Luxor）和阿斯旺（Aswan）这5个省份的农民实施若干项目，通过推广先进的灌溉系统，提升土地对水资源的利用率，同时改进当地的农产品物流销售系统。此外，加大对农民的教育和培训力度，以更好地帮助当地农民有效利用现代灌溉系统，提高劳动生产率和水资源利用效率。

——美国参与埃及灌溉领域的合作进展。长期以来，美国是埃及的最重要合作伙伴之一。美国的国际开发署（USAID）代表美国政府与埃及自20世纪70年代末就开展了农业生产与能力提升合作，并连续投入了数百亿美元之多的援助资金。通过农业水资源、灌溉、减贫等关键领域的长期合作，在埃及建立了较为深厚的农业合作关系，也为美埃外交关系的稳固打下了坚实的基础。近年来，美国政府委托USAID以及国际食物政策研究所（IFPRI）等相关机构、基金组织和私营部门等与当地农业协会和农村合作社广泛开展合作，形成了体系化的农业可持续发展合作模式。例如前章亦提及的在2020年6月与将与埃及开展的5年五项重大农业领域的项目合作，其中就包含水资源与灌溉领域的合作项目。另外美埃积极策划建立的"水卓越中心"项目（The Center of Excellence for Water）就是美埃在水资源开发与应用领域最具代表性的合作项目。该卓越中心的项目运行理念与模式颇有WFP在世界各地广泛推广的"卓越中心"项目（The Center of Excellence）。由此可见，美国在全球的粮农国际事务领域中开展援助与发展工作的影响力。

——欧盟。从长期的历史看，埃及作为欧洲国家特别是英法等国重要的战略支点和利益所在，埃及的稳定和发展对于欧洲具有特殊的重要意义。回溯英法百年来在埃及实施的资源掠夺和在埃及实行的"单一化作物种植模式"，这一重要性不言而喻。近年来，欧盟国家也面临着持续巨大的难民潮等人道主义挑战和因自身分裂的困境而带来的发展瓶颈，欧盟特别是地中海沿岸的南欧国家，出于自身的利益和国内政治稳定的需要，不断加大对埃及的发展援助与合作步伐。例如此前提及的欧盟（EU）—埃及2020年"EU4WATER"多年行动倡议。该倡议即针对埃及在水质改善、水资源管理、科学灌溉等领域的短板与不足，投入巨资用于埃及的水资源开发与利用。该项目对于在2020年中迅速升温的"复兴大坝"危机，对于埃及下一步寻求多途径水资源开发利用，进而稳定地区安全形势，确保欧盟在北非的重要利益，具有非常显著的意义。

——中国参与埃及灌溉领域的合作进展。中国作为后起之秀，在埃及参与水资源开发和利用方面起步较晚，但是由于中国近年来农业现代技术的突飞猛进，农业可持续开发成功经验越来越多地被展示在世人面前，因此中国在埃及参与水资源管理与利用的潜力巨大。目前，中埃水资源管理与开发合作由于没有历史的积淀，还未找到并形成具有自身特点的合作模式，也未找到适合中埃双方共同利益的合作形态，仅仅停留在初级阶段的合作交流与低层级的合作形式。例如中国的一些企业利用自身的技术能力和优势，在埃及零星开展一些水井勘探等基础工作。中曼石油天然气集团股份有限公司为了响应国家"一带一路"倡议和埃及政府"百万费丹"农田改造计划，于2016年10月在埃及参与水井及油气井钻井等工程服务，钻井业绩和井身质量得到了埃方水利部的高度认可、取得了良好的声誉。他们钻探300口水井，用于灌溉500多平方千米种满甜菜的土地。中企在埃及地下水的开发方面有力促进了种植农业的发展，创造了上千个就业岗位。中国企业为当地农民带来了"决定性的改变"。沙漠打水井的成功为埃及持续推进"百万费丹"土地开垦计划提供了保障，将更多荒漠变成良田。

此前，埃及还与其他一些国家开展了水资源领域的合作项目。2020年，埃及与荷兰政府开始了一项新合作计划，投资约2 500万欧元，用于水资源的利用和处理，以及推动当地粮食安全。

（三）中国灌溉技术现状

中国农业发展取得了历史性成就、发生了历史性变革。粮食连年丰收，已连续5年稳定在1.3万亿斤（1斤=500克）以上[1]，农村居民人均可支配收入预计突破1.5万元大关，农业科技进步贡献率达到59.2%[2]，特别是在灌溉领域，中国灌溉面积达到7 400万公顷，居世界第一，耕地灌溉面积6 800万公顷，占全国耕地总面积的50.3%，其中微灌面积628万公顷，居世界第一。近30年来，灌溉面积增加了2 000万公顷，全国农业用水总量基本未增加，发展节水灌溉有效保障了国家粮食稳产增产和水资源可持续利用[3]，为保障世界粮食安全做出了贡献。

---

① 农业农村部，2020.4.4。
② 经济日报，2019.12.23。
③ 中国新闻网，2019.7.30。

在旱作农业方面，特别是在灌溉技术领域，经过多年的发展，目前中国节水灌溉已经达到了较高水平，建立了适合中国不同区域的节水农业综合技术系统和发展模式，使中国农业节水技术研究和产品研发及产业化水平达到国际先进水平。

中国仍然是世界上最缺水的国家之一，农业节水灌溉面积仅占有效灌溉面积的45%，滴灌和喷灌等高效节水灌溉技术只占有效灌溉面积的13.5%[①]。水资源的利用效率和整体利用调配能力仍然不足。中埃作为水资源缺乏国家，在共同推进灌溉农业绿色发展的科技创新与应用，开展灌溉排水、农业水土环境及农村水生态治理等领域的协同创新、示范和共享利用，改善农田建设水平方面有合作潜力。

九、生物质能源农业

生物质能源分为沼气、生物质和生物燃料。沼气是由在没有空气和细菌活化的情况下分解的物质产生的。沼气是无色的，比空气轻，无毒，因此如果发生泄漏，不会产生有害后果。这种气体可以直接使用或发电。生物质是没有空气也可燃烧的有机物质，燃烧的热量能够产生电能。生物质的来源通常是人的粪便、粪肥以及生产乳制品和果汁的工厂废弃物。除此之外，尼罗河大量的植物残渣、草和凤眼兰也都是生物能源原料。生物燃料主要是指生物柴油，是从玉米等作物加工产生的，可供柴油发动机的车辆使用。尽管生物柴油技术成熟，但因消耗淡水等资源严重，一些国家仍禁止使用玉米生产生物柴油。生物燃料的最大出口国是美国和巴西，而最大进口国是欧盟（EU）。

尽管人们越来越重视可再生能源，特别是太阳能和风能，但生物能源的巨大作用仍然被忽视。在埃及这个人口超过1亿的国家，生物能源的利用不高且浪费非常惊人。

埃及每天产生大约30万吨有机废物。由于沼气在埃及仍不普及，因此粪便仅以50～70埃镑/吨的低价出售。考虑成本等原因，在埃及只有大型农场（8 000头奶牛以上规模）对此肥料感兴趣。2019年，埃及农村发展生物能源基金会与军事生产部下属的卓越科学技术中心合作进行建立沼气工厂的可行

---

① 黄修桥，2019。

性研究。研究计划在6个月内完成，工厂计划在12个月内完成。预计日产量为500立方米。

十、卫星遥感农业

古埃及文明自古以来就以其在农业、建筑、天文学和自然资源（特别是矿产资源）的有效利用方面而闻名，这些成就从来都是与其所在的复杂多样的自然环境有着密切的关联。埃及位于非洲最大的沙漠撒哈拉沙漠的东部边缘，约95%的土地是干旱的沙漠，河流携带的富含营养的黑色土壤使埃及人得以迅速发展起来以农业为基础的繁荣经济。然而埃及在近现代以来，由于所在地区的政治、经济影响力不断增加，地缘冲突不断升温，导致上述地区的人类活动不断加剧，由此带来了人口持续激增。随着埃及社会活动的不断演进，加之尼罗河谷狭长拥挤的生存环境挤压，导致了埃及的社会经济结构随之也发生了重大变化，一些无序的发展或者竞争有时甚至产生了破坏性的变化，特别是埃及赖以生存的农业生产受到上述的影响尤为严重。而近年来诞生的农业卫星遥感技术的应用，为埃及动态监控人类活动与农业生产进程，综合评估农业生产效率和应用模式带来了最佳的解决方案。因此，农业遥感技术越来越成为埃及监视本国农业生产环境变化并对农业生产的人为影响因素进行评估的最有效手段。

埃及具有世界上任何地方都鲜见的集多种地质、地貌为一体的特征，这种具备"独一无二"类型特征的国家具有较高的研究价值。从地理上看，作为中纬度国家，埃及辽阔而平坦的国土适合进行宽范围的卫星遥感覆盖。应用该技术将有助于全面了解埃及的大多数独特环境特征，并在此基础上进行农业开发，如果不使用卫星遥感方法，对于埃及这样具有独特地质、地貌特征的国家进行综合研究将是一项异常艰巨的任务[①]。

埃及的卫星遥感技术应用始于20世纪70年代中期，在初期主要处于技术实验和探索阶段。埃及最初的农业遥感技术源自美国，埃及与美国最早曾联合实施过一个农业卫星遥感联合项目并建立了一个遥感中心，获得的数据最初的主要用途是支持埃及的国家项目在城市化和农业生产方面的需求应用，不过主要还是用于对埃及的农地进行遥感测绘并获得初步的研究数据（图5-13）。

---

① Salwa F. Elbeih，Abdelazim M. Negm，2019.

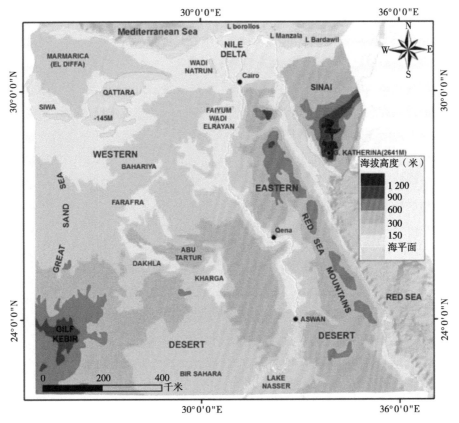

图5-13　通过卫星遥感技术获得的埃及尼罗河谷及三角洲的地形（Topographic map of
Nile Valley and Delta in Egypt by satellite remote sensing technology）

（资料来源：Salwa F. Elbeih，Abdelazim M. Negm，Andrey Kostianoy，2019）

　　通过卫星遥感技术获得的埃及地形图中可以看出，埃及多数地形平坦，除
去位于西南角的大吉勒夫高地（Gilf Kebir）和南西奈的凯瑟琳（Katherine）
山区地势较高，超过900米甚至1 200米，海拔均在0～300米，部分洼地甚至低
于海平面百米之多，特别是主要的生活区尼罗河谷及三角洲地区是占埃及国土
面积最小的地理区域，海拔平均在20米左右，约占埃及总面积的3.5%。尼罗
河穿越沙漠地区，是埃及地貌的重要特征，它不仅将该国分为两个不同的自
然区域（西部和东部沙漠），而且还影响了埃及的人文和经济。在地质演变的
历史过程中，尼罗河的冲刷形成了一个狭长的河谷以及一个扇形的巨大三角
洲，随着时间的演变，尼罗河谷向北逐渐扩大，从最初的南部到贝尼·苏韦夫
（Beni Sweif）。曾经有一段被称为努比亚尼罗河（Nubian Nile）的河段在阿

斯旺（Aswan）以南约6千米处的第一瀑布以南，一路奔腾向北的尼罗河在这里曾穿越一个两侧峭壁耸立、狭窄湍急的山谷，似黄河虎口瀑布般蔚为壮观。但是现在该河段已被修建高坝而形成的纳赛尔湖（Lake Nasser）水所淹没。

如果站在区域和全球的高度思考（"Think regionally and think globally"）埃及的发展问题①，经过几十年的不断发展，卫星遥感技术已成为埃及深入了解本国土地状况以及地质特征并对农业生产进行科学管理的重要工具。遥感技术也从最初的地质勘探和农业土地开发利用领域逐步扩展至涵盖了自然资源勘探、水资源开发与综合利用、城市规划、土地覆盖变化、作物监测和预报、沿海环境管理、空气污染监测、干旱地区勘测等各个方面。特别是遥感技术与GIS技术②的集成也已深入应用于地表水和地下水的勘探，进一步增强了埃及对自身资源的认知和掌控能力，也为未来可能出现的水资源危机和挑战的应对做好了坚实的技术贮备。除了政府之外，遥感技术也已经普及到埃及的学术机构甚至社区用户中，研究领域也逐步扩展至整个环境可持续发展应用领域，并为中东和北非地区扩展这项技术起到了引领的作用。

在埃及农业遥感技术的应用以及未来展望方面，埃及的遥感应用技术目前仅限于在埃及境内绘制地图资源和进行监测，而不涉及对全球自然现象与环境变化的跟踪与分析。然而对区域或全球环境、现象的关联研究通常是通过探索其对当地环境方面的影响而进行的，特别是上述现象的起源、影响因子、机制和程度的扩展研究。因此，局限于区域性的研究显著限制了埃及在遥感应用领域对国际社会的贡献。未来，埃及基于农业领域的遥感应用技术研究范围应扩大到区域和全球方面，才能够为国际农业遥感领域切实做出贡献。

对埃及在其特有地貌——绿洲、沙漠、洼地、盆地、盐碱地等开展农业实用技术应用与推广，埃及的农业遥感技术同样有较为广泛的应用领域和实用价值。由于水资源综合利用和管理是埃及当前的首要关切问题，尼罗河径流水资源和沙漠、绿洲的浅层地下水及努比亚深层砂岩地下水是埃及这个干旱国度的唯一来源。将卫星遥感技术应用于埃及的水资源管理实践中，将有助于更好地应对未来水资源的挑战并探索可持续水资源综合开发与管理的科学途径。

---

① Mohammed E. Shokr，2020.
② 即地理信息系统（Geographic Information Systems），多学科交叉产物，以地理空间为基础，采用地理模型分析方法，实时提供多种空间和动态信息，该信息技术支持系统在未来农业生产应用中将起决定性作用。

此外，在未来开展中亚和北非地区有关沙尘暴、污染物输送与传播、水资源综合利用与管理、区域气候变化影响、病虫害扩散跟踪乃至人口迁移等区域性现象，以及作物分类、干旱监控等具体领域均有较大的发展潜力。

对于埃及未来在全球领域如何参与农业遥感合作与协作，应主要从以下几个方面入手。首先，应积极鼓励公共私营部门为项目提供足够的资金支持，政府应做出更多承诺和努力，确保遥感技术在各类研究应用领域中得到广泛应用。其次，应该积极与领先的国际同行加强务实合作，通过共建联合实验室和研究中心，建立国际合作平台，吸纳更多的应用遥感技术和相关技术的科学家。特别是与在农业遥感领域领先和具有成熟经验的国家在对土地资源监测和综合利用领域的合作，这对于埃及有效控制目前严重的土地资源流失状况，充分挖掘耕地潜力，确保粮食安全和地区稳定方面，具有十分重要的战略意义。本书即将出版之际，埃及高等教育与科技部与埃及国家遥感和空间科技局（NARSS）、中国农业科学院农业资源与农业区划研究所（CAAS/IARRP）、马来西亚博特拉大学（Universiti Putra Malaysia）等在农业遥感领域领先的研究机构同时签署了三份有关智慧农业和遥感农业的合作谅解备忘录[1]，这对于埃及未来可持续的绿色农业发展，构建粮食安全最牢固的监控和评价体系，将起到不可替代的作用。第三，与不同国家和国际组织专业机构在卫星遥感领域建立固定的合作机制，逐步扩大对地中海以及红海区域的遥感监测和地质、水文调查。第四，加强与中东和北非地区相关机构之间的合作，开展当前对埃及有紧迫需求的诸如沙尘暴、污染物运输、水资源管理和区域气候变化影响等合作研究[2]。

十一、智能农业

智能农业在埃及方兴未艾。为了在埃及的农业领域采用新智能技术，埃及政府开始尝试应用湿度传感器系统来调节灌溉和提高作物生产力。2020年12月，埃及灌溉部长穆罕默德·阿卜杜勒·阿蒂在法尤姆省（Al-Fayoum）推广上述技术时表示，埃及农民有可能在6个月内实现在家中灌溉和管理自己的土地。

---

① The Egyptian Gazette，2021.12.2.

② Salwa F. Elbeih，Abdelazim M. Negm，2019.

　　埃及水利部计划部门负责人埃曼·赛义德（Eman Sayed）表示，埃及将在近期实验采用新的数字化系统，包括使用种植在土壤中的湿度传感器来测量土壤中水分的百分比，然后将数据通过卫星信号传输到农民的移动应用程序中。该实验目前正在沙迦省（Sharqia）进行。目前传感器已被植入试验田地并连接到该部，该部可以在远端了解土地的湿度以及是否需要灌溉等信息。农民在家中也可以很方便地知道何时需要灌溉土地。

　　埃及由于对农业生产力提升的关注以及对大幅提升农作物产量的高度期待，推动了埃及对智能农业的强烈需求，目前发展智能农业的趋势显著，上述正在推动的项目旨在创建一个数字数据库和服务，以收集有关土壤和农作物的准确数据，确保能够获得较高的田间生产率和高质量的信息质量。对此，在2020年9月，埃及农业和通信部同意就加快农业服务的数字化开展合作，例如使用手机应用程序帮助农民进行农业交易、病虫害防治以及了解播种、灌溉和收获日期。此外，埃及农业部门也在埃及推广使用一种称为农民智能卡的支付卡，从多领域全面推动埃及农业的数字化步伐。

第三节　埃及农业现代化进程的关键因素

一、金融支持渠道的完善

（一）国家财政支持

　　在19世纪50年代中期，埃及农业仅占国家投资比例的9%，尽管这一比例在19世纪60年代中期由于阿斯旺大坝的修建而超过了25%，但好景不长，在1975年农业投资所占比例跌至7%，而这种下降的趋势仍没有停息。在萨达特时期的1977—1979年，农业投资分别仅占经济总投资额的4.8%、5.1%和6.8%。

　　2020年7月，埃及农业对埃及GDP的贡献已经达到了14%，农业领域的就业占埃及全部就业的28%，占农村劳动力的55%。与2009年相比，2019年埃及的农产品收入增长了20%。

　　众所周知，进口粮食首先需要巨额外汇，非洲大陆的人口在2008—2018年的10年间增长了32%，但同时期进口量却增长了68%，从2 730万吨增至4 700

万吨①。预计非洲在未来十年内仍将保持小麦进口增长超过人口增长的势头。
预计到2027—2028年，非洲小麦进口量将达到6 300万吨，比现在增长27%。
非洲大陆小麦需求的快速增长也推动了非洲在世界小麦贸易的比重，2007—
2008年非洲占世界小麦贸易的29%，到2027—2028年，预计份额将达到33%。
这种不断增长的刚性需求对于一个国家的购买力来说是一个严峻的考验。当然
这对于埃及周边的产油富国来说不成问题，但对于像埃及和周边突尼斯等外汇
短缺的国家来说，就是一个沉重负担。眼下，埃及和突尼斯等国正遭受食品价
格飞涨和金融状况恶化的双重冲击，如处置失当则可能引发新的"革命"。

为解决资金的严重匮乏，埃及总统塞西于2020年1月前往英国伦敦参加
由英国主办的21个非洲国家参加的英非投资峰会。在会上，埃及同英国签署
了一系列金融支持埃及农业、工业等部门的贷款及融资协议。特别是在2020
年新冠疫情期间，埃及与世界银行、国际货币基金等金融机构还签署了一系
列融资协议。

除了积极争取国际金融支持外，埃及还充分发掘国内金融机构潜力，通过
不断优化国内金融支持手段来进一步改善国内占绝对数量的农民的抗御风险能
力和自身能力建设。2020年6月，埃及批准了农业部的请求，同意小规模种植
者和牲畜养殖者可获得中小企业贷款，这些小型农场现在有资格以5%的补贴
利率获得贷款。这与埃及央行2019年底的1 000亿埃镑行业刺激倡议不同，该倡
议起初针对年销售额在10亿埃镑的企业，后来扩大到包括作物、鱼类、家禽和
畜牧业公司，这些公司可以获取利率在5%~8%的软贷款。其中，埃及的家禽
项目被纳入埃及中央银行（CBE）的一项投资倡议，该倡议投资额达1 000亿埃
镑，通过银行提供利率为5%的优惠贷款，主要将投入制造业、农业和房地产
领域。同期，埃及还宣布将在新的2020—2021财政年度中特别增加对农业和灌
溉部门的财政拨款，增幅预计为2%，以增强国家应对粮食安全风险的能力以
及在COVID-19危机中对埃及的粮食进口及农产品贸易等进行合理化管控。

在2020年疫情开始时，埃及CBE行长塔雷克·阿梅尔（Tareq Amer）曾表
示，该银行发行了1 000亿埃镑的担保，通过提供8%下降率的贷款来增加对农
业和工业部门的贷款。在疫情较为严重的时期，埃及计划部长哈拉·赛义德
（Hala al-Saeed）提出计划在2020—2021财政年度预算中增加345亿埃镑（约

---

① Michael King，world-grain.com，2019.2.15.

合21亿美元）预算，从而使埃及年度总预算达到1.73万亿埃镑（上一年度埃及的农业预算为339亿埃镑），此举用以增强国家的粮食安全应对能力，合理化埃及的粮食进口管理。

为进一步增强埃及的农业生产能力，更好地抵御因疫情带来的粮食安全风险，埃及提出了5项农业支柱计划。

第一项支柱计划：至2021年将埃及的小麦耕种面积增加约20万费丹，从而使总耕种面积达到360万费丹。根据埃及商品供应总局的数据，作为世界上最大的小麦进口国，埃及2019年从俄罗斯、罗马尼亚、乌克兰、法国等国购进了1 302万吨小麦（2018年为1 241万吨）。2020年，埃及在本季采购360万吨小麦。

第二项支柱计划：考虑埃及油料作物的自给水平很低，埃及计划将油料作物的种植（大豆、向日葵、花生）扩大到22万费丹。2020年1月埃及政府发布的政府报告显示，埃及每年进口的油料作物产品达250亿埃镑。

第三项支柱计划：在不增加甘蔗的耕种面积基础上，进一步提高糖类作物的产量。

第四项支柱计划：将甜菜种植面积扩大到4万～6万费丹。

第五项支柱计划：在冠状病毒蔓延导致消费量增加的情况下，将进一步提高关乎国家粮食安全的主粮作物的自给水平。

埃及供应部曾在4月宣布，埃及将在全国范围内建立新的大型战略储备仓库，以实现埃及至少8～9个月的粮食自给自足，以应对任何类似COVID-19的影响。对此，2021年世界粮食系统峰会特使艾格尼丝·卡里巴塔（Agnes Kalibata）呼吁埃及政府应在未来10个月中，对粮食安全体系的农业投资增加1倍，这样才能确保埃及的粮食安全。

埃及计划部的上述农业刺激计划旨在进一步提升埃及农业对冠状病毒影响的抵御力。特别是在疫情下大多数国家实行封锁，导致埃及缺乏进口农产品，特别是小麦等战略性商品。

在埃及新冠疫情发展进入高峰时期的7月，埃及规划部长哈拉·萨伊德（Hala El Saeed）表示，埃及计划在7月开始的2020—2021财政年度内，向该国农业部门投入前段提的345亿埃镑资金，比当年增加约2%。水利和灌溉部在2020—2021财年的投资估计为83.2亿埃镑，主要来自国库。政府的目标是在下一个财政年度将农业生产投入资金增加14.5%，达到107.5亿埃镑，而2020年的投入额为93.8亿埃镑。

与此同时，农业部门在该国国内生产总值中所占的份额计划增加14.7%，达到768亿埃镑，占GDP的11.8%。埃及的农产品出口预计还将增长5%~10%，达到27亿美元。

埃及的劳动密集型农业部门是工业投入的主要提供者，也是农村地区工作机会的主要来源。埃及非洲商人协会（EABA）在4月表示，埃及的农业部门并未受到冠状病毒危机的影响，并补充说埃及有足够的战略粮食储备，预计可持续3个月。

（二）国际金融融资

国际外汇储备及汇兑业务一直以来都被认为是埃及经济的主要金融资源之一，也是埃及众多小农产业经营者维系生机的重要血脉。然而，这条重要的"金融血脉"却经常因为各种原因变得十分脆弱，给广大的埃及小农生计带来了巨大的不确定性。特别是2020年新冠病毒疫情下的国际汇兑紧缩对埃及小农影响更加显著，将间接影响埃及的农业生产以及相关产业。

埃及通过采取增加外汇储备的办法，在刺激国家经济方面曾发挥了重要作用。但是随着COVID-19的全球蔓延，国际外汇储备及相关汇兑业务这一资源越来越明显地受到困扰。特别是对埃及小农的困扰将更加显著。例如在相对贫困地区的上埃及奎纳省（Qena）的农民，因疫情影响，他们的收入也受到了较大程度的影响，不得不较大程度地压缩生活必要开支以及购买相关农资的支出，这些支出的减少也将反映到他们的农业生产中。

上埃及的一位农民穆斯塔法（Mustafa）说，因疫情蔓延，他的月收入受到严重影响，每月的家庭收入至少减少了2 000埃镑，特别是他的儿子于2月从沙特阿拉伯返回后，他们的生活变得更加困难。由于资金汇兑困难，迫使穆斯塔法这个7人的家庭成员以15~20埃镑/天的收入在田间工作。

根据埃及移民部最新数据，近期类似穆斯塔法归国的海外移民子女情况的埃及人有20 000多名，他们大多是因冠状病毒危机爆发以来从海湾国家和欧洲返回，埃及在海外移民总数有1 300万。

因新冠疫情影响，目前海湾国家削减了一些公司的外来移民工人的工资，削减最多达到了70%，这是由于3月沙特阿拉伯与俄罗斯之间爆发的油价战之外，加之冠状病毒危机而导致全球的石油需求急剧下降而导致的。海湾石油辛迪加组织负责人侯赛因·阿卜杜勒·拉赫曼（Hussein Abdel-Rahman）表示，当前的国际汇兑汇款减少将对埃及，特别是对50%的埃及人口产生重大影响，因为目前埃及这种农民和移民家庭的数量有5 500万。

历史上国际汇款业务对埃及家庭曾造成了两次负面影响；一次是在2011年"阿拉伯之春"革命期间，数以万计的人从周边战乱国家返回埃及，生活还未完全融入埃及社会，第二次就是2020年遭遇了新冠疫情，由于国际汇款的业务暴跌而导致这些移民的购买力进一步下降，特别是农村地区的生活条件显著下降。在这种状况下，埃及的不少农民开始被迫使用劣质农产品，导致了要么更大程度上降低生活条件，使用更低质量的农产品进行生产，要么以更大成本使用进口农产品。

因国际汇款业务的减少而产生的连带效应，还包括将进一步减少耕地面积。因为农民的收入降低，被迫将人均种植5费丹的土地减少为3费丹。虽然政府为农业部门提供了更多便利以减轻疫情的影响，但还是导致了农业劳动力的较大幅度损失。此外，农民因更多地在汇款汇兑方面遇到困难而难以开展更为有效的农业生产，银行对一次性提取所有汇款的业务限制越来越严格。

自2020年3月埃及爆发COVID-19以来，埃及中央银行一直没有透露埃及人的汇款规模，仅发布了1月、2月的汇款数据，这两个月埃及人的汇款规模达13亿美元。目前埃及中央银行行长塔里克·阿梅尔对自疫情爆发以来埃及汇款的总体规模也拒绝置评。

国际汇款等业务的紧缩不仅影响了埃及，也影响了全球国家，促使国际政策制定者呼吁国际社会采取必要措施，减轻汇款量暴跌等的影响，以防扩大贫困差距。IFAD认为，由于来自欧洲和美洲以及其他国家的金融封锁，导致在国际上向埃及家庭汇款的数量受到了直接影响，由此影响了很多家庭的生计。IFAD还在国际家庭汇款日（IDFR）当天发布了最新数据，全球有超过2亿农民工通过国际汇款业务，涉及大约8亿家庭成员。IFAD呼吁各国政府减少对国际汇款的限制，同时提高对国际汇款的财务包容性。IFAD估计2020年通过国际汇款途径向发展中国家的汇款可能减少1 100亿美元，且此后多年都不会回到疫情流行前的水平。

为应对国际汇款问题，埃及外交部同期亦宣布将加入由瑞士和英国为首的一项国际倡议，并发起"支持农民、工人和移民汇款，以抵御冠状病毒传播带来的经济和社会影响及对人民的负面影响"倡议。该倡议呼吁与国际移民组织

（IOM）以及一些国际机构和国家合作，减轻冠状病毒危机对农民等人群以及家庭资金的负面影响。

当然，作为阿盟成员国，埃及自然在争取国际融资渠道时，不会不考虑同伊斯兰国家金融机构的合作。2020年7月，埃及贸易和工业部长内文·加梅亚（Nevine Gamea）宣布，埃及将进一步加强与国际金融机构的融资合作，特别是与伊斯兰国家金融机构的合作，以推动埃及疫情下农业等领域的可持续发展。目前，埃及已经与伊斯兰开发银行集团达成了338个合作项目，涉及投资金额达到128亿美元。该集团在埃及的融资业务总额约为96亿美元。

伊斯兰开发银行集团在金融投资领域主要涉及能源、工业、矿业、农业、卫生和社会服务、贸易、战略物品进口和教育部门等。考虑世界当前正面临的新冠疫情对几乎所有部门产生的消极影响，已导致全球范围内国际贸易和供应链的中断。埃及的经济像世界其他国家一样，同样由于这场危机也遭受了许多负面的经济影响。

埃及在此次疫情下，国内的供应链和全球贸易也受到了显著的影响，特别是埃及的工业部门。但是这场危机对埃及也带来了一些机遇，提升埃及各类产品的本地制造能力并替代进口将是一个重要的机会。借此，埃及正在积极谋求与伊斯兰开发银行集团及相关大型私营部门机构开展密切合作。

埃及还在加入阿拉伯—非洲桥梁贸易倡议的框架内与该银行合作，该倡议旨在发展该集团成员国与非洲地区之间的商业伙伴关系。另外，埃及还积极开展与联合国工业发展组织合作提高埃及棉花质量的"埃及棉花项目"计划，这将使许多埃及农民受益。伊斯兰私营发展公司除在许多其他领域提供资金外，还将在埃及的各个部门投资约2.3亿美元，包括食品工业和可再生能源。埃及正在积极与该集团进行谈判，以向埃及的众多急需资金支持的中小型企业提供贷款。

（三）国际项目融资

埃及近年来对借助国际大型农业项目注资加快农业转型的愿望非常强烈。2020年6月，埃及总理马德布利表示，在过去6年里，埃及的开发项目投资达到4.5万亿埃镑，涵盖了所有行业。在农业领域，由于埃及97%的水依赖于尼罗河水，而埃及人口仅依靠5%的农田生存，加之埃及是非洲唯一对水进行多次循环利用的国家，但是长期持续使用循环水将会导致水的盐碱化，此外埃及目前估计有200亿立方米的水资源短缺。但是埃及在过去6年里依然实现了前所未有的农业飞跃，共实施了281个项目，耗资260亿埃镑，国际融资发挥了重要作用。

2020年7月，埃及国际合作部长拉尼亚·马沙特（Rania Al-Mashat）表示，在COVID-19大流行期间，埃及高度重视农业部门在确保埃及的粮食安全方面发挥的重要作用。相关国际机构为埃及的13个正在进行中的大型农业项目提供了资金支持，价值5.454亿美元。项目投资方包括IFAD、AFESD[①]、USAID、欧盟和KFAED[②]以及法国、意大利、德国在内的多个国际机构。

农业和农村发展是埃及政府的当务之急，埃及政府正在密切协调努力，由于国际合作部在COVID-19期间提供粮食安全方面的帮助，因此目前优先考虑与国际机构和发展伙伴进行协调以支持农业部门。

当前重要的是为埃及农业银行的融资计划设定优先次序，使其能够更好地发挥关键作用，以满足该行业的需求。农业部也将开始推行一系列新举措，例如通过国家小牛肉振兴项目等计划，为村民家庭提供牲畜等农资，以帮助他们发展自己的小农产业。

除了在待开发地区继续发起的国家大型投资项目外，埃及还将着重开发相关基础设施，例如道路、能源、水资源多样化，以及消除贫困、能力建设、食品质量、提供就业机会和实现均衡发展等方面。

埃及农业部对通过与上述国际机构的广泛合作推动埃及的可持续发展实现飞跃充满信心。国际金融公司（IFC）驻埃及、利比亚和也门国家经理瓦尔德·拉巴迪（Walid Labadi）也强调，建立上述合作机制的所有利益相关者间发展紧密的伙伴关系对于埃及重点支持的领域的可持续发展非常重要，国际金融公司对此高度重视，也正在寻找与埃及政府和相关伙伴合作的机会，特别是支持私营部门的在农业领域的可持续投资。

欧洲投资银行（EIB）开罗办事处负责人阿尔弗雷多·阿巴德（Alfredo Abad）强调，埃及国际合作部组织的多方利益相关者合作平台为欧洲投资银行提供了一个多部门沟通的机会。这样的平台可以帮助各合作方根据埃及实际情况调整战略和进程，以确保合作计划对埃及可持续发展目标的支持并有效改善埃及广大农民的生计。

---

① Arab Fund for Economic and Social Development（AFESD），阿拉伯经济及社会发展基金（阿拉伯经社发展基金）。

② Kuwait Fund for Arab Economic Development（KFAED），科威特阿拉伯经济发展基金。

二、工业化进程的提速

近代以来，埃及出现过三次工业化浪潮，有力地推动了本国的现代化进程。在穆巴拉克执政后期，埃及经济遭遇了地租经济和实体经济双重衰落的危机。2011年中东剧变爆发后，埃及经济发展凋敝，社会矛盾突出。塞西在稳定政局后开始进行经济改革，主要内容包括金融改革、财政改革以及基础设施建设。金融改革措施包括放开汇率与提高利率；财政改革措施包括提高税收、推行销售税改增值税以及削减物价补贴；基础设施建设方面推出了多个大型建设项目。塞西推行改革可利用的资源有限，改革时间还不长，"救火"特点明显，尚未触及埃及经济的结构性问题，即如何使实体经济成为埃及经济的主体。从成效来看，塞西的改革措施阻止了埃及经济的恶化，为进一步改革奠定了基础，但埃及真正走出经济危机尚需时日。

三、抗御风险能力的提升

（一）自然灾害对埃及农业的影响

近代以来，埃及农业所面临的主要自然灾害就是突发的灾害性干旱气候以及每年冬季的暴雨和洪涝灾害。特别是近年来，埃及气候变化和气温上升，已经危及埃及北部尼罗河三角洲的原有生态系统，尼罗河三角洲历来是埃及最肥沃的地区之一，对整个国家而言，其环境和土地状况对于整个埃及的生态特别是农业生产至关重要。2020年3月在埃及三角洲地区突发的恶劣天气和暴雨显著影响了埃及2020年的粮食产量。多地沙尘暴以及强降雨连续席卷埃及首都开罗和众多地区并引发洪水。洪水淹没道路和村庄，开罗市内进水。埃及城市下水道和排水系统等基础设施落后，加剧洪灾严重程度。

尼罗河三角洲容纳埃及总人口的一半左右，尼罗河为埃及提供了约90%的国家用水需求。但近年来尼罗河的气温和干旱正在上升，海平面上升和土壤逐渐盐碱化使问题更趋严重。这些因素共同危及这个阿拉伯世界人口最多的国家安全，特别是逾亿人的粮食安全。

埃及农业和土地改良部认为，气候变化对埃及的农业部门构成了严重威胁，持续的高温加速了荒漠化的进展，威胁了生物多样性，加剧了水资源短缺，影响了作物的产量，直接造成粮食短缺和农业投资水平低下。对此，埃及水利灌溉部正在实施一项大型项目，以改进尼罗河三角洲和尼罗河谷的灌溉系统，将使500万费丹的土地用水合理化。埃及农业研究中心也已成功开发了8种耗水量更少的水稻新品种。为保护水资源，水稻种植面积将被限制在100万费丹以内。2021年4月，埃及规定全国种植水稻的面积在30万费丹以内，其中，20万费丹种植节水型水稻，10万费丹种植耐盐碱水稻。此外埃及也在实施一些大型项目应对气候风险，其中包括建立10万个温室，可全年向埃及人提供新鲜蔬菜，以控制价格上涨并引进优质农产品。另外，埃及还推动了一个150万费丹的农业产业化开垦项目[①]。

（二）病虫灾害对埃及农业的影响

在病虫害对埃及的农业影响方面，蝗灾历来是非洲国家长期面临的最大灾祸之一，特别是中部和东部非洲。据统计，自1968年非洲大旱灾以来，由于蝗灾导致非洲的可使用农田面积减少了25%。尤其在1986—1989年，毛里塔利亚、摩洛哥、马里、乍得、尼日尔、沙特阿拉伯等亚非部分国家遭蝗灾袭击的受灾面积超过了1 680万公顷。埃及近年来虽然遭受的蝗灾不是最烈，但从历史上看蝗灾并未停止过，甚至可以追溯到古埃及时期。到了近代，由于地理、气候的变化，演变成为蝗虫的起源地之一。

2013年发生在埃及首都开罗及所在吉萨平原的来自苏丹的大规模蝗虫入侵事件给埃及的农业敲响了警钟。埃及更早一次的蝗灾发生在2004年11月，再往前就要追溯到50年前。大致每隔3年，都会有一个多达1千万至1亿只规模的蝗虫群从苏丹迁移到埃及和周边地区。绝大部分埃及人甚至将此类现象视为未来的凶兆，埃及人纷纷在社交网络上留言、质问政府的软弱无能，这一度引起埃及局势的动荡。

埃及是中东和北非地区的传统农业大国，农业发展面临资源环境约束和粮食安全双重压力：人多地少矛盾突出，实现粮食自给压力较大；水资源的日益短缺和权益之争以及失控的人口增长将给埃及农业发展及粮食安全带来巨大挑战；脆弱的农业基础产业体系和粮食安全预警及抗御风险体系给农业的稳定与可持续发展带来严重的不确定性。

埃及已实现11年非洲最高经济增长率，2019年经济增长率达到5.6%，位居非洲新兴经济体首位。非洲开发银行预计，2020年埃及经济增长率为

---

① Al-Ahram online，2020.3.15.

5.8%，2021年甚至将达到6%。埃及已成为对非洲大陆经济增长贡献最大的国家之一[①]。然而在巨大的人口增长压力下，埃及维系全国人口粮食安全的努力举步维艰，埃及已经成为全球最大的小麦进口国，2018—2019年进口量已经接近1 200万吨，而产量仅为950万吨。粮食自给率已经远远低于近年一直维持的50%左右的水平。当前国内的粮食生产能力仅仅能够满足3千万人口需求，然而埃及已在2020年2月正式宣布突破1亿人口大关。任何能够触及埃及粮食安全底线的灾害对于埃及来说都将是一场灾难，因此一旦蝗灾扩散到埃及，必然会引起连锁反应，造成埃及经济崩溃，对非洲的经济也会产生巨大冲击，最终也会彻底引发地缘政治格局的崩塌。

针对发生在北非的蝗灾，埃及农业和土地改良部在2020年2月3日宣布，埃及正在边界地区加强管控，以防止最近在非洲一些地区蔓延的食草沙漠蝗虫群接近该国的农田。埃及同时也已采取一系列预防措施应对沙漠蝗虫，但是由于雨季和绿色区域的增加，沙漠蝗虫在2020年初将开始进一步蔓延，并将以埃及大量的农作物作为食物。

正如FAO分析，由于全球气候变化导致埃及气候条件发生了潜移默化的变化。特别是2020年2月底，整个埃及特别是开罗反常的低温和灾害性大规模降雨天气吸引了大量害虫并使它们的扩散潜力加倍。因此，在埃及出现了多年来未遇的反常的虫害，特别是蝗虫的为害现象。全球气候变化条件下大规模的沙漠蝗虫滋生和繁殖已经对非洲粮食安全和生计特别是仍以农业为立命之本的埃及造成了潜在威胁。

第四节　埃及农业现代化的出路

一、营造健康的经济增长环境

埃及经济近年呈现出快速增长的趋势，这和埃及政府一直奉行的积极谋求健康的经济增长环境政策有关。这种政策的核心就是努力扩大生产，尽可能适应人民日益增长的物质生活的需要，以及对生活水平改善和对"体面生活"的渴望。因此，埃及政府近年来大幅增加对工业化的投资力度，以确保整体投资

---

① 埃及内阁新闻媒体中心，2020。

环境处在健康的良性循环中。

　　根据联合国2019年发布的《世界经济形势和展望》报告，随着近几年来埃及国内需求，尤其是私人消费领域的显著增长，埃及经济预计在2019年将保持5.2%的增长。尽管如此，埃及仍然实现了连续11年在非洲的最高经济增长率。10月，埃及财政部宣布经济实际增长3.5%。埃及内阁同期也称，埃及的增长率在2018—2019年达到5.6%，而2017—2018年为5.3%。这表明埃及经济表现的持续改善以及该国自2016年以来采取的改革政策是成功的。预计埃及的增长率将连续3年并在2020年保持整个中东最佳。埃及政府对2020年全年的经济增长率定的目标是6%，但至10月仅达到一半的目标（图5-14）。

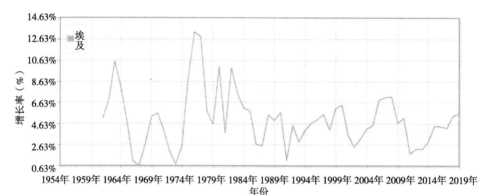

图5-14　埃及近年的GDP增长率走势

（数据来源：www.kylc.com，2020）

　　据路透社的一项调查，考虑疫情原因，2020—2021年度埃及经济增长率预计为3.1%，低于年初普遍预计的3.5%的水平。由于旅游业的快速回升、侨汇增加和地中海天然油气田的发现，埃及经济正在加速恢复。但2020年的疫情仍然给埃及带来较为显著的影响，也造成了一定的经济损失，国际货币基金组织也相应下调了对埃及经济增长的预期，但是埃及仍然是中东地区少数实现经济正增长的国家之一[①]。

　　对此，埃及政府积极采取了一系列经济举措，旨在平抑疫情对经济的负面影响，推动埃及的经济增长尽快达到预期水平。2020年10月，国际货币基金组织宣布埃及是中东和北非地区唯一在疫情期间实现2020—2021财年积极经济增

---

① 埃及《企业报》，2020.7.22。

长的国家。

埃及自2016年起实施经济改革计划，这些改革主要体现在货币浮动和逐步取消能源补贴等方面。为了加大资源筹措力度，推动改革加快进行，埃及随后在近几年朝着寻求私人融资和商业投资用于基础设施的方向进行重要的战略转变。埃及政府广泛开展与私营部门的合作，目前有1 000多家公司和将近200万埃及工人在从事国家大型项目建设，这些项目为埃及经济发展的新篇章做出了重要贡献，这些大型项目还为埃及有效应对COVID-19提供了重要的基础保障。2020年以来由于COVID-19流行，预计2020—2021财年埃及的增长率将下降至2%，但是埃及凭借上述有效的经济改革措施和实现的积极的经济增长，2021—2022财年很有可能反弹至6.5%[①]。

为了保障埃及经济在疫情下健康运转，埃及政府在8月争取到国际货币基金组织提供的27.7亿美元紧急财政援助，以应对COVID-19流行出现的国际收支不平衡等问题。6月，国际货币基金组织还批准了对埃及12个月备用安排（SBA）贷款，总贷款额约为52亿美元，以解决因COVID-19导致的国际收支融资需求。

国际货币基金组织对埃及在疫情期间的经济运行进行了评估，认为埃及有足够的能力履行其外部国际商业义务。疫情期间积极改善和发展社会安全网仍然是埃及政府的重要优先事项，埃及的金融部门正在推出更多的措施来加大对弱势群体的支持力度，以维护社会经济面的运行平稳。此外，埃及政府在支持该国经济、控制公共财政和减少公共债务的框架内还采取了更为积极和重要的举措，这些都有力地确保了埃及即便是在疫情下也能实现其成功的经济改革计划。为了确保经济改革手段落到实处，埃及政府还加大力气对公共支出审查、社会保护覆盖以及健康和教育计划等保障措施进行投入。埃及当前正在进行的结构性改革还具有一些重要的特点，包括采取措施提高政策实施的透明度和强化问责制、加强竞争和改善治理以提高资源的分配效率。

为了进一步提升埃及的经济健康程度与可持续发展能力，强化可持续基础设施项目的融资多样化对埃及经济的正向效果，埃及国际合作部还与世界银行集团联合推动了绿色融资的项目。近期准备联合在中东和北非发行价值7.5亿美元的第一批绿色债券（Green Bonds）。

---

① Egypt today，2020.10.19.

二、打造成熟的自由贸易平台

（一）自由贸易合作区

1.贸易投资领域

埃及投资部下属的埃及投资和贸易自由区管理总局（General Authority for Investment and Free Zones，简称GAFI）是埃及投资加工贸易的主要管理机构。其主要职能为：①与其他政府机关合作，分配投资用地；②受理投资者的申请和要求，如项目的建立、更改和扩建等，为项目获取进口许可，办理投资资本注册及利润转移；③应项目业主要求，代表其从有关部门获取项目建立、管理和生产所需的所有执照和批准证书；④向投资者提供技术咨询；⑤监督项目实施并收取各项费用。

为简化投资手续，提高办事效率，该机构于2005年4月在开罗率先推行一站式服务机制，确保在72小时内为外商办理完各种所需手续，这种一站式做法推广到阿斯尤特（Asyut）、伊斯梅里亚（Ismailia）和亚历山大（Alexandria）等地。

埃及的贸易投资政策较为灵活，目前已经与国际上有关国家和地区组织签订了多个双边及多边贸易协议。

（1）埃及—欧盟合作协议。欧盟是埃及主要贸易伙伴，占埃及出口的33%，进口的27%。双方拟逐步取消双边贸易关税，目前所有埃及工业品进入欧盟免除进口关税。

（2）认证工业区协议。在埃及7个指定区域生产产品，只要其11.7%的原料来自以色列，就可享受免除关税及配额进入美国市场。

（3）大阿拉伯自由贸易区协议。与17个阿拉伯国家共同签署，取消成员国间的关税，涉及人口超过3亿。

（4）东南非共同市场自由贸易协议。包括埃及在内的11个经济体。

（5）阿加迪尔协议。由埃及、摩洛哥、约旦、突尼斯共同签署，还提倡成立欧洲地中海贸易区。

（6）与美国签订自由贸易协议。拟将整个中东纳入其自贸区。

（7）遵从WTO条款。按照承诺，埃及已于2005年解决关税体制，平均关税率从14.1%下降至9%。

GAFI负责促进埃及的投资机会，并实现以下目标。

（1）为商业投资者培育以增长为导向的市场并保护投资者。

（2）确保经济战略的竞争力和可持续性，吸引关键行业长期投资。

（3）全球范围内推动国内基础设施项目的私营部门获得融资。

（4）起草促进经济增长，创造就业机会的立法和政策工具。

（5）在区域和全球范围内签署双边贸易协议和投资伙伴关系。

（6）投资者和埃及政府之间的调解人，解决可能的纠纷。

（7）管理并促进投资。支持投资激励措施，并为吸引投资者的基础设施项目融资。

2.农业投资领域

在农业投资领域，农作物是埃及食品加工的最大领域，其次是乳制品、即食食品、面粉、油脂、天然水和其他。政府将继续投资于土地开垦项目，增加可用于农业生产的面积；埃及经验丰富的食品加工商正在推动高品质、具有竞争价格并吸引全球市场的产品和包装；食品加工部门是埃及最大的出口部门之一，在食品加工领域，埃及市场上有许多成功案例，如Nestle、Americana group、Tetra Park等；政府正在启动旨在提高该国在生产和消费方面的粮食安全计划；转基因作物使用的增加可能有助于提高产量；相关跨国公司正在该国有关地区进行大量投资，这将改善生产设施；政府正致力于发展西奈半岛，并使该地区的农民和投资者的地位合法化（图5-15）。

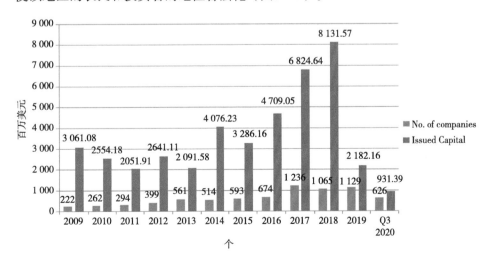

图5-15　埃及过去10年（截止至2020年3季度）在农业部门运营的公司数量和发行的资本
（单位：个，百万美元）

自1970年至2020年8月底，埃及农业部门运营的公司总数达到13 017家，总发行资本价值798亿埃镑。就公司总数及其已发行资本而言，从事土地复垦和耕作的农业公司在农业部门中所占份额最大。自1970年至2020年8月底，动物、家禽和渔业生产公司总计3 404家，总发行资本为127亿埃及镑[①]（图5-16）。

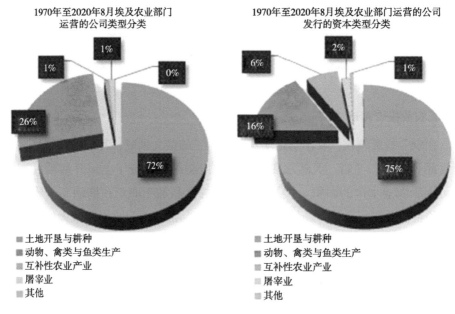

1970年至2020年8月埃及农业部门
运营的公司类型分类

1970年至2020年8月埃及农业部门运营的公司
发行的资本类型分类

■ 土地开垦与耕种
■ 动物、禽类与鱼类生产
■ 互补性农业产业
■ 屠宰业
■ 其他

图5-16　1970年至2020年8月埃及农业部门运营的公司情况

图5-17为按子行业分类的农业综合企业运营公司的数量，由大到小依次为农作物、面食与糖类、面粉、油脂、奶制品、矿泉水、冷藏、即食品、肉类及水产加工等。

以下为埃及目前主要的食品制造、加工类跨国公司。

（1）雀巢包装食品SAE（埃及）。新推出品牌是Crunch巧克力糖。

（2）雀巢埃及SAE。雀巢和巴拉卡占有瓶装水56%的市场份额。

（3）雀巢埃及SAE。冰激凌和冷冻甜点排名第一，市场份额为77%。

（4）埃及薯条。2017年埃及薯条的零售额销售额占27%。埃及农场奶酪目前增长最强劲，达到125%。

---

① 埃及投资和贸易自由区管理总局（General Authority for Investment and Free Zones），2020年。

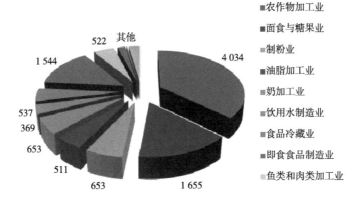

■农作物加工业

■面食与糖果业

■制粉业

■油脂加工业

■奶加工业

■饮用水制造业

■食品冷藏业

■即食食品制造业

鱼类和肉类加工业

图5-17 埃及1970—2018年按子行业分类的农业综合企业运营公司的数量

（5）Juhayna食品工业公司。该公司是领先的果汁制造商，在埃及有7个工厂，其客户包括埃及航空、法航及该国的主要餐饮连锁店。

（6）狄娜农场（Dina Farms）。埃及最大的乳制品生产商，是农业和消费品集团Gozour的子公司。

（7）Beyti。领先的乳制品生产商，被沙特Almarai与百事可乐之间的合资企业IDJ以1.15亿美元收购。目前在牛奶生产中占有20%的市场份额，酸奶所占的份额略低。

3.2030年展望及贸易需求

埃及食品加工业正处于发展时期，产品多样化和获得更多的出口经验是未来的最优先考虑。埃及的目标是增加耕地面积（到2030年增加150万公顷）。埃及"150万费丹项目"是大型开发项目之一，旨在确保战略作物如小麦、药用和芳香植物的安全。

（1）粮食生产和消费展望。

项目	平均增长预测 （2018—2019）/（2022—2023）	指标
产品	玉米：0.2% 小麦：0.4%	改良灌溉技术，满足强劲的国内需求，对水稻等耗水量大的农作物进行生产转向，缓解水源需求，促进谷物生产

（续表）

项目	平均增长预测 （2018—2019）/（2022—2023）	指标
消费	玉米：3.9% 小麦：1.1%	由于谷物作为畜牧业原料的作用更加明显，因此未来几年玉米需求将超过小麦
贸易		未来几年，埃及仍将是世界最大的小麦进口国，欧洲和黑海产粮区的强劲产量将确保其粮食刚需。埃及从俄罗斯、乌克兰及黑海地区获取更多粮食的愿望日趋强烈

（2）畜牧生产和消费展望。

项目	平均增长预测 （2018—2019）/（2022—2023）	指标
产品	牛奶：0.8% 黄油：1.6% 奶酪：1.8%	私人投资将推动牛奶产量的增长，而奶酪和黄油产量将随着埃及经济的复苏而增长
消费	牛奶：1.0% 黄油：2.0% 奶酪：1.4%	强劲的人口增长和收入的增长使更多的消费者转向高价值的包装奶制品
贸易		由于埃镑仍处于历史低位，国内乳制品生产的增长将阻止昂贵的进口

（3）食糖产量和消费展望。

项目	平均增长预测 （2018—2019）/（2022—2023）	指标
产品	2.6%	随着政府扩大食糖产量，产量将提高
消费	2.5%	人口的增长和可支配收入的增加将刺激对软饮料、糖果、巧克力和糖果的需求
贸易		原糖进口量的强劲增长将来自消费者对进口糖的强劲需求，与国产糖相比，该糖以折扣价出售

投资地图：https://www.investinegypt.gov.eg/English//Pages/explore.aspx？map=true.

（4）在建的重大项目。

① Suez Canal Economic Zone

② Ain Sukhna Area and Ain Sokhna Port

③ Integrated East Port Said Area

④ Qantara West Development

⑤ East Ismailia

⑥ West Port Said Port

⑦ Al Adabeyya Port

⑧ Al Tor Port

⑨ Al Arish Port

⑩ The Grand Egyptian Museum

⑪ 1.5 Million Feddan Project

⑫ Al Moghra Area

⑬ West−West Minya Area

⑭ The New Capital

⑮ New Al Alamain City

⑯ Al Galala City and Tourist Compound

⑰ The Golden Triangle

⑱ Damietta Furniture City

⑲ Damietta Furniture City - Phase 1

⑳ Damietta Furniture City - Phase 2

㉑ Damietta Furniture City - Phase 3

㉒ Al Robbiki City for Leather

㉓ Maspero Triangle

㉔ The National Museum of Egyptian Civilization

㉕ The Pyramids Giza Plateau Development Project

㉖ Coptic Museum

㉗ New Aswan City

㉘ New Port Said City

㉙ Fustat Area Development Project

㉚ Development of the city of Al Qanater Elkhayria

㉛ City of Jerjub

㉜ Katameya entertainment city

㉝ Development of Lake Arab

㉞ East Port Said Fishery Project

㉟ Renewable Energy Projects

㊱ Benban Solar Park

㊲ Solar Plant in Safaga

㊳ Solar Plant in Fares

㊴ Wind Farms South Zaafarana

㊵ Wind Farms East Nile

㊶ Wind Farms West Nile

㊷ Thermal Power Station

（二）中国—埃及苏伊士经贸合作区

中国—埃及苏伊士经贸合作区地处埃及东北部，位于苏伊士省（EI Suez）艾因苏合那（EI Sokhna）苏伊士湾西北经济特区，距开罗120千米，有高速公路、铁路相通，总面积233平方千米（图5-18）。中国—埃及苏伊士经贸合作区分为起步区和扩展区，起步区可追溯至1994年双方首脑就位于苏伊士运河附近建立经济合作区的意向，此后于1997年双方签署合作备忘录，1998年由天津泰达承担建设项目，并在2006年"中非合作论坛"北京峰会的推动下于2007年正式启动。2008年由天津泰达投资控股有限公司等中埃相关方共同注资成立实体。至2020年12月，共吸引96家企业入驻，实际投资额超12.5亿美元，累计销售额超25亿美元，直接解决就业约4 000人，产业带动就业3.6万余人[1]，形成集生产和生活于一体、经济价值聚集、供应链完备、可持续发展的高标准现代工业新城区。扩展区即二期项目于2016年1月在习近平主席与塞西总统共同见证下揭牌成立。目前，园区内还引进了中外配套服务机构34家，其中包括苏伊士运河银行、法国兴业银行、中海运公司、韩进物流、阳明海运、苏伊士运河保险公司、广告公司等机构。在区域配套方面，扩展区规划有国际保税物流园，承接港口部分功能，并打造了具备辐射红海、东非、波斯湾区域

---

① 中国驻埃及使馆经商处，2021。

的物流中心①。目前经贸合作区通过形成其特有的产业链盈利模式，打造"境外合作区网络平台"，谋求重资产与轻资产相结合的高价值运营模式，已经成了苏伊士湾的重要经济特区。

中埃苏伊士经贸合作区与当前分布在亚洲、非洲、东欧等地的境外经贸合作区不同，上述经贸区的功能主要为加工制造、资源利用、农产品加工和商贸物流等。而苏伊士湾经济特区则主要体现的是为各类公司搭建海外投资平台的"园区"的特征②。这个园区与众不同的特征就是推动经营与管理的集成理念并实现产业的"孵化"与再创新，而非仅仅是资源的消耗与产品的枢纽。

图5-18　苏伊士经贸合作区

中埃苏伊士经贸合作区过去是一片沙漠戈壁，工业区内由中埃双方合资开发的面积22平方千米，合作项目主要为纺织工业。目前在埃及投资发展的中国企业中很大一部分都集中在苏伊士经贸合作区。在制造业领域，中国巨石集团是全球规模最大的玻璃纤维制造企业，产品大量销往欧盟，是非洲唯一的玻璃纤维生产基地。

中国—埃及苏伊士经贸合作区作为中埃两国战略合作项目，是国家对外经贸合作领域的优秀代表，是中埃双边产业合作和经贸对话的实质性平台。目前，合作区的招商引资和运营管理均获得广泛好评，并被誉为"中国对外经贸合作区的典范"，已经为中国企业"走出去"搭建了一个良好的海外发展和投资平台。特别是新苏伊士运河开通后，苏伊士运河走廊开发项目是埃及启动的最重要的项目之一。在中埃良好的工业合作基础上，充分利用条件构建农业产业合作体系具有很重要的潜在价值。经济区沿苏伊士运河两侧面积达461平方

① 中华工商联合会，2020。
② 马霞，宋彩芩，2016。

千米，包括6个港口和6条隧道，在物流、港口和隧道等基础设施、渔业养殖等领域有很好的投资潜力（图5-19）。

图5-19　中埃苏伊士经贸合作区鸟瞰图

（三）其他经贸合作区

在埃及新首都建设项目方面。埃及新首都建于开罗和红海中间，占地700多平方千米，将容纳500万居民、110万套住房和175万个工作岗位，埃及政府计划将新首都打造为拥有智能基础设施的全球性城市。在核心区，中国中建集团参与了包括"非洲地标"开罗塔在内的大量工程，并将完成13个部委大楼、议会大厦等建设。未来在新首都区域内，还会有很多基础设施的兴建工作。根据埃及的新首都规划以及塞西总统的"百万费丹"等宏伟农业发展构想，一系列大型设施农业建设项目也在其规划之中。考虑到埃及在新首都拟建的重大设施农业项目，以及中国在埃及成熟的基础设施建设能力，中埃农业设施项目建设领域的合作潜力巨大。

此外，埃及东部省斋月十日城棉纺织工业区也是一个颇具潜力的合作项目，该工业区项目在2020年7月正式启动。旨在加强埃及棉纺能力，减少棉原料出口和成品进口，项目一期将提供近1.5万就业岗位。这对于国际棉纺织产能及其产业链的转移和进一步增值也是一个潜在的投资机会。

三、积极借鉴国际成功经验

（一）中国经验

中国是农业大国，农业是基础产业同时也是优势产业，改革开放40多年来取得了举世瞩目的巨大成就。通过不断深化农村改革，巩固和加强了农业的基础地位，中国的农业和农村经济发生了许多重大而深刻的历史性变化，成功地用占世界9%的耕地、6%的淡水资源，解决了世界约20%人口的吃饭问题，中国人的饭碗牢牢端在自己的手中[①]。农业科技也取得了长足进步，装备水平明显提高，部分技术水平已居世界领先地位。如作物和畜牧生产、设施园艺、农业机械化、农村生物质能源、植物病虫害综合生物防治、农产品加工、节水灌溉、人工智能、农业遥感领域等拥有成熟技术和设备，在非洲地区特别是具有广袤地形特征的埃及推广具有经济、适用和易掌握的特点。此外，中国与包括埃及在内的非洲国家在化肥、农药、饲料、种质资源交换、农业信息技术等领域的合作潜力也非常巨大。

（二）共享中国成功发展经验与模式

中国的农业发展借助改革开放40多年巨大成就经验，为众多发展中国家特别是非洲国家积累了很多的宝贵经验，主要体现在：耕地质量得到了显著的提升，形成了一批实用的土壤改良、治理修复等新技术、新模式、新装备；化肥农药减施增效和新型产品创制达到了新的高度，实施测土配方精准施肥和病虫害绿色防控技术，加大生物农药的研发应用，开发了多种绿色高效新型肥料产品；旱作节水农业技术更加普及，大力发展旱作节水农业和高效节水灌溉，形成有中国特色的旱作节水农业发展模式；绿色蔬菜栽培技术进一步提升了农业产品的附加值；在蔬菜有机栽培、非耕地栽培、立体工厂化栽培等先进技术的研发方面在全球具有明显比较优势；在动物疫病防控领域的基础科技实力和疫病防控能力取得了举世瞩目的成就，防控制剂创新能力和水平跻身世界先进行列。

1999年4月，中埃两国农业部正式签署了农业合作议定书，首次建立了中埃农业合作工作组，正式开启了两国农业交流与合作的机制化进程。2005年9月，中国农业科学院与埃及农业研究中心（ARC）签署了合作谅解备忘录，并于2008年、2010年与ARC就畜牧、农业水土和环境、棉花等领域的合作进行了交流。2014年6月，中国农业部农药检定所与埃及农业和土地改良部农药委员会就农药管理技术合作签订了合作备忘录，将加强两国在农药登记、农药监管、农药质量监控、农药进出口方面的信息交流和技术合作。2018年10月时任国家副主席王岐山访问埃及期间，与埃及总理马德布利共同签署了《中华人

---

① 人民日报，2021年11月16日。

民共和国农业农村部与阿拉伯埃及共和国农业和土地改良部农业合作行动计划（2019—2021年）》。

1. 中非合作论坛框架下的农业合作

2006年11月中非合作论坛北京峰会宣布了对非八项政策措施，包括向非洲派遣100名高级农业专家。在中非合作论坛的框架下，双方在农业很多领域开展了卓有成效的合作与交流。根据埃及要求，中国2009年、2014年分别向埃及派遣了农机、沼气专家，帮助埃及在农机使用和维修以及沼气制备等领域提升技能。此外，在人力资源开发与培训方面，自2006年以来，中国农业部为埃及农业技术人才举办了93期培训班，累计培训埃方农业管理人员和技术人员241人次。中国专家与埃及国际农业中心（EICA）的专家也针对发展中国家的农村发展、水产养殖等领域的问题展开了多次面对面的交流。

2. 农业现代化综合装备技术合作

中国设施农业近年来的快速发展，也为中埃间的设施农业及其相应的农业装备技术带来了重大的机遇。2018年，埃及、中国和西班牙合作在斋月十日城共建并实施了大型农业温室大棚项目，助力埃及设施农业的发展。中国国机重工集团提供温室基础设施以及技术，西班牙提供蔬菜种子和市场推广，项目充分利用尼罗河谷的优质水源，同时肥沃的土质和干燥的气温适合温室大棚种植，产出的蔬菜品质较好。项目已建成7 100个温室大棚，能提供至少7.5万个就业机会。此外，埃及农业部下属占地600费丹（约3 600亩）的EL SHOROUK农场温室大棚及其设备亦全部采用中国的设施农业装备和技术，所有温室均采用计算机自动管理系统，室内温度、湿度、通风以及浇水时间和浇水量等全部实现自动化管理。埃及农业部也对中国的设施农业装备及技术充满信心，希望继续加强同中国的合作，不断提高埃及设施农业的生产水平和产量，为埃及的绿色农业提质增效。中国成熟的农业装备技术和巨大的产能也为埃及日后大力推行的"百万费丹"设施农业以及沙漠农田改造项目提振了信心。

随着中国农业装备技术的不断发展，中国的农业现代化综合装备技术呈现出体系化、智能化的特点，并在包括埃及在内的农业生产潜力巨大的国家落地生根，一些中国农机装备企业例如丰尚埃及工业股份有限公司（CHINA FAMSUN）以"智慧引领未来"为其核心发展理念，将数字农牧、智能装备、粮食储运、智慧工厂、工业互联网等领域的创新数字化业务组合、行业知识和成功实践充分应用在埃及的农业可持续发展领域，为埃及的现代农业提质增效做出了重要贡献。中国央视也先后多次对丰尚埃及公司智能化装备进行了重点报道。丰尚公司还在2020年11月参加了中国第三届中国国际进口博览会（The 3rd China International Import Expo），并在展会上以其农牧加工装备系统解决方案，创新发展饲料工厂的智能化、生态化，推动农牧装备制造转型升级领域的成就获得广泛关注。

中国的农业装备技术产业能够为广大发展中国家提供评估、咨询、设计、土建、集成实施到优化服务、人员培训等一站式的解决方案，特别是在智能化高端装备领域，在国际市场具备物美价廉的巨大竞争优势。例如，粮食贮存领域的现代化技术与装备可以广泛应用于"一带一路"国家粮库等的改造升级，大幅改善这些国家的粮食损耗与浪费程度，全面提升这些国家的粮食安全水平。这些都是那些急需先进技术装备但是苦于资金不足的发展中国家特别是埃及所看重的。

3. 棉花合作情况

中埃棉花领域合作潜力巨大，前景光明。棉花在中国国民经济中占有重要地位，是关系中国国计民生的重要战略物资和棉纺织工业的工业原料。目前，中国已经成为全球第一大棉花生产国和消费国，总产量和单产均居世界首位。近年来，由于受到经济结构调整、气候及贸易环境等多重因素影响，中国棉花种植面积呈现波动下滑的态势，2019年棉花种植面积下降至333.9万公顷，产量下滑至588.9万吨。棉花的品质也出现了下滑现象，库存消费比极高，结构性矛盾突出，导致市场价格出现大幅下跌。在市场方面，棉花产销缺口大约在250万吨[1]，中国棉花产业因此受到严重挑战，棉纺织市场内需持续低迷。自2006年起，平均自给率水平为74.12%，至少有1/4的棉花需要依靠国外进口。2019年，棉花进口量升至185万吨，多来自澳大利亚、乌兹别克斯坦、美国等国家[2]，部分也从埃及进口。

中国棉花产业产、供、销不对接现象较普遍、产业链条松散，无形中增加了外部成本，且棉纺织服装出口由于内需低迷而导致商业环境不断恶化、出口成本波动显著、自有品牌受到冲击。对此，中国的纺织企业开始关注市场潜力

---

[1] 中国国家统计局，2020。

[2] 卢秀茹，2018。

大、本土工业基础薄弱、纺织服装产能低下的非洲市场，而具备了独一无二天然地理优势和自由贸易区优惠条件的埃及则成为很多中国纺织企业开拓非洲市场的第一站。

埃及在棉纺织进出口贸易方面由于其出口战略的推动，全面实行贸易自由化政策，因此其关税、成本及外贸管理的透明度都具有吸引力，另外埃及政府还不断改善港口的服务与海关手续等，加快了货物通关效率。这对于大多数资金链较脆弱的中国企业是巨大的吸引。

此外，埃及的棉纺织服装市场规模在非洲排名第二，由于历史原因，埃及的棉纺织产品市场较为齐全，不仅有著名的长绒棉，还有各种档次的棉织品，都拥有相对稳定的市场和固定的消费群体。但是埃及对棉花的加工能力有限，本土工厂数量不足，尤其缺乏对长绒棉的加工设备和能力，埃及需要从其他国家大量进口纱线和成品，商机巨大。

众所周知，埃及是第一个与中国建交的非洲国家，中埃两国经贸合作发展势头良好，埃及政府也高度期待中国企业在埃及的经济振兴和"2030愿景"中所能够发挥的作用。中埃棉花领域的合作在这样的合作环境下具有广泛的基础和巨大的开发潜力。如何将中国棉花产业的"走出去"和埃及棉花产业的"请进来"进行准确对接，不仅能够帮助中国摆脱棉纺织行业低迷的暂时困境，更能够给埃及乃至整个非洲的市场带来新的亮点和经济增长点。

4. 禽流感防控合作

中国与埃及在畜禽疫病领域的合作同样充满机遇。2007年埃及向中国派出了禽流感技术考察团，双方就禽流感防控技术等领域即开展了频繁的交流。双方还积极探讨了共建禽流感疫苗生产线等问题，旨在解决埃及当前紧迫的疫病泛滥等问题。2008年在埃及召开国际禽流感大会期间，中埃双方在进一步加强禽流感防控，应对埃及当前较为严峻的禽流感疫情合作方面达成了进一步的合作意向。2009年埃及开罗大学兽医学院与中国农业科学院哈尔滨兽医研究所还成功地共建了联合实验室，与埃及相关兽医研究机构、大学及畜禽养殖龙头企业共同研制、成功开发针对埃及禽流感的新型疫苗，在埃及获得巨大成功，帮助埃及有效控制了爆发的禽流感，产生了显著经济效益。虽然禽流感疫情已经在埃及被消除，但是禽流感病毒的变异性和不确定性依然可能对埃及的禽类产业再次产生威胁。2020年12月在日本、韩国及其他一些地方反复发作的禽流感疫情使得人们不得不对禽流感进行长期的监控和防范，埃及也不例外。疫苗本地化的合作或许能够为埃及禽流感的长期防控带来便利和福音。

5. 水产养殖合作

中埃渔业的合作主要体现在双方国家渔业机构的合作。中国水产科学研究院（简称水科院）淡水渔业研究中心自1984年起与埃及渔业管理委员会（GAFAD）开展渔业技术合作。自1992年以来，水科院自埃及先后引进了尼罗罗非鱼（92淡尼罗）及其新种，奥利亚罗非鱼、埃及尼罗尖牙鲈等良种，推动了中国大陆罗非鱼养殖业发展。目前，中国大陆罗非鱼养殖产量居世界首位，占世界罗非鱼总产量的65%，得益于与埃及的渔业合作。2006年，时任国务院总理温家宝访埃后，中埃双方就共建水产养殖实验室开展了合作。2009年，中国水科院渔业工程研究所承担了埃及苏伊士运河大学合作项目，年生产鱼苗3 500万尾，虾苗1.5亿尾。此外，水科院淡水渔业研究中心与埃及渔业管理委员会合作，在华举办渔业养殖技术培训班、内陆渔业管理研修班，埃方大批专家得到培训。

6. 农产品贸易情况

2018年中埃农产品贸易额3.99亿美元，较2017年增长15%。其中，中国对埃出口农产品2.75亿美元，较2017年增长17%，主要出口油籽、蔬菜和蔬菜；中国自埃进口农产品1.24亿美元，较2017年增长12.5%，主要进口水果、棉麻丝等。2019年1—9月，中埃农产品贸易额5.32亿美元，其中，中国对埃出口农产品3.42亿美元，自埃进口农产品1.90亿美元[①]。

2020年埃及食品业对华出口创纪录增长21%，达3 600万美元，对中国市场的出口在2014—2020年间增长了836%。中国作为世界第二大进口国，年进口额达2万亿美元，占2019年全球进口总额的10.8%，其中食品业进口总额达到900亿美元，中国的食品很多可以替代埃及出口产品。自2019年以来，水果已成为埃及对中国的第二大出口产品，仅次于埃及最重要的出口产品石油和天然气。2020年，中国进口了1.1亿美元的埃及水果，其中橙子9 600万美元，冷冻草莓1 300万美元，葡萄约50万美元。2020年埃及对华水果出口较2015年增长423.8%。埃及鲜枣是中国第一个颁发进口许可的埃及水果，目前埃及橙、葡萄、枣和甜菜根等已经成功进入中国市场，埃及石榴也有望获得许可。

---

① 中国农业农村部，2019。

7. 农业投资情况

至2018年底，中国在埃及农业领域投资500万人民币以上项目共有4个，总投资额15.6亿人民币，这些投资项目主要包括安琪酵母股份有限公司建设酵母和酵母提取物生产线，目前一期已完成，二期完成70%，计划总投资1.28亿美元。安琪酵母股份公司是国家重点高新技术企业、国内酵母行业龙头企业、全球第三大酵母公司。2010年安琪就在埃及投资建设第一个海外干酵母生产线，为中国企业走出去积累了宝贵的经验。国务院国资委曾专门推广安琪"走出去"的经验和做法[①]。此外江苏丰尚集团还在埃及投资生产仓储、输送及烘干等设备和饲料机械，目前已完成建设并生产。新希望六和股份有限公司也在埃及建成3个鸡饲料厂，1个鱼饲料厂及种鸡场。江西正邦科技股份有限公司也建设了禽类饲料生产厂，2018年销量达4.5万吨。

2004年，中国—阿拉伯国家合作论坛成立，并发展成为涵盖众多领域、建有10余项机制的集体合作平台。2010年中国和阿拉伯国家建立全面合作、共同发展的战略合作关系，中阿集体合作进入全面提质升级的新阶段。习近平主席在2014年中阿合作论坛第六届部长级会议开幕式上指明了中阿集体合作的重点领域和优先方向，为中阿关系发展和论坛建设确定了行动指南。

中国对阿拉伯国家政策文件中，也提出要加强中阿在旱作农业、节水灌溉、清真食品、粮食安全、畜牧与兽医等农业领域的双多边合作，鼓励双方农业科技人员加强交流。继续在阿拉伯国家建设农业技术示范项目，扩大农业管理和技术培训的规模，加强项目跟踪和评估。

面向未来，埃及发展现代绿色农业是推动其经济可持续发展的必由之路，针对埃及农业发展的现状以及面向未来发展的趋势，建议埃及可在动物疫苗、农业废弃物资源化利用、有机蔬菜生产等领域重点开展国际间的交流与合作，充分利用国内外两种资源，推动国内的农业可持续发展以及农民的脱贫和农村广大青年的就业。

埃及是中东和阿拉伯及非洲的大国，也是中国"一带一路"重要战略合作伙伴。中国在农业绿色发展领域许多成熟技术和成果非常契合埃方需求，双方合作潜力巨大。加强中埃农业绿色发展相关合作，既可以支持埃及农业可持续发展，也可以将中埃农业科技合作的成功经验进复制，使更多的国家受益。

---

① 安琪酵母集团，2020。

（三）构建风险防控联动机制

后疫情时代，是一个风险共担的时代。积极谋划建立农业产业体系风险防控联动机制，不仅能够增强埃及农业产业体系对抗未来风险的能力，更重要的是能够有效分散未来面对的各种不确定风险，提升埃及在该地区乃至国际上的影响力和参与治理的主动性。

2020年初突然席卷整个北非国家的蝗虫灾害，给包括埃及在内的国家的粮食安全体系敲响了警钟，这些国家脆弱的农业生产体系实际上很难承受突然而至的超出本国承载能力的灾害、病害、灾难的打击，社会的稳定乃至国家政权的维系和稳固往往会因为一个本来可控的个体事件而受到打击以至于产生难以挽回的后果。2011年发生在埃及的"阿拉伯之春"事件就是一个典型的例子——"Small sparks，Big Bangs."[1]此外埃及不断上涨的粮食价格和有限的口粮矛盾如果进一步恶化，有可能会成为下一次引爆"大饼革命"的导火索。

针对埃及的农业所面临的危机与挑战，应考虑积极在埃及农业部门建立气候变化及包括沙漠蝗虫在内的监控和病虫害起源与形成研究机制。另外考虑埃及在非洲特别是北非的重要地位，应扩大建立农业灾害、病虫害及气候变化等联合研究室或野外台站，推动埃及农业科研机构的国际交流与合作，掌握优势资源。

可充分利用国际成功经验，通过对虫害发生区的生态环境改造，消除适宜虫害发生的环境；同时利用生物防治方法控制种群数量，并利用化学药剂及时防治高密度的虫害发生区；利用真菌生物农药和群聚拮抗剂，广泛应用到包括蝗虫发源地埃及以及非洲和"一带一路"相关国家。例如通过对绿僵菌的基因改造，群体性杀灭飞蝗和沙漠蝗虫。开展对蝗虫的基因编辑研究，促使突变体蝗虫失去群体聚集能力。通过释放蝗虫群聚拮抗剂，切断其聚集和迁飞。这些手段对于有效增强包括埃及在内的非洲国家显著提升对生物灾害的应对能力意义重大。

四、探索自我发展之路

如果探讨埃及的未来之路，很显然，埃及当今的综合经济实力将直接决定埃及的未来之路能够走多远，周边国家的经济实力也将决定埃及的未来之路能够走多宽。因此，埃及的未来之路，绝不是埃及的"独自远征"，而是一条合

---

[1] Khaled Hanafi Ali, Al-Ahram, 2020年12月17—23日，意即：星星之火可以燎原。

作之路。

埃及人口占据中东第一、非洲第二，同时其科技、经济等方面跟邻国相比，处于领先水平。近代埃及的农业、工业、服务业和旅游业等经济支柱推动国内经济稳定增长，再加上个别产业在北非、中东均处于较为领先的地位，因此，GDP总值超过不少非洲国家，经济增速也较快，加之埃及的年轻劳动力充足，发展后劲十足。埃及只要国内的政局稳定，以目前的发展势态，成为北非以及中东地区的经济枢纽和政治核心不会需要很长时间。

环顾埃及周边的国家和地区，如埃塞俄比亚、苏丹、利比亚、突尼斯、阿尔及利亚和摩洛哥等，其中大多数是小国家，综合经济实力相对较弱，对应国内生产总值（GDP）也较低，在世界排名均比较靠后。埃塞俄比亚虽然与埃及有"复兴大坝"之争，但是以埃塞俄比亚的经济实力和社会基础，与埃及进行全面抗衡毫无裨益。埃及也无必要与埃塞俄比亚主动发生政治、军事或经济对抗及冲突，两埃最终将坐在一起共同协商解决争端，实现利益互沾。利比亚是埃及唯一需要担心的国家，因为由于利比亚的历史遗留问题以及境内现状对埃及的经济可持续发展也构成了威胁，如果利比亚对埃及的安全威胁问题一旦得到解决，利比亚重回正常的生活状态，那么利比亚的经济因其富饶的自然资源将很快得到恢复与腾飞，对于埃及来说，亦将是最大的"红利"受益者。

2019年埃及名义GDP总量约54 278.97亿埃镑，同比增长4.9%，按照美元平均汇率折算，大约相当于3 229.14亿美元，名义GDP增量超过500亿美元，经济运行平稳、稳中有升的发展态势，其经济综合实力位居非洲第三。而周边国家阿尔及利亚2019年经济实际增长0.8%，实现名义GDP总量约1 699.08亿美元，经济增长陷入停滞。摩洛哥2019年名义GDP总量约1 186.47亿美元，主要经济产业增长乏力。利比亚和突尼斯2019年国内生产总值（GDP）均不足1 000亿美元。埃及周边国家经济增速较为缓慢，综合经济实力与埃及相比差距较大，在地缘政治上受埃及的影响较大，在建立相关地区倡议方面，更容易受到埃及的影响。这些也都为埃及积极建立北非地区的经济新格局，成为引领北非乃至未来整个非洲的"领袖"国家创造了国际环境和发展空间。

埃及国内经济整体运行的平稳程度对于埃及的农业可持续发展特别是埃及的农村减贫具有关键的作用。如果对埃及的农业经济进一步进行优劣势分析，可以发现，埃及农业的优势主要体现在埃及不断增长的人口所带来的对未来可以预期的巨大人口"红利"以及相应的丰富的劳动力资源，不断增长的粮食产量以及日趋合理的食物结构对埃及粮食安全的保障，不断提升的出口能力所带来的巨额外汇，不断改善的土地租赁关系对生产力提升的帮助，农业管理、科研与推广对于农业产业的支持，农业立法对农业经济社会的规范以及农产品的多样性对于埃及农业产业协调发展的保障等方面（图5-20）。

优势	劣势
1. 增长的人口 2. 可利用的劳动力资源 3. 很多作物的不断增产 4. 作物出口能力的提升 5. 粮食缺口不断减少 6. 农地拥有者和租用者关系的不断革新 7. 政府部门、研究机构、社会拓展机构和金融机构的合作改善 8. 立法与规则的改进 9. 农业研究与推广参与的多样性 10.作物、渔业、畜牧业生产的多样性	1. 农村发展战略的缺失 2. 人口的过度集中 3. 农业劳动力的专业化不足 4. 农业用地的碎片化 5. 农业土地的非法侵占 6. 青年移民问题 7. 水资源问题 8. 贫困和文盲率居高不下 9. 农业研究、推广机构的协作不足 10.农业拓展部门角色缺失
机遇	面对的威胁
1. 建立农业发展战略 2. 对农村青年的激励 3. 各利益相关者之间的协作 4. 农村青年参与农村小微企业经营 5. 对农村劳动力的培训 6. 国家层面的权力下放和最小化监管 7. 改善农村金融和信用 8. 改进渔业部门对湖泊和海洋的利用 9. 改进食品出口	1. 人口的增速和密集程度 2. 世界贸易组织的规则约束 3. 市场的限制 4. 农地的流失 5. 土壤的污染和退化 6. 政治环境的不稳定 7. 水资源的缺乏 8. 农村文化的认同感和景观的弱化 9. 农业土地价值观的缺失 10.农村文盲和辍学率的增加 11.自然资源的退化 12.粮食进口和食物需求的增加 13.食物生产和加工过程的失控 14.农业进口的失控

图5-20　埃及农业和乡村经济发展优劣势（SWOT）分析

（资料来源：MALR，Agriculture strategy，2006 & CAPMAS statistical report 2006，the social economic development plan,ministry of economic development，2007）

综合分析未来发展机遇，同样可以看到农村青年劳动力可以发挥的重要作用，此外积极构建埃及农村地区未来农业发展战略，改善和协调所有利益相关方的关系，加快对农民特别是小农的能力建设，在国家层面对农民给予更大的经营自由权，改善农村地区金融环境形成良性循环势态，不断鼓励农民和小农经营者提升进入并参与国际市场竞争的能力等，上述埃及所具有的显著发展机遇，如果能够得到有效、充分的利用，必将对埃及的农业可持续发展起到加速的作用。

反观埃及农业发展的种种劣势和面对的威胁，对于各种资源不能够充分利用是普遍存在的现象，如劳动力资源、土地资源、水资源、民间资本、国际资金等诸多资源。毫无疑问，资源是埃及未来能够继续得以发展的"动力"。未来埃及的一项重要任务就是对待开发资源的发掘和利用。除了不受地域限制的清洁能源的开发对埃及农业绿色发展的支持，对于传统能源的进一步发掘与利用，仍然将是埃及在未来很长一段时间继续依赖的手段。埃及与利比亚接壤的广袤沙漠和绿洲或将是埃及最具潜力的经济增长点，那里有最原生态的旅游资源、最天然的优质砂岩含水层、丰富的稀有金属矿藏以及丰沛的温泉和富饶的绿洲，当然农业开垦也极具潜力可挖。虽然"图什卡计划"在半个世纪以前就宣告失败，但造成这种失败的"罪魁祸首"绝非大自然本身，而是人们自身的原因。人类对自然改造的行为，在大自然面前从来都是公平的，只有符合自然规律，顺应自然环境的演变，顺应人类发展进程的科学改造，才能够为大自然所接纳，并与之重新融为一体，才能够真正实现对大自然的改造，才能够真正实现文明的"新生"。任何急功近利的短视行为改造，必将遭到大自然无情的惩罚。如果借鉴中国对荒漠化科学治理的经验，就可以充分地看到这一点。"穷山恶水"如果治理有力、得当，一样可以变成"青山绿水"，一样可以筑成"金山银山"。

"古往今来，人类从闭塞走向开放，从隔绝走向融合，是不可阻挡的时代潮流[①]。"这条"铁律"在具有伟大悠久文明的埃及得到了充分诠释。埃及几千年的历史就是一个不断进行自然改造、不断接受文明融合的历史。然而，对大自然的改造过程，不是一个"终结"的过程，对文明的融合过程，更不是一个"终结"的过程。埃及人民不会成为埃及大自然的"终结者"，更不会成为

---

① 习近平，《习近平谈治国理念·第三卷》，2020。

"法老"的"终结者"，只会使古老埃及的大自然恢复生机，使文明得以重生，埃及人民有能力成为埃及古老文明的新"终结者"和重新焕发生命力的新"开拓者"，尼罗河也不会因任何争端而枯竭，只会重新因"终结者"的努力而最终成为一条不朽的"终极之河"。

治理，不仅仅意味着对大自然的治理，更意味着对自身文明的治理发现和对全世界文明的治理参与。国家不分大小、强弱、贫富，都应平等参与全球治理与决策，都应为全球人道主义灾难的消除，为减轻饥饿、改善营养，实现可持续发展坚守自身的承诺，承担属于自身的责任。埃及更应如此，历史曾经赋予了埃及人类文明的重大使命，7 000年以后的今天，埃及或将再次面临历史赋予的重要职责，即埃及的伟大复兴将给世界带来重要福音。

"文明多样性是人类进步的不竭动力，不同文明交流互鉴是各国人民的共同愿望①。"中埃之间的文明互鉴将是两个最古老、最伟大文明的交流和互鉴，这对全球的文明相互融通和治理具有重大的历史意义。这种文明的互鉴必将碰撞出更加灿烂的火花。

当今人类已经成为你中有我、我中有你的命运共同体，利益高度融合，彼此相互依存，每个国家都有发展的权利②，每个国家对发展的理解也各不相同，但是目标都是一样的，就是人民的福祉。

无论是"一带一路"，还是"丝绸复兴之路""光明之路""琥珀之路"，都是多边之路、合作之路。无论是"中国梦"，还是"埃及梦""非洲梦"，都是人类"联合自强、发展振兴"③的共同之梦。

经济全球化是客观现实和历史潮流。面对经济全球化大势，像鸵鸟一样把头埋在沙里视而不见，或像堂吉诃德一样挥舞长矛抵制，都违背历史规律④。展望未来，人类命运共同体理念已然成为推动全球治理体系变革、构建新型国际关系和国际新秩序的共同价值规范。

---

① 习近平，《习近平谈治国理念·第三卷》，2020。
② 习近平，《习近平谈治国理念·第二卷》，2019。
③ 非盟，《2063年议程》，2015。
④ 习近平，第七十五届联合国大会一般性辩论，2020.9。

参考文献

阿赫曼（Ahmed Atef Selim Soliman），张世新，2019. 中国消费品在埃及市场的营销策略研究[D]. 兰州：兰州理工大学.

安维华，2011. 埃及的经济发展与社会问题探析[J]. 西亚非洲（6）：18-24，79.

白鑫沂，2019. 当代埃及政府与非政府组织互动模式研究[D]. 上海：上海外国语大学.

毕健康，陈勇，2019. 论当代埃及的社会结构和发展困境[J]. 阿拉伯世界研究（2）：3-18.

畅雄勃，2010. 援非手记（一）：埃及农业概况[J]. 农机质量与监督（7）：39-40，45.

畅雄勃，2010. 援非手记（三）：埃及农业发展扶持政策纵览[J]. 农机质量与监督（9）：37-38，31.

畅雄勃，2010. 援非手记（四）：埃及农业发展经验浅谈[J]. 农机质量与监督（10）：39-40.

车效梅，李晶，2015. 城市化进程中的开罗边缘群体[J]. 历史研究（5）：121-136，193-194.

陈天社，2018. 穆巴拉克时期埃及经济发展方略评析[J]. 世界近现代史研究（00）：133-155.

陈炜，戴丽丽，徐哲，等，2008. 全球气候变暖对武汉作为鸟类迁徙"中转站"地位的威胁[J]. 四川动物，27（2）：248-250.

陈勇，毕健康，2020. 当代埃及私营部门与社会阶层结构问题评析[J]. 阿拉伯世界研究（2）：62-81，160-161.

陈执中，2014. 新型冠状病毒及其防治药物研究进展[J]. 食品与药品，16（2）：147-149.

戴晓琦，2017. 塞西执政以来的埃及经济改革及其成效[J]. 阿拉伯世界研究（6）：35-49，117-118.

丁佳茹，2019.埃及大饼遗产的保护与传承研究[D].银川：宁夏大学.

丁麟，2017.国际组织参与粮食安全与营养全球治理对我国的借鉴——以世界粮食计划署为例[J].世界农业（6）：5-8.

丁麟，2018.饥饿终结者和他的粮食王国——世界粮食计划署概论[M].北京：中国农业科学技术出版社.

丁隆，2011.埃及穆斯林兄弟会的崛起及其影响[J].国际政治研究（4）：7，31-43.

董小菡，2012.埃及宪法变迁研究[D].湘潭：湘潭大学.

樊胜根，2015-1-28.全球背景下的中国粮食安全与营养[EB/OL].[2017-2-13].http://theory.people.com.cn/n/2015/0128/c83853-26465271.html.

冯蕾，2014.穆巴拉克时期埃及非政府组织研究[D].郑州：郑州大学.

冯璐璐，2006.中东经济现代化的现实与理论探讨[D].西安：西北大学.

冯永忠，向友珍，邓建，等，2013.埃及尼罗河流域农作制特征调研[J].世界农业（2）：110-112.

付海蛟，2016.军队对埃及政治格局的影响研究（1952—2011）[D].昆明：云南大学.

付明辉，2017.中国与"一带一路"国家农产品出口市场细分：贸易连续体理念与方法[D].武汉：华中农业大学.

高贵现，2014.中非农业合作的模式、绩效和对策研究[D].武汉：华中农业大学.

顾坚，2012.中阿关系中的双边认知（1949—2009）[D].上海：上海外国语大学.

顾尧臣，2006.埃及有关粮食生产、贸易、加工、综合利用和消费情况[J].粮食与饲料工业（6）：44-47.

郭子林，2011.古埃及托勒密王朝对法尤姆地区的农业开发[J].世界历史（5）：78-90.

哈拉里·尤瓦尔·诺亚（Yuval Noah），2016.未来人类简史（Homo Deus）[M].北京：中信出版社.

韩翔，2012.托勒密二世时代对外关系研究[D].上海：上海师范大学.

何美兰，2012.多元文明的互动与共生：969—1171年的开罗[D].北京：首都师范大学.

黄超，2017.埃及近现代农业经济与国家发展的互动关系研究[J].阿拉伯研究论丛（1）：76-86.

金寿福，2012. 内生与杂糅视野下的古埃及文明起源[J]. 中国社会科学（12）：180-201，210.

李春光. 国外三农面面观. [M]. 北京：石油工业出版社.

李后强，2009. 借鉴埃及经验发展四川农业[J]. 西南石油大学学报，2（4）：77-81.

李辉，2006. 中国新疆棉花产业国际竞争力研究[D]. 武汉：华中农业大学.

李明波，2018. 阿拉伯大饼传奇[J]. 意林（4）：20.

李宁，2009. 全球粮食危机背景下的埃及农业发展和中埃农业技术合作建议[J]. 全球科技经济瞭望，24（12）：23-27.

李奇，2007. 埃及人把大饼当坐垫[J]. 科学大观园（16）：63.

李岩，2018. 尼罗河灌溉与古代埃及农业[J]. 山西青年（6）：236.

李智，2010. 美国中东政策研究（1967—1974）[D]. 长春：东北师范大学.

栗铁申，彭世琪，2003. 埃及的旱作节水农业[J]. 世界农业（4）：40-42.

刘科，2016. 穆巴拉克时期埃及贫困问题研究[D]. 兰州：西北师范大学.

刘云，2012. 中国埃及合作的现状、成效与问题[J]. 非洲研究（1）：169-182，13-17.

刘志华，2013. 1805—2011年埃及农产品市场化问题刍议——以棉花的种植和销售为例[J]. 华中农业大学学报（社会科学版）（2）：34-46.

刘志华，2014. 1952—2011年埃及粮食问题研究[J]. 世界农业（2）：61-64.

刘志华，2018. 略论埃及伊斯兰时代的农业用地包税制[J]. 农业考古（4）：226-232.

刘志华，2018. 中外比较视域下埃及农业合作社的百年嬗变（1910—2011年）[J]. 世界农业（6）：37-42.

刘志华，2019. 1952—2011年埃及乡村人口流动的概况、成因、影响及对我国的启示[J]. 山东农业工程学院学报，36（1）：1-11.

龙翔，2016从农业角度观察埃及变革的发生[J]. 现代经济信息（19）：24.

卢小莞，2015. 埃及政权合法性探究[D]. 北京：外交学院.

马霞，宋彩岑，2016. 中国埃及苏伊士经贸合作区："一带一路"上的新绿洲[J]. 西亚非洲（2）：109-126.

马新伟，2013. 美国对外援助的比较分析[D]. 上海：华东师范大学.

孟炳君，2017. "站位三角"理论视角下埃及国家形象构建的话语策略研究——以埃及总统第70届联大演讲为例[J]. 外语研究（1）：3-7，114.

孟菁，2014. 萨达特时期埃及政治伊斯兰力量研究[D]. 上海：上海社会科学院.

莫荣旭，2007. 埃及和西班牙农业发展的特点和启示[J]. 广西农学报，22（3）：89-93.

聂利利，史海波，2017. 论古埃及新王国时期的法老年代记[D]. 长春：吉林大学.

钱磊，2015. 埃及穆斯林兄弟会历史进程研究[D]. 金华：浙江师范大学.

秦精欢，2016. 当代埃及食品补贴研究[D]. 郑州：郑州大学.

沈朝建，2002. 紧急动物疫病应急管理在发达国家的运行机制及我国的工作重点[D]. 南京：南京农业大学.

沈鹏，周琪，2015. 美国对以色列和埃及的援助：动因、现状与比较[J]. 美国研究（2）：7，11-33.

宋欣涛，2004. 美国应急管理机制[D]. 北京：外交学院.

童彤，2019. 埃及：柑桔为2018年出口最多的农产品[J]. 中国果业信息（1）：43.

王得才，2013. 2011年埃及政变的原因探析[D]. 北京：中国青年政治学院.

王磊，2018. 埃及有机农业耕作政策支持述评[J]. 世界农业（11）：95-99.

王三义，2005. 工业文明的挑战与中东近代经济的转型（1809—1938）[D]. 西安：西北大学.

王泰，2015. 一战与埃及民族主义运动的转折趋势[J]. 阿拉伯世界研究（2）：79-94.

王秀红，2002. 埃及农业科技发展现状概述[J]. 中国农业科技导报（4）：76-80.

王钊英，张家喜，2010. 埃及农业机械化发展现状分析及合作建议[J]. 世界农业（9）：61-63.

吴建阳，2017. 埃及城市化与经济稳定研究[D]. 临汾：山西师范大学.

郗慧，2014. 十月革命对埃及社会的影响（1917—1924）[D]. 临汾：山西师范大学.

肖艳，2014. 中国与中低收入发展中国家经贸合作新战略研究[D]. 北京：对外经济贸易大学.

谢振玲，2011. 罗马统治时期古代埃及的农业实践研究[J]. 农业考古（1）：113-115，145.

谢志恒，2012. 埃及立宪君主制时期的政党政治研究[D]. 天津：南开大学.

徐振伟，2014. 世界粮食危机与中东北非动荡——以埃及为例[J]. 中山大学学报（社会科学版）（6）：169-177.

杨光，2015. 埃及的人口、失业与工业化[J]. 西亚非洲（6）：124-138.

姚穆，2015. 新疆棉纺织产业的发展优势及转型升级建议[J]. 棉纺织技术，43（10）：1-3.

殷罡，2005. 借一双"慧眼"看埃及——与埃及问题专家座谈实录[J]. 对外大传媒（8）：31-35.

应文超，2014. 埃及工人运动的历史考察（1945—2011）[D]. 临汾：山西师范大学.

余建华，2016. 中国与埃及关系六十年——回顾与前瞻[J]. 阿拉伯世界研究（5）：3-16.

袁海勇，2012. 中国海外投资风险应对法律问题研究[D]. 上海：华东政法大学.

苑全玺，2014. IMF援助效果的国际政治经济学分析[D]. 北京：中共中央党校.

张爱民，李欣，刘冬成，等，2016. 品质支撑农作物产业与未来发展[J]. 中国农业科学，49（22）：4265-4266.

张济，耿兴义，曹若明，等，2013. 全球新型冠状病毒感染的进展研究[J]. 山东大学学报（医学版），51（4）：108-112.

张佳喜，张梦华，畅雄勃，2011. 中国与埃及农业机械合作前景分析[J]. 新疆农机化（5）：56-58.

张璀，2019. 尼罗河流域的水政治：历史与现实[J]. 阿拉伯世界研究（2）：64-77，121.

张梦华，2011. 关于埃及农业机械领域现状的调查研究（续）[J]. 农机质量与监督（3）：42-45.

张梦华，2011. 中埃农业合作发展成效及建议（上）[J]. 农机质量与监督（5）：38-39.

张群生，2008. 中国和埃及农业合作研究[D]. 重庆：西南大学.

张帅，2014. 埃及的粮食安全问题[D]. 西安：西北大学.

张帅，2016. 埃及应对粮食安全的政策措施浅议[J]. 国际研究参考（1）：17-20，27.

张玉，2019. 埃及和苏丹的尼罗河水问题[D]. 西安：西北大学.

赵红亮，张小峰，2013. 穆巴拉克时期埃及中小企业发展研究[D]. 金华：浙江师范大学.

赵军，2015.埃及与阿盟的互动关系研究[J].阿拉伯世界研究（5）：96-108.

朱艳凤，2014.古代埃及的尼罗河神崇拜[D].长春：东北师范大学.

ASSEM REDA，ABU HATAB，2011.埃及农业出口影响因素及出口中国市场潜力研究[D].杨凌：西北农林科技大学.

SHAHAT SABET，MOHAMED AHMED ALI，2017.埃及农业发展的评价与前景研究[D].北京：中国农业大学.

ABD EL MOWLA，K. E.，H. H，2020. Abd El Aziz. Economic analysis of climate-smart Agriculture in Egypt[J]. Egyptian Journal of Agriculture Research，（98）1：52-63.

ABDUL-MUMIN ABDULAI，ELMIRA SHAMSHIRY，2014. Governance and Poverty Alleviation in the Muslim World，Linking Sustainable Livelihoods to Natural Resources and Governance[M]. Singapore：Springer.

ADDISU LASHITEW，WHY ETHIOPIA，EGYPT，et al.，2020. Washington-brokered Nile Treaty Tuesday[EB/OL]. https://www. brookings. edu/blog/africa-in-focus/2020/02/18/why-ethiopia-egypt-and-sudan-should-ditch-a-rushed-washington-brokered-nile-treaty/.

ADEL SHALABY，RAFAT R Al，2010. Agricultural land monitoring in Egypt using NOAA-AVHRR and SPOT vegetation data[J]. Nature and Science，8（11）：275-278.

AL-BARAA，EL-SAIED，ABASS EL-GHAMRYA，et al.，2015. Khafagi，Owen Powell，Ramadan Bedair. Floristic diversity and vegetation analysis of Siwa Oasis：An ancient agro-ecosystem in Egypt's Western Desert[J]. Annals of Agricultural Sciences，60（2）：361-372.

ALETTA NORVALAMR ABDULRAHMAN，2011. EU Democracy Promotion Rethought：The Case of Egypt，Europe，the USA and Political Islam[M]. London：Palgrave Macmillan.

ANNABELLE DABURON，VÉRONIQUE ALARY，AHMED ALI，et al.，2018. Urban and Peri-Urban Agriculture，the Dairy Farms of Cairo，Egypt，Diversity of Family Farming Around the World[M].Berlin：Springer.

CHRISTIAN A. GERICKE，KAYLEE BRITAIN，MAHMOUD

ELMAHDAWY, et al., 2016. Health System in Egypt, Health Care Systems and Policies[M]. New York: Springer.

DALIA M, 2020. Gouda. Climate Change, Agriculture and Rural Communities' Vulnerability in the Nile Delta, Climate Change Impacts on Agriculture and Food Security in Egypt[M]. Berlin: Springer.

ELLIS GOLDBERG, 2004. Labor Regulation in Egypt After 1952, Trade, Reputation and Child Labor in Twentieth-Century Egypt[M]. New York: Palgrave Macmillan.

FAO, 2020. 2. 10. Desert Locust situation update[EB/OL]. http://www. fao. org/ag/locusts/en/info/info/index. html.

FRANÇOIS MOLLE, 2019. Egypt, Irrigation in the Mediterranean[M]. Springer.

GAMAL M, 2015. Selim. Egypt's Integration into the Global Economy and the Dynamics of Political Deliberalization. The International Dimensions of Democratization in Egypt[M]. Cham: Springer .

GAMAL M. SELIM, 2015. The Western Democracy Promotion Agenda in Egypt: The Persistence of the Democracy-Stability Dilemma, The International Dimensions of Democratization in Egypt[M]. Cham: Springer.

GARY PAUL NABHAN, 2007. Agrobiodiversity Change in a Saharan Desert Oasis, 1919—2006: Historic Shifts in Tasiwit (Berber) and Bedouin Crop Inventories of Siwa, Egypt[J]. Economic Botany (61): 31-43.

GEHAN A. G, ELMENOFI, HAMID El BILALI, et al., 2014. Governance of rural development in Egypt, Faculty of Agriculture, Ain Shams University[J]. Annals of Agricultural Science, 59 (2): 285-296.

GISELLE C, 1991. Bricault. Major Companies of EGYPT, Major Companies of the Arab World 1992/93[M]. Dordrecht: Springer .

GIUSEPPE SCHIAVONE, 2008. International Organizations[M]. London: Palgrave Macmillan.

HASSAN EL-RAMADY, TAREK ALSHAAL, NOURA BAKR, et al., 2019. The Soils of Egypt[M]. Cham: Springer .

HASSAN R. EL-RAMADY, SAMIA M. EL-MARSAFAWY, LOWELL N, Lewis, 2013. Sustainable Agriculture and Climate Changes in Egypt,

Sustainable Agriculture Reviews[M]. Cham：Springer .

HEBA ELBASIOUNY，FATHY ELBEHIRY，2020. Rice Production in Egypt：
The Challenges of Climate Change and Water Deficiency，Climate Change
Impacts on Agriculture and Food Security in Egypt[M]. Berlin：Springer.

IBRAHIM NATIL，2016. Civil State in the Post-Arab Spring Countries：
Tunisia，Egypt and Libya，The Arab Spring，Civil Society，and Innovative
Activism[M]. New York：Palgrave Macmillan.

JANE HARRIGAN，2014. Policies for Arab Integration into Global Food Markets
and Arab Domestic Agriculture，The Political Economy of Arab Food Sovereignt
[M]. London：Palgrave Macmillan.

JULES JANICK. Ancient Egyptian Agriculture And The Origins Of Horticulture[R].
Department of Horticulture and Landscape Architecture，Purdue University，
West Lafayette，Indiana 47907，USA.

KARIM HAMZA，2015. Smart City Implementation Framework for Developing
Countries：The Case of Egypt，Smarter as the New Urban Agenda[M]. Cham：
Springer.

KHALIFA，H. A. MOUSSA，2017. Soil and Agriculture After the Aswan High
Dam[J]. Irrigated Agriculture in Egypt（10）：81-124.

MARIAM G. SALEM，2012. Water and hydropower for sustainable development
of Qattara Depression as a national project in Egypt[J]. Energy Procedia（18）：
994-1004.

MASAYOSHI SATOH，SAMIR ABOULROOS，2017. Irrigated Agriculture in
Egypt[M]. Berlin：Springer.

MICHELE DUNNE，2011. Egypt：From Stagnation to Revolution，America's
Challenges in the Greater Middle East[M]. New York：Palgrave Macmillan.

MIRZA BARJEES BAIG，GARY S. STRAQUADINE，AJMAL MAHMOOD
QURESHI，et al.，2019. Sustainable Agriculture and Food Security in Egypt：
Implications for Innovations in Agricultural Extension[M]. Switzerland：
Springer.

MISHANA HOSSEINIOUN，2017. Egypt，The Human Rights Turn and the
Paradox of Progress in the Middle East[M]. Cham：Palgrave Macmillan.

MOATAZ ELNEMR, 2018. Policies That Work for Sustainable Agriculture in Egypt, Sustainability of Agricultural Environment in Egypt: Part II [M]. Cham: Springer.

MOATAZ ELNEMR, 2017. Applicability of Sustainable Agriculture in Egypt, Sustainability of Agricultural Environment in Egypt: Part I [M]. Cham: Springer.

MOHAMED ABDEL MEGUID, 2017. Key Features of the Egypt's Water and Agricultural Resources, Conventional Water Resources and Agriculture in Egypt[M]. Cham: Springer.

MOHAMED FAYEZ FARHAT, 2020. Towards a Common Destiny: The Belt and Road Initiative and the Vision 2030Forum "Governance and Egypt's Vision 2030" [R]. Asian Studies Program-Al-Ahram Center for Political and Strategic Studies.

MOHAMED K, 2018. Abdel-Fattah, Reclamation of Saline-Sodic Soils for Sustainable Agriculture in Egypt, Sustainability of Agricultural Environment in Egypt: Part II [M]. Cham: Springer.

MOHAMED SALMAN TAYIE, ABDELAZIM NEGM, 2018. Conventional Water Resources and Agriculture in Egypt[M]. Switzerland: Springer.

MOHAMED TALAAT EL-SAIDI, 2002. Prospects for Saline Agricultur[M]. Netherlands: Springer.

MYLES OELOFSE, HENNING HØGH-JENSEN, LUCIMAR S. ABREU, et al., 2011. Organic farm conventionalisation and farmer practices in China, Brazil and Egypt[R]. Agronomy for Sustainable Development.

REIJI KIMURA, ERINA IWASAKI, NOBUHIRO MATSUOKA, 2020. Analysis of the Recent Agricultural Situation of Dakhla Oasis, Egypt, Using Meteorological and Satellite Data[EB/OL]. https: //www. mdpi. com/2072-4292/12/8/1264/htm.

SALAH ABDELWAHAB EL-SAYED, KH. A. ALLAM, M. H. M. SALAMA, et al., 2017. Investigation of Chemical and Radiochemical Fingerprints of Water Resources in Siwa Oasis, Western Desert, Egypt[J]. Arab Journal of Nuclear Science and Applications（1）: 158-178.

SALWA F. ELBEIH，ABDELAZIM M. NEGM，ANDREY KOSTIANOY，2019. Environmental Remote Sensing in Egypt [M]. Geophysics：Springer.

SHALABY A，GAD A，2010. Urban Sprawl Impact Assessment on the Fertile Agricultural Land of Egypt Using Remote Sensing and Digital Soil Database，Case study：Qalubiya Governorate[A]. National Authority for Remote Sensing and Space Sciences，Egypt. US - Egypt Workshop on Space Technology and Geo - information for Sustainable Development[C]. Cairo：Egypt.

SHERINE EL-SHAWARBY，2020. Poverty and poverty reduction：Egypt's 2030 vision[R]. Cairo：University.

TOBY WILKINSON，2013. The rise and fall of ancient egypt [M].United states：Random House Trade Paperbacks.

V. TÄCKHOLM，1976. Ancient Egypt，Landscape，Flora and Agriculture[R]. The Nile，Biology of an Ancient River.

WORLD FOOD PROGRAMME，2020. Annual Performance Report for 2020[R]. Rome：Executive Board Annual Session.

WORLD FOOD PROGRAMME，2020. WFP Egypt Country Brief for 2020[R]. Rome：WFP Egypt Country Office.

YOUSSEF M，2017. Hamada，Agriculture and Irrigation in Nile Basin，The Grand Ethiopian Renaissance Dam，its Impact on Egyptian Agriculture and the Potential for Alleviating Water Scarcity [M]. Cham：Springer.

结束语

　　对埃及历史的研究可以说就是对埃及农业古老起源的追溯、发掘以及研究的过程，埃及对于当今世界的价值也不仅限于考古的价值。现代社会对埃及这个曾经的伟大文明依然负有历史责任，因为这个曾经照亮了整个混沌世界的卓越文明为我们世界各地的农业启蒙无私贡献出了他们无与伦比的智慧，如今仍然能够为我们许多农业创新提供重要的启迪。毫无疑问，农业耕作、灌溉技术以及园艺技术是古代埃及留给现代人类最为瑰丽的农业遗产，埃及的农业科学技术也被证明是科学之母，无论是农业工程装备技术还是公共工程、宫殿别墅，甚至庙宇陵墓，无论是从农学还是数学、医学化学，甚至天文学、冶金学，可持续发展与创新的基本灵感始终与古埃及人相生相伴，从而带给了他们超乎想象的力量与创造力，造就了同时代人类难以想象和匹敌的丰功伟绩。尽管近代以来的数次农业技术革命、工业技术革命特别是宗教文化的剧烈碰撞与冲突带来的全球科学技术进步和治理变革彻底改变了世界的旧有传统格局，埃及文化出现了越来越保守和传统的形态，以至于可持续性发展受到挫伤，昔日的辉煌渐渐褪去光辉。

　　大约在公元前1000年，埃及由于连续屈服于入侵文化的压力，来自腓尼基（今突尼斯）、利比亚、埃塞俄比亚、亚述人（今叙利亚）、波斯（今伊朗）、马其顿（今希腊）亚历山大大帝的军队，罗马军团以及随之而来的阿拉伯的沙漠战士，这些狂热涌入的外来势力自然而然地带来了新的宗教，同时也带来了新的农业生产体系及其农业文化，但是基于对曾经高不可攀的法老文明的敬畏，成了埃及新宗主的他们依然对冠名予自己"法老"身份乐此不疲，甚至也幻想自己也是"荷鲁斯"神的化身，成为拯救渐行没落的法老帝国的"救世主"。

然而，法老在他们的手中是只能终结而不可能"复活"的。

直到15世纪，奥斯曼帝国土耳其人的大举进入和渗透，彻底改变了埃及的固有奴隶制社会形态，埃及进入了封建帝王时代，后来受到工业革命的"宠儿"法国和英国的染指，殖民地特征及其文化的影响浸入了埃及社会各个阶层的"毛孔"，这种影响一直持续至今。

20世纪以来的埃及在希望独立的斗争中逐渐成长和强大，加之现代科学技术的突飞猛进和意识形态的吐故纳新，埃及所拥有的无穷无尽的考古资源所潜在的价值被不断地发现和重视起来。随着埃及占据主导地位的考古证据不断被发现，那些被遗忘了数千年的看似毫无价值的古老文物正在一点一点地如同"逐风而跑的沙漠浪子"——风滚草一样，在历史的长河中，虽然为了生存而封闭了自我随波逐流、颠沛流离，然而一旦坠入现代文明的"绿洲"，将立刻生根发芽。

古埃及文明本该如此，应该成为复兴和再次赢得创新发展机遇的历史"宠儿"和人类新文明、新革命的灵感和荣耀，农业亦应如此。农业是古埃及的标志，也将是人类未来可持续发展的标志。

这就是法老"终结者"和他的"终极大河"带给全人类的思考。

2021年6月，正值埃及的第三波疫情，作者完成了本书的第五次修订。七年前的这个月，埃及总统塞西接管了这个国家的权力，七年后的今天，塞西向全体埃及人民交上了一份答卷。七年来，埃及各行各业都发生了翻天覆地的变化特别是农业实现了惊人的成就。2014年，埃及出口了300万吨农产品，而2020年农产品出口总量达到500万吨。国家农业出口贸易显著增加，为农业和农民带来了更多的发展空间和就业，农业部门摆脱低迷，走上正确的轨道，为埃及的粮食安全提供了保障。

塞西总统作为一位高度关注民生和农业的国家领导人，七年来持续关注农业发展并制定了一系列雄心勃勃的农业扩张计划。特别是宏伟的沙漠土地改造计划在过去七年将埃及的现代农业体系逐步从狭小拥挤的尼罗河三角洲和河谷转移到占埃及土地面积95%以上的沙漠中。塞西的农业复兴战略依赖于沙漠土地的开发、农业生产力的提升和水资源的综合利用。2018年，塞西亲自启动"10万温室"设施农业国家项目，为埃及前所未有的大规模设施农业开发按下了启动键。此后分布在埃及不同地区的数千个巨型现代化温室在国际化管理体系下产生了巨大的经济效益，弥补了国家粮食缺口并降低了国内粮食价格。2021年1月，塞西批准了埃及有史以来最大的地区性土地改造项目——"新三角洲项目"，该项目将在两年内为埃及的农业提质增效发挥决定性作用。2021年4月，塞西总统启动了"埃及的未来"国家农业可持续发展项目，将在更大程度上提升埃及的农业在各个行业的集成发展能力，推动实现"埃及农业的复兴"。

"埃及将通过对水资源和投资最优化利用在实现农业不断增产之路上排除万难，勇敢前进。"

这充分体现了塞西总统执政以来以及未来将在国家农业领域所展现出的治理理念、坚定决心和做出的不懈努力。

埃及的农业能否复兴，未来将如何发展，对其他国家有何启示，我们拭目以待。

Concluding remarks

THE STUDY OF EGYPTIAN HISTORY CAN BE SAID TO BE THE PROCESS of tracing, excavating and researching the ancient origins of Egyptian agriculture. The value of Egypt to the world today is not limited to the value of it's archaeology. Modern society still bears historical responsibility for the once great civilization of Egypt, because this remarkable civilization that once illuminated the entire chaotic world has contributed their unparalleled wisdom to agricultural enlightenment all over the world, and is still able to provide much innovation to agriculture.

There is no doubt that agricultural farming, irrigation technology and gardening technology are the most magnificent agricultural heritage brought to modern mankind by ancient Egypt. Egyptian agricultural science and technology has also been proven to be the mother of all science, regardless of in any aspect of agricultural engineering equipment technology, public engineering, like palaces, villas, and even tombs, on agronomy, mathematics, medical chemistry, or even astronomy and metallurgy. The basic inspiration for sustainable development and innovation has always been accompanied by the ancient Egyptians, thus giving them power and creativity beyond imagination. Egyptian civilization created a great feat that is unimaginable and unmatched by humans of the same age. Although the changes of global scientific-technological progress and governance brought about by several agricultural technological revolutions, industrial technological revolutions, especially religious and cultural conflicts, in modern times, have completely changed the old traditional pattern of the world, Egyptian culture has become more and more conservative, and thus inevitably hindered it's development, so the past glory of this great civilization faded away.

Around 1000 B.C, Egypt succumbed under the pressure of invasion from Phoenicians (now Tunisia), Libya, Ethiopia, Assyrians (now Syria), Persia (now Iran) and Macedonia (now Greece). The army of Alexander, the Roman legion and the subsequent Arab desert fighters, these enthusiastic influx of foreign forces naturally brought new religions, as well as advanced agricultural product systems and with their native culture.

Due to the awe towards the once unattainable civilization of the pharaohs, the new sovereigns enjoyed to name themselves "Pharaoh", and even fantasized that they were the incarnation of the "Horus" god, whicn that they resurrected and will save the deline of pharaoh Empire just as the "Savior" once did. However, in their hands, the Empire couldonly only end, and would never "resurrect" through the hands of those whom are not civilized Pharaohs.

Until the 15th century, the large-scale entry and infiltration of the Ottoman Turks completely changed the slavery society system of Egypt and Egypt entered the era of feudal emperors. Later, Egypt was encroached upon by France and Britain, the "winners" of the Industrial Revolution. The influence of these foreign cultures and even with colonial characteristics has penetrated into the "pores" of all classes of Egyptian society, and this influence has been continuing to the present, and could continue into the future.

Since the 20th century, Egypt has gradually grown and become stronger in the struggle for independence, coupled with the rapid advancement of modern science and technology and the ideological innovation, the potential value of Egypt's endless archaeological resources has been continuously discovered and revalued. As Egypt's dominant archaeological evidence continues to be discovered, those seemingly worthless ancient relics that have been forgotten for thousands of years are becoming like "desert waves running with the wind" -tumbleweeds. In the long river of history, although it has closed itself and drift away just for survive, once it falls into the "Oasis" of modern civilization, the roots will immediately sprout.

Ancient Egyptian civilization should be the same, and should become an historic revival and once again winning the opportunity of innovation and development, gaining inspiration and glory of the new civilization from it's ancient agriculture, in order to inspire the revolution of mankind. Agriculture is a symbol of ancient Egypt, and it will also be a symbol of human sustainable development in the future.

This is the concept of what the "Terminator" of Pharaoh with his "Ultimate fertile river" brought to all mankind.

后 记

　　虽然经历了"披星戴月"般的奋笔疾书，却依然赶不上时代飞快的步伐和埃及日新月异的变化。虽已完成写作，却仍然在为本书的快速过时而感到怅然。

　　本书定稿在腊月之末，正值埃及第二波疫情来袭之时，每日新增新冠病例由炎热酷暑中锐降至的近百例竟又复飙升至数百例不止。尽管疫情反复，但是总不能抵挡住我对埃及农业了解和探索的热情，在撰写本书的过程以及终稿后，开展对埃及的田野调查和农村走访的愿望更加强烈，也更深刻地认识到，完成了系统的"纸上谈兵"之后，"实践是检验真理的唯一标准"[①]才是调研的"试金石"。

　　机会总是垂青那些有准备的人。

　　理论研究才刚刚结束，一个偶然的机会就认识了在埃及打拼了20多年的华人农场主老罗和老陶，居然还是同乡和同行。在他们的热情帮助下，我更多地感受到埃及农业的潜力。

　　一次看似单纯的驻外，在精心的"编织"下，也慢慢地展现出了"系统化"的特色和"多样性"的趋势，这也为我的驻外外交工作打开了新的思路。驻外外交工作，特别是农业外交工作，不仅仅在于成为沟通双方的桥梁，更在于"牢记初心使命，推进自我革命"[②]——拥有一种开拓创新的外交精神，树立一种本地化的外交工作态度，打造一种专业化的外交实践能力，这也是习近平深入推进"中国特色大国外交"的外交思想的深刻内涵之所在。

　　愿本书能够为更多的读者提供更多的有益思路。

---

① 最初出自南京大学哲学系教师胡福明，发表于1978年5月《光明日报》《人民日报》等。

② 习近平，《习近平谈治国理政.第三卷》，2019。

Postscript

ALTHOUGH I HAVE WORKED DAY AND NIGHT TO COMPLETE THIS book. I still could not keep up with the fast pace of the times and the rapid changes in Egypt. As soon as I have finished writing, I still felt at loss and uneasy for the rapid obsolescence of this book.

The book was finalized at the end of December while the second wave of pandemic hit Egypt. The number of new cases per day dropped sharply in hot summer to nearly 100, but soared to near thousands per day once the heat was gone. Although the pandemic relapsed, it could not stop my passion for learning and exploring Egypt's agriculture. After writing the final draft, I felt a stronger desire to carry out field trips as well as rural investigation in Egypt. Meanwhile, a strong feeling of "Practice is the sole criterion of truth" [①] made me believe that the "touchstone" of the paper research will prove everything when I could "talk about stratagems on paper".

"Opportunities always favor those who are prepared."

Just after the theoretical research, I got to know Mr.LUO and Mr.TAO, Chinese farmers who are my fellow villager and peer running farmhouses in Egypt for nearly 20 years.Under their's guidance and suggestions, I have gained a deep understanding of the great potential of Egypt's agriculture.

Through a seemingly simple mission abroad, I could slowly express the characteristics of "systematization" and the trend of "diversity", which also opened up new opportunities here. Diplomatic work abroad, especially agricultural diplomacy, is not only to be a bridge between the two parties, but also to "keep in mind the original mission and promote self-revolution", that is, to have a pioneering and innovative diplomatic spirit and establish a localized diplomacy. A

---

① Originally from HU Fuming, a teacher of the Department of Philosophy of Nanjing University, it was published in Guangming Daily and People's Daily in May 1978.

strong working attitude and building a professional diplomatic practice ability are also the deep connotations of XI Jinping's deepening of the diplomatic theory as that of "major-country diplomacy with Chinese characteristics" [1].

I hope this book will contribute many useful ideas to more readers.

---

[1]　XI Jinping，《the country's governance. Volume I》，2020.

附 图

附图1　埃及新石器时代Gilf Kebir高原展现放牧及生活的洞穴壁画，以"游泳者洞"和"野兽洞窟"最为有名（The Neolithic Gilf Kebir Plateau in Egypt shows grazing and life cave paintings，the most famous are "Cave of the Swimmers" and "Cave of the Beasts"）

来源（Source）：Internet

附图2　展现古代埃及农业及放牧业的陶俑，藏于德国慕尼黑斯塔林奇博物馆（The terracotta figures depicting agriculture and grazing in ancient Egypt，collected in the Staatliches Museum Agyptischer Kunst）

摄影（Photo）：Hans Ollermann

附图3　埃及法老时期开罗吉萨附近农业耕作场景

（The scenes of farming near Giza in Cairo during the Egyptian Pharaonic period）

来源（Source）：Internet

附图4　埃及法老时期底比斯内巴蒙墓室壁画《捕禽图》，约公元前1360年

（The painting of birds in the tomb of Nebamun in Thebes，Pharaonic period，about 1360 BC）

来源（Source）：Internet

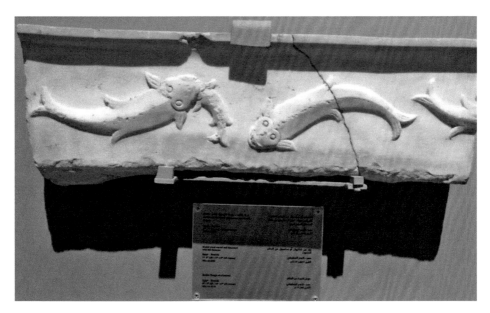

附图5 埃及开罗伊斯兰艺术博物馆收藏的马穆鲁克时期的尼罗河特色鱼类（及捕食场景）雕刻装饰，公元13—14世纪（The decorations of characteristic fishes（also predator）in Nile River during the Mamluk period,the Museum of Islamic Art in Cairo，Egypt，about 13–14 AD）

摄影（Photo）：丁麟

附图6 埃及博物馆收藏的莎草纸绘画，大约在公元前3000年（Papyrus paintings collected by the Egyptian Museum，ca. 3000 BC）

摄影（Photo）：丁麟

附图7　埃及博物馆收藏的莎草纸中反映农耕生活的场景，大约在公元前3000年
（Scenes of farming life in the papyrus collected by the Egyptian Museum，ca. 3000 BC）

摄影（Photo）：丁麟

附图8　埃及博物馆收藏的雕刻石板中的古代埃及动物（鸟类）的场景，埃及的多数
古代动物已经灭绝或濒危，例如河马、狮子、羚羊、圣鹮等，时间不详（Scenes of
ancient Egyptian animals（birds）in the carved stone slabs collected by the Egyptian
Museum,most ancient animals in Egypt have been extinct，such as hippopotami，lion,
antelope and crested ibis，time unknown）

摄影（Photo）：丁麟

附图9　位于意大利西西里岛卡塔尼亚的大象喷泉雕塑上的古埃及方尖碑（左）
（Obelisk on an elephant fountain sculpture in Catania，Sicily，Italy）;位于意大利罗马人
民广场的古埃及方尖碑（右）（Obelisk in Piazza del Popolo，Rome，Italy）

摄影（Photo）：丁麟

附图10　在尼罗河三角洲出土的罗塞塔石碑（Rosetta Stone）以及前14行还原文字特写[①]
（the Rosetta Stone unearthed in the Nile Delta，and with14 lines of a close-up of the
restore text）

来源（Source）：Wikipedia

───────────

① 罗塞塔石碑（Rosetta Stone），制作于公元前196年，在尼罗河三角洲罗塞塔港圣朱利安要塞
（Fort St.Julian）出土，刻有古埃及国王托勒密五世登基诏书，同时用希腊文、古埃及文和
当时的通俗体文字雕刻而成，最上层的是14行古埃及象形文字，象形文字当时被称之为圣书
体，即献给神明的文字。罗塞塔石碑是现代人解开古埃及历史的重要物证。1802年起收藏于
大英博物馆。

附图11 1935年在埃及苏伊士运河上的三角帆船

（The Suez Canal in Egypt in 1935 with the triangular sail）

摄影（Photo）：Saida El Alloumi

附图12 19世纪埃及苏伊士运河货运场景，赛义德港（The scenes of freight transport in Suez Canal in 19th century，Port Said）

来源（Source）：Transpressnz

القاهرة عام ١٩٠٠

附图13 1900年开罗附近农贸市场，销售谷物、糖和油的杂货店（The scene of a farmer's market near Cairo，Egypt，1900，a grocery store selling grain，sugar and oil）

来源（Source）：Internet，作者或为H. M. Kamel

附图14　近代埃及开罗吉萨附近农业耕作场景

（The scene of agricultural farming near Giza，Cairo，Egypt）

来源（Source）：Internet

附图15　阿斯旺大坝建成典礼（The opening ceremony of Aswan Dam）

来源（Source）：Internet

附图16　埃及前总统穆巴拉克力图重振"新河谷计划"及其相关沙漠、盆地改造项目
（"New Valley Project" presided over by former Egyptian President Mubarak）

来源（Source）：Internet

附图17　流经开罗市区的蓝色尼罗河及其秀丽的风光
（The beautiful scenery of the blue Nile River flowing through downtown Cairo）

摄影（Photo）：丁麟

附图18　尼罗河环绕的开罗市中心的扎马莱克岛俯瞰图，中间最高建筑为开罗塔
（The overlook of Zamalek Island in downtown Cairo surrounded by the Nile River，the tallest building in the middle is the Cairo Tower）

摄影（Photo）：丁麟

附图19　在萨拉丁城堡俯瞰开罗市区，最远处为吉萨金字塔（Overlooking downtown Cairo from Saladin Citadel，with the Pyramids of Giza at the farthest point）

摄影（Photo）：丁麟

附图20　埃及阿斯旺大坝（Aswan Dam，Egypt）

来源（Source）：Internet

附图21　埃及总统塞西参观位于斋月十日城的国家设施农业项目（Sisi，the president of Egypt，inaugurates the national development project of greenhouses at the 10th of Ramadan city）

来源（Source）：Egypt Today

附图22　埃及西奈半岛的德国施耐德5兆瓦太阳能发电厂
（Schneider Electric solar power plant in Sinai，5 MW）

来源（Source）：Jean Marie Takouleu，Afrik 21

附图23　埃及西奈半岛的有机农场（Habiba Organic Farm Nuweiba，Sinai，Egypt）

来源（Source）：Habiba Community

附图24　位于红海沿岸的埃及国家海水淡化项目（Egypt National Desalination Project）

来源（Source）：CGTN website

附图25　位于伊斯梅利亚的埃及国家废水处理项目，来自Mahsama的废水通过两条从新苏伊士运河底部的隧道抵达该水处理厂，日处理能力为100万立方米，向西奈半岛的农业土地提供灌溉水（Egyptian national water treatment plant in Ismailia，The water treatment plant cover Mahsama has a capacity of 1million cubic metres a day，and is being developed to provide irrigation water to agricultural lands in the Sinai peninsula east of Suez）

来源（Source）：2020 INTERNATIONAL WATER DESALINATION CONFERENCE

附图26 埃及图什卡盆地的大型设施农业投资项目，图中人物为埃及中央农业银行投资考察团队等（Large scale facility agriculture project in tushka basin，Egypt.In the picture，the president of the Central Agricultural Bank of Egypt with his team field trip）

来源（Source）：Egypt today

附图27 埃及现代化农机设备（Modern agricultural machinery and equipment in Egypt）

来源（Source）：Egypt today

附图28　盖塔拉盆地，与新疆吐鲁番盆地、死海等并称世界七大洼地，最低点低于海平面133米，自然资源及农业潜力巨大（Qattara Depression in Egypt，one of the seven great depressions in the world as well as Turpan Pendi，China and Dead Sea，Israel–Syria–Jordan. Well known as it's altitude −133m with considerable resource and agriculture potential）

来源：来源（Source）：OrangeSmile.com

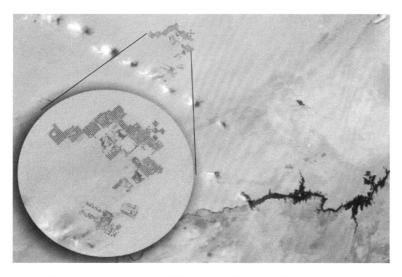

附图29　埃及西部沙漠农业（左侧圆圈所示灰色斑块群），旨在鼓励人们参与沙漠开创性农业项目［Desert agriculture in Western Egypt（gray patches shown by the circle left）aims to encourage people to participate in pioneering agricultural projects in the desert］

来源（Source）：the NASA Earth Observatory story Agriculture in Egypt's Western Desert. Caption by M. Justin Wilkinson，Texas State University，Jacobs Contract at NASA-JSC.

附图30　埃及的沙漠农场近景（Close up of desert farms in Egypt）

来源（Source）：Internet

附图31　埃及国家重点设施农业项目（Egyptian National Facilities Agriculture Project）

来源（Source）：CGTN website

附图32 中国公司参与建设的埃及国家重点设施农业项目
（Egyptian National Facility Agriculture Project construct by Chinese Companies）

来源（Source）：CGTN website

附图33 中国丰尚埃及工业股份有限公司的数字农牧、智能装备、粮食储运、智慧工厂、工业互联网等领域的创新数字化业务组合、行业知识和实践在第三届中国国际进口博览会展示（China FAMSUN Egypt Industrial Co.，Ltd.'s innovative digital business portfolio in digital agriculture and animal husbandry，intelligent equipment，grain storage and transportation，smart factories，industrial Internet，etc. industry knowledge and successful practices are displayed at the 3rd China International Import Expo.）

来源（Source）：CCTV

附图34 "非洲食品"——埃及第五届食品及饮料国际贸易展
("African Food" –The 5th International Trade for Food and Beverages，Cairo，Egypt)

摄影（Photo）：丁麟

附图35 作者（右起三）在"非洲食品"——埃及第五届食品及饮料国际贸易展会上参
观中国安琪酵母集团展位并与员工等合影（The author,third from right，visited the booth
of Angel Yeast Co.，Ltd（Egypt）and took a group photo with employees at the 5th
International Trade for Food and Beverages,Cairo,Egypt）

来源（Credit）：安琪酵母集团埃及分公司

附图36　埃及稻谷收获场景（Egyptian rice harvest）

来源（Source）：Egypt daily news

附图37　埃及农村的秸秆回收堆积场，埃及为减少农业污染，充分利用农业可回收资源，
2019年农业部共回收78.787 4万吨秸秆（Straw recycling yard in rural Egypt，Ministry
of Agriculture and Land Reclamation issued that the country has collected and recycled
787 874 tons of rice straw）

来源（Source）：Egypt today

附图38　埃及农业研究中心（Agricultural Research Center，ARC）

来源（Source）：埃及农业研究中心网站（ARC website）

附图39　埃及糖料作物研究所种植的埃及甜菜

[Sugar beet cultivated by Egyptian Sugar Crop Research Institute （SCRI）]

来源（Source）：埃及农业研究中心网站（ARC website）

附图40　埃及国家基因库（National Gene Bank，NGB）

来源（Source）：埃及食品和农业国家植物遗传资源状况报告，FAO，2007

附图41　埃及沙漠研究中心（Egyptian desert research center）

来源（Source）：埃及农业研究中心网站（ARC website）

附图42 埃及农业博物馆（Egyptian agricultural museum）

来源（Source）：埃及农业博物馆网站（Egyptian agricultural museum website）

附图43 联合国粮农组织（FAO）总干事屈冬玉在埃及访问并与埃及总统塞西会谈

（QU Dongyu，the DG of FAO visit Egypt and meet with Sisi，the president of Egypt）

来源（Source）：FAO Website

附图44　联合国粮农组织（FAO）在埃及开展的农业可持续发展项目，2020年开罗"水周"（FAO Sustainable agricultural development project in Egypt，FAO takes part at Cairo Water Week 2020）

来源（Source）：FAO Website

附图45　埃及国际合作部与合作伙伴世界粮食计划署（WFP）共同推动的2023年百万农民拓展计划（The Ministry of international cooperation of Egypt and WFP expand partnership to support 1 million farmers by 2023 in Egypt）

来源（Source）：Egypt today

附图46　中国农业农村部时任副部长余欣荣2019年访问埃及并与埃及农业部时任部长埃兹·埃尔丁·阿布·赛义德教授（Ezz el-Din Abu-Steit）探讨中埃绿色农业可持续发展项目（YU Xinrong，the Deputy Minister of the Ministry of Agriculture and Rural Affairs of China，visited Egypt and discussed with Ezz El-Din Apostet，the Minister of the Ministry of Agriculture and Land Reclamation of Egypt）

摄影（Photo）：谢建民（XIE Jianmin）

附图47　中国农业科学院哈尔滨兽医研究所与埃及开罗大学兽医学院共建动物疾病防控联合实验室［Harbin Veterinary Research Institute of Chinese Academy of Agricultural Sciences（CAAS）and Cairo University jointly established avian influenza vaccine reference laboratory］

摄影（Photo）：谢建民（XIE Jianmin）

附图48　美国国际开发署、百事可乐埃及公司在埃及实施马铃薯合作项目（USAID and Pepsi–Cola Egypt implement potato cooperation projects in Egypt）

来源（Source）：Egyptian Streets

附图49　日本驻埃及大使Masaki Noke在Nubariya，Beheira地区的椰枣产业基地并以当地人的方式攀树收获椰枣（Japan's Ambassador to Egypt，Masaki Noke，visited a fruit orchard farm in Nubariya，Beheira west of the Nile Delta，the ambassador experienced climbing a date palm in the same way Egyptian farmers do to collect the ripe dates）

来源（Source）：wataninet

附图50　埃及美国大学（American University of Egypt）

来源（Source）：Internet

附图51　埃及日本科技大学（Egypt–Japan University of Science and Technology）

来源（Source）：Internet

附图52　埃及橙加工流水线（Egyptian citrus processing line）

来源（Source）：Egypt today

附图53　产自埃及西奈半岛有机农场的椰枣

（Dates from organic farm in South Sinai，Egypt）

来源（Source）：Egypt today

附图54　埃及的椰枣树即将抽穗结出果实（Egyptian date palms are about to bear fruit）

摄影（Photo）：丁麟

附图55　埃及丰收的石榴（Pomegranates harvest in Egypt）

来源（Source）：Egypt today

附图56　开罗郊区种植的草莓，埃及高品质的草莓畅销世界，在中国也有很大的市场
（The strawberries planted in the suburbs of Cairo，the high-quality strawberries in
Egypt sell well all over the world and have a large market in China）

来源（Credit）：Sherif Mostafa

附图57　埃及街头售卖的补贴大饼（The Baladi bread for Egyptian）

摄影（Photo）：丁麟

315

附图58 埃及街头随处可见当地农民售卖烤红薯和烤玉米（Mobile vendor selling roasted sweet potatoe and corn by local farmers could be seen everywhere in many city of Egypt）

摄影（Photo）：丁麟

附图59 埃及开罗近郊的乡村农场 （A rural farm near Cairo，Egypt）

摄影（Credit）：罗文明

附图60　埃及一些偏远农村的贫困现象依然较为严重
（Poverty is still serious in some remote villages in Egypt）

来源（Source）：Internet

附图61　埃及最大的农贸市场——开罗Obour市场以及当地特色水果蔬菜（Egypt's largest farmer's market–Cairo Obour Market and local specialty fruits and vegetables）

摄影（Credit）：陶皖江

附图62　埃及农贸市场中小农生产的水果
（Egyptian fruits produced by small farmers
in Egyptian farmers'market）

摄影（Credit）：陶皖江

附图63　埃及广受喜爱的特色食品——
埃及烤肉（The popular local food of
barbecue in Egypt）

摄影（Photo）：丁麟

附图64　埃及的特色食品——埃及大饼（皮塔饼）卷烤羊肉
（Egyptian Aish baladi rolled roast lamb）

摄影（Photo）：丁麟

附图65　遍布埃及街头的特色早餐食品——蒸蔬菜、薯条及大饼（Featured breakfast foods all over the streets of Egypt–steamed vegetables，fries and Egyptian bread）

摄影（Photo）：丁麟

附图66　锡瓦绿洲是农业适应极端恶劣气候的全球独创性例证之一。2016年，联合国粮农组织（FAO）授予其全球重要农业遗产（GIAHS）称号［Siwa oasis is one of the best illustrations of farmers'ingenuity to adapt agriculture to very harsh climatic conditions.FAO awarded Siwa Oasis the Globally Important Agricultural Heritage Systems（GIAHS）Certificate］

来源（Source）：FAO

319

附图67 埃及西部沙漠中著名的黑白沙漠。白色沙漠（上）位于费拉费拉绿洲（Farafra）附近，数万年前海洋生物残骸堆积而成的变质岩形成了极地般独特的地貌特征。黑色沙漠（下）位于拜哈里耶绿洲（Bahariya）附近，火山喷发后形成的黑色物质遍布地表形成了煤炭般壮观的地貌特征（The famous black and white desert in the western desert of Egypt. The White Desert（top）is located near the Farafra Oasis. Metamorphic rocks formed by the accumulation of remains of marine life tens of thousands of years ago which have formed unique polar landform features.The Black Desert（bottom）is located near the Bahariya Oasis，The black material all over the surface is formed after volcanic eruption，which constitutes a spectacular geomorphic feature like coal）

摄影（Credit）：曾彩

附图68　通过穿越沙漠人工渠开垦的沙漠农场，埃及乡村公司在西明亚地区参与开发的
"150万费丹"沙漠农田开垦项目，该项目总面积为22万费丹（Man made canals dug
in the desert and desert farms，"The 1.5 million feddan" desert farmland reclamation
project，with a total area of 220 000 feddan which was developed by the Egyptian village
company in west Minya region）

来源（Source）：Internet

附图69　埃及农村的小农生产（Smallholder production in rural Egypt）

来源（Source）：CGTN

附图70　埃及达赫莱绿洲种植的冬小麦（Wheat in Rashda village，Dakhla Oasis）

来源（Source）：Reiji Kimura，Erina Iwasaki，Nobuhiro Matsuoka，2020

附图71　位于赛义德港的Ghaliaun项目是埃及、中东和非洲最大的鱼类项目之一，也是全世界最大的鱼类养殖项目之一（The Ghalioun Project near Said port is one of the largest fish projects in Egypt and the Middle East and Africa，also one of the largest fish farming projects in the world）

来源（Source）：GHALIAUN National Company for Fishery & Aquaculture

附图72　埃及渔民的主要工具——三角帆，也是埃及最主要的旅游特色之一
（The main tool of Egyptian fishermen，the triangular sailboats is also one of the most important tourism characteristics of Egypt）

来源（Source）：pinterest

附图73　开罗私人别墅农庄（Private villa and farm in Cairo）

摄影（Photo）：丁麟（Ding Lin）

附图74 开罗近郊私人园艺农场使用本地沙壤有机质混合土壤引种的中国盆景植物，在埃及高档场所及别墅度假区很受欢迎（The Chinese art of bonsai plants introduced to the private horticultural farm in the suburb of Cairo，are very popular in high-end places and villa resorts in Egypt）

摄影（Photo）：丁麟（Ding Lin）

附图75 开罗温室大棚种植的花卉（Flowers grown in a greenhouse in Cairo）

摄影（Photo）：丁麟（Ding Lin）

附图76　开罗近郊农场引种的莲藕，尼罗河谷土壤条件适宜种植莲藕等高产作物
（The lotus root introduced in farm land near Cairo，the soil in Nile Valley are suitable for cultivate high-yield crops such as lotus root）

摄影（Photo）：丁麟（Ding Lin）

附图77　开罗附近种植的中国莲藕（Chinese lotus root grown near Cairo）

摄影（Credit）：罗文明

附图78　开罗近郊农场引种的冬瓜长势良好

（Winter melons introduced in farm land near Cairo are growing well）

摄影（Photo）：丁麟（Ding Lin）

附图79　埃及农业与土地开垦部和马特鲁省联合举办"兽医大篷车下乡"活动，为当地农民提供免费服务。该活动由埃及农业部兽医服务总局和家畜生殖研究所联合举办（The Ministry of Agriculture and Land Reclamation（MALR）and Matrouh Governorate jointly organized the "Veterinary Caravan to the Countryside" event to provide free services to local farmers. The General Administration of Veterinary Services and the Institute of Livestock Reproduction of MALR undertake the event）

来源（Source）：埃及农业与土地开垦部（The Ministry of Agriculture and Land Reclamation of Egypt）

附图80　埃及农民在埃及农业与土地开垦部设立的"家畜保险基金"项目（1959年设立）的常年支持保障下，灾病害应对能力获得提升（With the support and guarantee of the "Livestock Insurance Fund" project（since1959）by MALR, Egyptian farmers have improved their resilience）

来源（Source）：埃及农业与土地开垦部（The Ministry of Agriculture and Land Reclamation of Egypt）

附图81　埃及农业部门推出的"鱼类财富计划"，包括稻田养鱼以及沙漠养鱼等项目，该特色生态综合养鱼模式，产品质量提升（沙漠养鱼1英亩产量可达100吨），社会生态效益明显（The "Fish Wealth Project" launched by the Egyptian agriculture department includes projects such as "rice-field fish farming" and "desert fish farming". This unique ecological integrated fish farming model has improved product quality，such as desert fish farming yields up to 100 tons per acre，and has obvious social and ecological benefits）

来源（Source）：埃及农业与土地开垦部（The Ministry of Agriculture and Land Reclamation of Egypt）

附图82　埃及乡村的畜牧兽医站以及采用B超等现代技术检查牲畜健康（Animal husbandry and veterinary stations in rural Egypt and with the use of modern technology such as B-ultrasound to check the health of livestock）

来源（Source）：埃及农业与土地开垦部（The Ministry of Agriculture and Land Reclamation of Egypt）

附图83　埃及为严厉打击农业用地流失和破坏现象以及农资侵占，出动警察进行打击和监督
（In order to crack down the loss and destruction of agricultural land and the occupation of
agricultural materials，Egypt dispatched police to fight and supervise illegal behaviors）

来源（Source）：埃及农业与土地开垦部（The Ministry of Agriculture and Land Reclamation
of Egypt）

附图84　埃及农业与土地开垦部在脸书展示的埃及骆驼品种（Egyptian camel breeds displayed on Facebook by the Ministry of Agriculture and Land Reclamation of Egypt）

来源：Egypttoday，2021

附图85　作者的剪报、编辑工作台，《埃及农业概论》取材于埃及金字塔报等十余种埃及主流报刊及大量文献书籍，已收集农业动态、分析报告并形成档案数百份（The newspaper clippings intelligent workstation of author in Cairo which collected Al-Ahram Weekly and dozens of mainstream of newspaper in Egypt. Mostly covered all sectors of Egyptian agriculture）

摄影（Photo）：丁麟（Ding Lin）

附件1

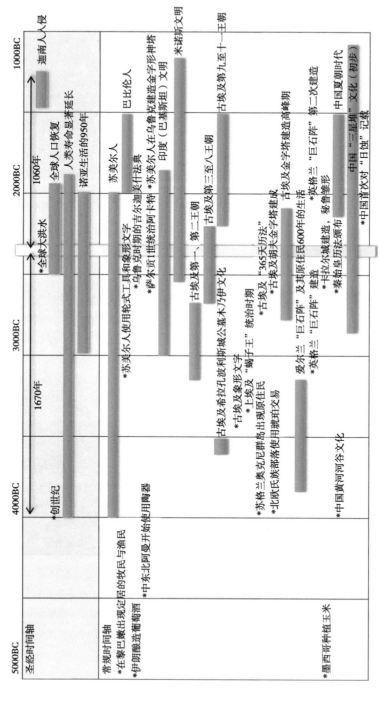

埃及文明与世界早期文明及农业起源对照简表（来源：网络，翻译：丁麟，有增补）

附件2　埃及、世界、中国农业史大事对照表

断代	王朝/政权名称	年代	埃及	世界	中国
前王朝	塔索—巴达里时文化时期	约公元前4000年	约公元前5000年，驯养牲畜，绵羊和山羊。埃及农业启蒙时期椰枣、无花果种植①	约公元前8000年，第一次农业革命②，约公元前4000年，第二次农业革命③	旧石器时期至公元前221年，《山海经》④；公元前5500年至公元前4800年，裴李岗文化⑤
	涅伽达 I（阿姆拉提亚）文化时期	约公元前3700年；14C测定：公元前3850年至公元前3650年			
	涅伽达 II（基泽）文化时期	公元前3500年至公元前3000年，14C测定：公元前3400至公元前3100年	公元前3500年，古埃及文字"圣书体"；至少公元前3400年，陶罐使用	公元前3500年，古代西亚诞生	公元前3200年至公元前2200年，良渚文化⑥

---

① Jules Janick, Purdue University, 2020.

② 新石器时代，可能由采集野生小麦发展为栽种，出现农耕生活，农业、畜牧业诞生，是人类历史上首次农业革命或新石器革命。小麦大致产生于"新月沃地"（Fertile Crescent）。

③ 青铜器时代，因青铜器材料的使用，人类可以进行细耕式的初始农业，称作第二次农业革命。

④ 是中国先秦时期重要古籍，记载了约40个邦国，550座山，300条水道，100多位历史人物，400多个神怪异兽，共18卷，《大荒北经》载："叔均乃为田祖。"还大量记载了原始农耕文化："西南黑水之间，有都广之野。后稷葬焉，爰有膏菽、膏稻、膏黍、膏稷，百谷自生，冬夏播琴。鸾鸟自歌，凤鸟自舞。灵寿华实，草木所聚。"还有许多关于水利、车船制造、耕牛使用的记载。

⑤ 黄河流域的原始农业以种植粟为代表。

⑥ 此期同中国稻作农业生产已相当发达，普遍使用三角形石犁，石镰等，已率先迈入了连续耕作的犁耕阶段。

（续表）

断代		王朝政权名称	年代	埃及	世界	中国
早王朝	第一王朝	荷鲁斯名①埃及王表②（曼涅托）③ 纳尔迈（Narmer）—美尼（Meni）—美尼斯（Menes）—阿哈（Aha）—阿泰提（Ateti）—阿蒂提斯（Athothis）—吉尔（Djer）—阿泰特（Atet）—青开纳斯（Kenkenes）—吉特（Djet）—伊泰尔提（Iterty）—乌泰弗斯（Unephes）—阿泰吉伯（Anedjib）—美尔帕毕亚（Merpabia）—密毕斯（Miebis）—塞美尔赫特（Semerchet）—伊利奈贴尔（Irynetjer）—塞美姆坡塞（Semempses）—卡森（Qa/Sen）—开伯胡（Qebehu）—毕奈开斯（Bieneches）	公元前3000年至公元前2840年	公元前3100年，上、下埃及统一。椰枣开始种植		
	第二王朝	荷鲁斯名埃及王表（曼涅托） 海泰普·塞赫姆威 海泰普（Hetep）—伯照/包洛特 包泰斯（Boethos）（Hetep-Sekhemwy）（Bedjau/Bauneter）—尼奈帖尔（Nynetjer）—巴尼泰帖尔（Baninetjer）—毕诺泰里斯（Binothris）—外奈哥（Weneg）—瓦吉奈斯（Wadjnes）—塞赫密伯 帕里玛特 奈弗尔卡拉/阿卡 赛里斯/奈弗尔册里斯（Sekhemib—Peremat）（Neferkare/Aka）（Chares/Nepherchers）—哈塞开姆威 奈布提/扎扎伊 海泰普·伊美弗（Senedi）（Khasekhemwy）（Kheneres）（Khasekhemwy）（Nebwy-hetep-imef）（Bebti/Pjadjay）—塞弗奈斯（Sethenes）—塞泰克里斯（Sesochris）（Peribson）（Neferkasoare）尔卡索尔 塞索克里斯（Sesochris）（Peribson）（Neferkasoare）胡吉伐（Hudjefa）—哈塞开姆（Khasekhem）	公元前2840年至公元前2700年	公元前2787年，人类历史上最早的太阳历创立。葡萄开始种植		公元前2800年，跑马岭文化④

① 荷鲁斯名来自古埃及鹰神—荷鲁斯。荷鲁斯神同时是天神和王权的化身，拥有荷鲁斯名表明是埃及王位正统的拥有者。

② 在古代埃及历史分期上，把国家统一、把国家繁荣和文化发展到的时期叫做"王国"（kingdom）；把国家分裂、经济衰退和文化落后的时期叫做"中间期"（Intermediate Period）。

③ 曼涅托（Manetho），公元前四世纪末至公元前三世纪初托勒密王朝统治下的一名埃及祭祀、历史学家，所著的《埃及史》为研究古埃及重要史料，其标准即"埃及王表"。

④ 中国重要的稻作文化遗址，江西修水。

（续表）

断代	王朝或政权名称	年代	埃及	世界	中国
	荷鲁斯名称及埃及王表（曼涅托）				
第三王朝	萨纳赫特（Sanakht）—奈布卡一世（Nebka I）—奈克罗弗（Necherophes）—奈帖尔赫（Nejerkher）—佐塞·萨提（Djoser Sa/Ti）—佐塞·特罗（Tosorthros）—塞赫姆赫（Sekhemkher）—佐塞提（Djoserty）—佐塞·特提（Djoser-Teti）—图塞尔·图塞希斯（Tureis-Tusertasis）—哈巴（Khaba）塞吉斯/吉发 美索克里斯-阿克斯（Sedjes/Djefa）（Mesochris-Aches）—奈布卡拉（Nebkare）—卡赫吉（Qakhedjet）—奈布卡二世（Nebka II）—奈弗尔卡拉·胡尼 索菲斯-塞菲里斯（Souphis-Sephuris）—开尔弗里斯（Neferkare-Huni）（Kerpheres）	公元前2700年至公元前2600年			
	公元前2600年至公元前2500年		前2600年，胡夫金字塔。约公元前2600年制造了世界上第一张由芦苇制成的纸		
第四王朝	斯尼弗鲁（Snofru）（索里斯，Soris）—胡夫（Khufu）（*齐奥普斯，Kheops；苏菲斯，Suphis）—拉吉德弗（Redjedef）（拉特塞斯，Ratoises）—哈弗拉（Khafre）（*齐弗林，Khephren；*夏弗拉，Suphis）—孟卡拉（Menkaure）（*美塞里努斯，Mycerinus，孟克莱斯，Mencheres）—毕克里斯，Bicheris）—塞普塞斯卡弗（Shepseskaf）（*萨斯克斯，Sasychis；塞伯尔克莱斯，Sebercheres）—塔姆弗提斯（Thamphthis） 注：*表示希罗多德所用的名字	公元前2600年至公元前2500年		约公元前2500年，古印度诞生	
第五王朝	乌塞尔卡弗（Userkaf）—萨胡拉（Sahure）—奈弗尔卡拉·卡卡伊一世卡卡伊（Neferkare I Kakai）—塞普塞斯卡拉·伊希（Shepseskare Isi）—奈弗里弗拉（Neferefre）—纽塞拉·伊尼（Neuserre Ini）—孟卡霍尔·伊卡霍尔（Menkauhor Ikauhor）—吉德卡拉·伊塞西（Djedkare Isesi）—乌尼斯（Unis）	公元前2500年至公元前2350年	公元前2500年，青铜犁出现		
第六王朝	泰提（Teti）—乌塞尔卡拉（Userkare）—美林拉·派比一世（Meryre Pepi I）—美林拉·派比一世/奈姆提姆萨弗一世（Merenre I/Nemtyemsaf I）—奈弗尔卡拉·派比二世（Neferkare Pepi II）—美林拉二世/奈姆提姆萨弗二世（Merenre II/Nemtyemsaf II）—奈帖尔卡拉·尼特克里斯（Hetjerkare Nitocris）	公元前2350年至公元前2190年			
第七至八王朝	阿拜多斯王表①和都灵王表② 孟卡拉（Menkare）—奈弗尔卡拉（Neferkare）—奈弗尔卡（Neferka）—奈弗尔卡·奈贝（Neferka Neby）—吉德卡拉·塞玛（Djedkare Shema）—奈弗尔（Nefer）—奈卡拉（Nekare）—奈弗尔卡拉·特鲁鲁（Neferkare Teruru）—奈弗尔卡霍尔（Neferkahor）—奈弗尔卡拉·派比明一世（Neferkare Pepiseneb）—塞奈弗尔卡/奈弗尔卡姆尼二世阿努（Seneferka/Neferkamni II Anu）—卡卡拉（Qakaure）—奈弗尔卡霍尔（Neferkauhor）—奈弗尔里卡拉二世（Neferirkare II）	公元前2190年至公元前2160年			

古王国

① 1857年发现的阿拜多斯王表，由法国考古学者A.马里埃特在阿拜多斯的神庙端壁上，列出了从第一王朝到第十九王朝拉美西斯二世之前的76位法老的名字，石碑铭文现在存放在大英博物馆。
② 意大利都灵博物馆馆藏一份莎草纸，记录了古埃及公元前1200年之前全部国王名单的史料。史称"都灵王表"。

（续表）

断代		王朝/政权名称	年代	埃及		世界	中国
				荷鲁斯名①在位名②族名③	年代 / 统治年数		
古王国	第一中间期 第九王朝	美里布拉·罕提一世（Meryibre Khety I）—（……）—奈布尔卡拉/卡奈弗拉（Neferkare/Kaneferre）—奈布卡拉·罕提二世（Nebkaure Khety II）	元前2160年至公元前2106年				
	第十王朝	瓦哈里·罕提三世（Wahkare Khety III）—美林卡拉里卡美林里（Merykare/Kamerye）—一个统治时间极短的国王（14个国王中，只有两个国王的名字流传了下来）	公元前2106年至公元前2010年				公元前2070年公元前1700年，二里头文化①
中王国	第十一王朝			荷鲁斯名①在位名②族名③ / 公元前2106—1963年 / 统治年数			
				"祖先"（泰塔·阿）["Ancestor"（Tepy-a）] 蒙图霍特普一世（Montuhotep I）	2106—2100? / 6?		
				塞赫尔塔威（Sebertawy）因泰弗一世（Intef I）	2100?—2090 / 10?		
				瓦字赫（Wah'ankh）因泰弗二世（Intef II）	2090—2041 / 49		
				纳赫特奈布特普努弗尔 因泰弗三世（Intef III）（Nakhtnebtepnufer）	2041—2033 / 8		公元前2070年，夏朝（禹）诞生 青铜农具出现② 公元前2070年至公元前1600年，大禹治水（中国最早水利工程）
				塞昂赫布塔威（Seankhibtawy）奈帖尔海吉特（Neijerhedjet）蒙图霍特普二世（Montuhotep II）	2033—1982 / 51	公元前2000年，古希腊诞生	
				斯玛塔威（Smatawy）奈布哈普特拉（Nebhapetre）			
				塞昂赫布塔耶弗 塞昂赫塔威耶弗（Seankhtawyef）蒙图霍特普三世（Seankhkare）（Montuhotep III）	1982—1970 / 12		
				奈布塔威（Nebtawy）奈布塔威拉（Nebtawyre）蒙图霍特普四世（Montuhotep IV）	1970—1963 / 7		

注：①埃及国王五个王名中的第一个王名，即荷鲁斯名②埃及国王的第四个王名，是埃及国王的第五个王名③埃及国王的第四个王名，是继任时才有的名字，是出生时就有的名字

① 二里头文化代表中国青铜时代文化。农业经济粟作与稻作并举，已有高度发达的铸铜、制陶和制骨等手工业，最令人瞩目的是已掌握了用复合范制造青铜礼器的高超技术。

② 出现青铜农具，仍以木、石器为主，出现耒、耜等掘土工具和镰等收割工具。《夏小正》和《诗经》提到除草工具和平田的木质榔头，并有"或耘或耔"等记述，表明在农田操作中已有了整地和中耕、除草、壅土的内容。

（续表）

断代		王朝或政权名称		年代	统治年数	埃及	世界	中国
中王国	第十二王朝	在位名		公元前1963年至公元前1786年	统治年数			
		阿蒙奈姆海特一世（Amenemhet I）		1963—1934	29	公元前1818-1770年，法尤姆（fayum）绿洲开垦。角豆、石榴开始种植		
		塞索斯特里斯一世（Sesostris I）		1943—1898	45（联合执政9年）			
		阿蒙奈姆海特二世（Amenemhet II）3		1901—1866	5（联合执政3年）	公元前1800年前后，开始尼罗河与绿洲之间小运河		
		塞索斯特里斯二世（Sesostris II）		1868—1862	6（联合执政2年）			
		塞索斯特里斯三世（Sesostris III）		1862—1843	19			
		阿蒙奈姆海特三世（Amenemhet III）		1843—1798	45			
		阿蒙奈姆海特四世（Amenemhet IV）		1798—1789	9			
		索伯克努弗鲁（Sobeknofru）		1789—1786	3			
	第二中间期第十三王朝	在位名		公元前1786年至公元前1633年	统治年数			
		前21个国王		1786—1723	63			
		奈弗尔霍特普一世（Neferhotpe I）		1723—1712	11			
		希哈特霍尔（Sihathor）		1712	3个月			
		索白克霍特普四世（Sobekhotpe IV）		1712—1705	7			
		索白克霍特普五世（Sobekhotpe V）		1705—1701	4			
		伊共布（Iaib）		1701—1691	10			
		美尔弗拉·阿依（Merneferre Ay）		1691—1668	3			
		最后几位国王		1668—1633	35			

（续表）

断代	王朝/政权名称	年代	埃及	世界	中国
中王国	**第十四王朝** 曼涅托认为第十四王朝有76个国王，雷德福①认为此王朝并不存在	公元前1786年至公元前1602年，共统治184年			
	第十五王朝 在位名	公元前1648年至公元前1540年			
	萨利提（Salitis）-伯努恩（Bnon）-阿帕赫纳恩（Apakhnan）-赫桑伊安纳斯（Khyan/Ianna）-塞乌塞林里（Sewoserenre）-阿波比/阿波菲斯（Apopi/Apophis）-奈布赫派施里/阿克奈甲（Nebkhpeshre）-哈鸠第/阿希斯（Ahamudy/Assis）Aqenere/Awoserre）-赫桑/伊安纳斯（Khyan/Ianna）		古埃及人最早使用水钟的记录可以追溯到公元前十六世纪		
	第十六王朝 居于东三角洲的讲西塞姆语的政权	约公元前17世纪			
	第十七王朝 在位名	公元前1633年至公元前1550年			
	包括拉赫特普·图提（Rahotep-Thuty），奈尔拉一世和二世（Nebiryerau I & II），索白克姆萨弗二世（Sobekemsaf II），因泰弗五世（IntefV），因泰弗六世和七世（IntefVI&VII）	1633—1575	公元前1600年，陶器、亚麻织物、皮革、纸草广泛应用		公元前1600年，商朝（汤）诞生
	塔奥一世/塞纳赫特里（Tao I /Senakhtenre）	1575—1565			
	塔奥二世/塞克奈里（Tao II /Seqenenre）	1565—1555			
	卡摩斯/瓦吉赫派里（Kamose/Wadjkheperre）	1555—1550			
新王国	**第十八王朝** 在位名	公元前1550至公元前1295年或1539—1295年	统治年数		
	阿赫摩斯一世（Ahmose I）	1550—1525	25 埃及枣、橄榄开始种植		
	阿蒙霍特普一世（Amonhotpe I）	1525—1504	21 公元前1500年，青铜冶炼技术		

① 美国埃及考古学家。

（续表）

断代	王朝或政权名称	年代		埃及	世界	中国
新王国 第十八王朝	图特摩斯一世（Thutmose I ）	1504—1492	12	公元前1400年，驯养鹅		
	图特摩斯二世（Thutmose II ）	1492—1479	13			
	哈塞普苏特（Hatshepsut）	1479—1457	12			
	图特摩斯三世（Thutmose III ）	1479—1425	54			
	阿蒙霍特普二世（Amonhotpe II ）	1425—1400	25		约公元前1400年，第三次农业革命①	
	图特摩斯四世（Thutmose IV）	1400—1390	10			
	阿蒙霍特普三世（Amonhotpe III ）	1390—1352	38			
	阿蒙霍特普四世/阿赫纳吞（Amobotpe IV/Akhenaton）	1352—1336	16			
	斯曼卡拉（Smenkhkare）	1338—1336	2			
	图坦哈蒙（Tutankhamon）	1336—1327	9			
	阿伊（Ay）	1327—1323	4			
	赫来姆赫博（Haremhab）	1323—1295	28		墨西哥奥尔梅克（Olmec）文明②③	

① 铁器时代，因铁器材料的使用及动物的驯养，人类可以进行犁耕式的农业，称作第三次农业革命。

② Toby Wilkinson, The rise and fall of ancient egypt, 2013.

③ 已知最古老的美洲文明之一。一说存在利繁盛于公元前1200年到公元前400年的中美洲（现在的墨西哥中南部）一百度百科（与Toby的时间略有出入）。

（续表）

断代	王朝／政权名称	在位名	年代	统治年数	埃及	世界	中国
新王国	第十九王朝		公元前1295年至公元前1186年		苹果开始种植		公元前11世纪至前6世纪，《诗经》
		拉美西斯一世（Ramesses I）	1295—1294	1			
		塞提一世（Seti I）	1294—1279	15			
		拉美西斯二世（Ramesses II）	1279—1213	66			
		美尔内普塔赫（Merneptah）	1213—1203	10			
		阿蒙美西斯（Amenmesses）	1203—1200	3			
		塞提二世（Seti II）	1200—1194	6			
		希普塔（Siptab）	1194—1188	6			
		麦乌斯里特（Tewosret）	1188—1186	8			
	第二十王朝		公元前1186年至公元前1069年				
		塞特纳赫特（Setnakht）	1186—1184	2			
		拉美西斯三世（Ramesses III）	1184—1153	31			
		拉美西斯四世（RamessesⅣ）	1153—1147	6			
		拉美西斯五世（Ramesses V）	1147—1143	4			
		拉美西斯六世（Ramesses VI）	1143—1136	7			
		拉美西斯七世（Ramesses VII）	1136—1129	7			
		拉美西斯八世（RamessesⅧ）	1129—1126	3			
		拉美西斯九世（RamessesⅨ）	1126—1108	18			

---

① 《诗经》提到禾、谷、粱、麦、来、牟、稻、苢、菽、麻、苣等。园艺生产作物都已有果树与蔬菜的分工，瓜、果、杏、栗等园艺作物都已种植。根据甲骨文和《诗经》等的记载，养蚕已成为农事活动的一部分。畜牧业马、牛、羊、鸡、犬、豕"六畜"俱全。中国稻作也有精彩描写，《诗经·小雅·白华》》："滮池北流，浸彼稻田"；《《豳风·七月》》："八月剥枣，十月获稻；为此春酒，以介眉寿。"《周颂·丰年》》："丰年多黍多稌"。稌是稻的别称或稬稻。除是稻的别称或稬稻。

（续表）

断代	王朝威权名称	年代	统治年数	埃及	世界	中国
第二十王朝	拉美西斯十世（Ramesses X）	1108—1099	9			
	拉美西斯十一世（Ramesses XI）	1099—1069	30			
	王室世系阿蒙高级祭祀世系	公元前1069年至公元前945年	统治年数			公元前1046年至公元前771年，井田制①
	斯蒙德斯一世（Smendes I）	1069—1043	26			
	荷里霍尔（Herihor）	1081—1074	7			
	匹安赫（Piankh）	1074—1070	4			
	皮努吉姆一世（作为高级祭祀）（Pinudjem I）	1070—1055	15			
	阿蒙奈姆尼苏（Amenemnisu）	1043—1039	4			
新王国	皮努吉姆一世（作为国王）（Pinudjem I）	1054—1032	22			
第三中间期 第二十一王朝	普苏斯那斯一世（Psusennes I）	1039—991	48			
	马扎哈塔（Masaharta）	1054—1046	8			
	吉德克斯埃弗安赫（Djed-Khons-ef-Akh）	1046—1045	1			
	蒙赫普里（Menkheperre）	1045—992	53			
	阿蒙奈姆普（Amenemope）	993—984	9			
	斯蒙德斯二世（Smendes II）	992—990	2			
	老俄索孔（Osorkon the Elder）	984—978	6			
	皮努吉姆二世	990—969	21			
	希阿蒙（Siamun）	978—959	19			
	普苏斯那斯三世（Psusennes III）	969—945	24			
	哈尔·普苏斯那斯二世（Har-Psusennes II）	959—945	4			

① 西周，规定土地为国家公有，按井字形划分为九区，收获物全部缴交统治者。通过集体劳动进行大规模的土地开垦和种植。

（续表）

断代	王朝政权名称	在位名	年代	统治年数	埃及	世界	中国
新王国	第二十二王朝	沙桑克一世（Shoshanq I）	公元前945至公元前715年 945—924	21			
		俄索空一世（Osorkon I）	924—889	35			
		沙桑克二世（Shoshanq II）	约890—	联合执政1年			
		塔克劳特一世（Takelot I）	889—874	15			
		俄索空二世（Osorkon II）	874—850	24			
		哈尔希斯（Harsiese）	约870—860	联合执政10年			
		塔克劳特二世（Takelot II）	850—825	25		公元前814年，特鲁里亚人（Etruscan）形成①	
		沙桑克三世（Shoshanq III）	825—773	52			
		匹玛伊（Pimay）	773—767	6			
		沙桑克五世（Shoshanq V）	767—730	37			
		俄索空四世（Osorkon IV）	730—715	15			
	第二十三王朝	在位名	年代	统治年数			
		普都巴斯特（Pedubast）	公元前818至公元前715年 818—793	25			公元前770年至公元前221年，春秋战国，铁犁出现②；公元前770年至公元前476年，春秋战国，人工冶炼铁具，私田出现
		伊乌普特（Iuput）	804—803	联合执政1年			
		沙桑克四世（Shoshanq IV）	793—787	6			
		俄索空三世（Osorkon III）	787—759	28			
		塔克劳特三世（Takelot III）	764—759	联合执政5年			
		路达蒙（Rudamun）	757—754	3			
		伊乌普特二世（Iuput II）	754—720	34			
		沙桑克六世（Shoshanq VI）	720—715	5			

① 即意大利原住民特鲁里亚人（Etruscan）。
② 由于冶铁术的发明，耕地农具如犁耒耜、锄地农具如锄以及收割农具如镰，都已有了铁刃。铁犁的出现，更使生产效率大大提高。

（续表）

断代	王朝或政权名称	在位名	年代	统治年数	埃及	世界	中国
新王国	第二十四王朝	特弗纳赫特一世（Tefnakht）	公元前727年至公元前715年 727—720或727—719	7			
		巴肯拉奈弗（Bakenranef）	720—715或719—713	5			
	第二十五王朝	在位名	（约公元前780—656年）	统治年数			
		阿拉拉（Alala）	约780—760	20			
		卡施塔（Kashta）	约760—747	13			
		匹安库（Piankhy）	747—716或747—714	31或33			
		沙巴赫（Shabako）	716—702或714—700	14			
		舍毕特库（Shebitku）	702—690或702—690	12或联合执政2年			
		塔哈卡（Taharqa）	690—664	26			
		坦塔蒙（Tantaman）	664—656	8			
塞易斯—波斯时期	第二十六王朝	在位名	公元前664年至公元前525年	统治年数			
		普萨美提克一世（Psammetichus Ⅰ）	664—610	54			
		尼克二世（Necho Ⅱ）	610—595	15			
		普萨美提克二世（Psammetichus Ⅱ）	595—589	6			
		阿普里斯（霍弗拉）[Apries（Hophra）]	589—570	19			
		阿玛希斯二世（Amasis Ⅱ）	570—526	44		公元前539年，巴比伦为波斯所灭	佛教及孔夫子①
		普萨美提克三世（Psammetichus Ⅲ）	526—525	1			

① Toby Wilkinson, The rise and fall of ancient egypt, 2013.

（续表）

断代	王朝/政权名称	在位名	年代	统治年数	埃及	世界	中国
塞易斯波斯时期	第二十七王朝	在位名	公元前525年至公元前404年	统治年数		前5世纪《十二铜表法》诞生	
		阿比西斯（Cambyses）	525—522	在埃及3年			
		大流士一世（Darius I）	522—486	36	在哈里杰绿洲引进新灌溉技术。前497年，苏伊士运河（Suez Canal）雏形诞生①	公元前509年，罗马共和国诞生	
		薛西斯一世（Xerxes I）	486—465	21			
		阿塔薛西斯一世（Artaxerxes I）	465—424	41			
		大流士二世（Darius II）	424—404	20			公元前475年至公元前221年，战国
	第二十八王朝	在位名	公元前404年至公元前399年	统治年数			
		阿美尔塔奥斯（Amyrtaios）	404—399	5			
	第二十九王朝	在位名	公元前399年至公元前380年	统治年数			
		奈弗里特斯一世（Nepherites I）	399—393	6			
		哈考尔/阿考里斯（Hakor/Achoris）	393—380	13			
		普希姆特普萨姆提斯（Psimut/Psammouthis）	392—391	几个月			
		奈弗里特斯二世（Nepherites II）	380				
	第三十王朝	在位名	公元前380年至公元前343年	统治年数			
		纳赫特奈柏弗/尼克塔奈波一世（Nakhtnebef/Nectanebo I）	380—362	18			
		吉德霍尔/泰奥斯（Djedhor/Teos）	362—360	2			公元前356年，商鞅变法，均田制
		纳赫特霍尔海布/尼克塔奈波二世（Nakhthorheb/Nectanebo II）	360—343	18			
	第三十一王朝	阿塔薛西斯三世（Artaxerxes III）	343—338	在埃及5年			
		阿希斯（Arses）	338—336	3			
		大流士三世（Darius III）	336—332	4			

① Toby Wilkinson, The rise and fall of ancient egypt, 2013.

断代	王朝或政权名称	年代		埃及	世界	中国
希腊—罗马时期	第三十二王朝					
	亚历山大大帝（Alexander the Great）	332—323	9	桃、梨开始种植		公元前256年至公元前251年，都江堰水利枢纽工程①
	托勒密时代（Era of the Ptolemies）	323—30		法尤姆绿洲开发		
	罗马和拜占庭时代（Roman and Byzantine Epochs）	公元前30年至公元641年		樱桃开始种植（5 BCE）	公元44年，罗马征服埃及②；公元前116年至公元前27年，《农业论》③	105年，造纸术；446或472—527年，《水经注》④；533—544年，《齐民要术》⑤；605—610年，隋唐大运河⑥
	第三十三王朝 阿拉伯征服（Arab Conquest）	公元641年		公元639年，改信伊斯兰教		618—907年，曲辕犁、筒车改进，火药应用

① 从春秋末至到战国，许多大型灌溉工程如郑国渠、漳水十二渠和都江堰等相继兴建，从而为农业生产提供了更好的水利条件。其中都江堰以年代久，无坝引水为特征，是世界水利文化的鼻祖。《马可·波罗游记》一书中说："都江堰水系，川中多鱼，川流甚急，船舶往来甚众，运载商货，往来下游。

② Toby Wilkinson,The rise and fall of ancient egypt, 2013.

③ 瓦罗（Marcus Terentius Varro）古罗马奴隶主、学者、农学家。古罗马奴隶制全盛时期农业技术利经营的书籍，是古罗马农书的代表作。

④ 《水经》是中国第一部记述河道水系及水资源的专著，共四十卷，所记河流1 252条，湖泊、沼泽500余处。作者是北魏晚期的郦道元。植物品种140余种，动物种类超过100种，各种自然灾害30多等地下水近300处，伏流有30余处，瀑布近2 000处，山岳近60多处，洞穴达70余处，地震有近20次。对研究古代水道变迁、湖泊演度、地下水开发，气候变化等价值极高。

⑤ 《齐民要术》大约成书于北魏末年（公元533年至公元544年）。是北朝北魏时期，南朝末至梁时期，中国杰出农学家贾思勰所著的一部综合性农学著作。事实上早在先秦到西汉时期，南北朝已开始大量运河，把南北用水道连结成水网，将自然水系（长

⑥ 隋唐大运河（Grand Canal of Sui and Tang Dynastie），江、淮河、黄河、海河、钱塘江）变成一个大水系。

（续表）

断代	王朝/政权名称	开罗建成首都	年代	埃及	世界	中国
奥斯曼土耳其帝国时代	马姆鲁克王朝,土耳其及法国殖民	开罗建成首都	公元969④年			
		马姆鲁克（Mameluke奴隶战士）王朝	1250—1517年	农业繁荣、公民制度兴盛	16世纪至18世纪,圈地运动②	1127年,棉纺织业兴起 ; 1573—1620年,《农政全书》③
		土耳其奥斯曼帝国（Turkish Ottoman）	1517—1798年			1637年,《天工开物》④
		拿破仑·波拿巴入侵	1798—1805年（1801年被英国和土耳其驱逐）			
		穆罕默德·阿里王朝（Muhammad Ali）（名又上奥斯曼帝国）	1805—1953年	苏伊士运河建成（1859—1869）	19世纪90年代,农业"机械革命"；20世纪初,农业"化学革命"；20世纪前半叶,"杂交育种革命"；1945年以后,绿色革命⑤	
英国殖民时代	福阿德王国	英国控制埃及	1882年			
		埃及正式成为英国的保护国	1914年			
		福阿德一世王国（Fuad I），埃及独立	1922年			
		法鲁克（Farouk）退位	1952年7月			

① BBC, Egypt profile - Timeline, 2019.1.7, 表格以下同。

② 英国（英格兰地区为主）的农业革命, 由圈地运动以及技术的革新产生的农业变革, 被认为是后来工业革命发生的重要因素之一。

③ 《农政全书》成书于中国明朝万历年间, 囊括了中国明代农业生产各方面, 而其中又贯穿着一个基本思想, 即徐光启的治国治民的"农政"思想。

④ 《天工开物》初刊于1637年（明崇祯十年丁丑）。是世界上第一部农业和手工业综合性著作, 是中国古代一部百科全书式的著作, 作者是明朝科学家宋应星。

⑤ 绿色革命产生于此期间, 机械化、化学肥料以及新品种作物造成农业产量的大增。

（续表）

断代	王朝政权名称	年代		埃及	世界	中国
现代埃及	共和时代（阿拉伯联合共和国，阿拉伯埃及共和国） 穆罕默德·纳吉布（Muhammad Najib）总统	1953年6月	1	1952年埃及《土地改革法》		1953年《土地改革法》
	加迈尔·阿卜杜勒·纳赛尔（Gamal Abdel Nasser）总统	1956年6月	14	1956年，苏伊士运河收回资助阿斯旺高坝；1958年，"新河谷计划"		
	安瓦尔·萨达特（Anwar El Sadat）	1970年9月	11	1971年，阿斯旺高坝竣工，对埃及灌溉农业影响巨大；1977年"面包暴动"；1979年"和平渠工程"①		1978年农村家庭联产承包责任制
						1994年"三峡大坝"
	穆罕默德·胡斯尼·穆巴拉克（Muhammed Hosni Mubarak）总统	1981年10月	30	1997年"图什卡工程"②；1997年"东阿维纳特工程"（East Oweinat）③	2011年"复兴大坝"	2006年农业税取消
	穆罕默德·穆尔西（Mohamed Morsy）总统	2012年6月	1			2012年"南水北调"
	阿卜杜勒·法塔赫·塞西（Abdel Fattah al-Sisi）总统	2014年6月		2019年"百万费丹"沙漠土地改造		

1.托勒密王朝中，后期希腊移民开始逐渐被埃及同化，这种同化晚期才被罗马中断。

2.古埃及文明灭亡文化上仅指文化上的更迭，而非人种消亡。古代侵略者从未有过针对埃及本土人的灭绝屠杀。现代埃及人种是一脉相承的关系（科普特人），其他较大部分为混血。

3.埃及国家灭亡时间为公元前30年［罗马灭亡埃及32王朝（托勒密王朝）设立埃及行省］，埃及文明灭亡时间为公元639年（阿拉伯伊斯兰帝国将埃及伊斯兰化）。

① 引尼罗河水灌溉西奈半岛。

② 即"新河谷计划"的重点项目。在阿斯旺水库附近的图什卡洼建巨型扬水站，修建70千米主渠道渠成灌溉网，年取水50亿立方米，将图什卡（Toshka）开垦为300万亩良田。

③ 图什卡以西沙漠中西地带，由阿联酋投资的世界最大水平区域水井灌溉农场，直径350千米。

附件3

尼罗河流域灌溉区示意图

（作者：Magdi M. El-Kammash，North Carolina State University at Raleigh. 2020）

附件4

埃及地貌俯瞰图

（资料来源：http://www.fahamu.org/ep_articles/the-nile-basin-egypts-role-in-africas-development/）

附件5

埃及行政图

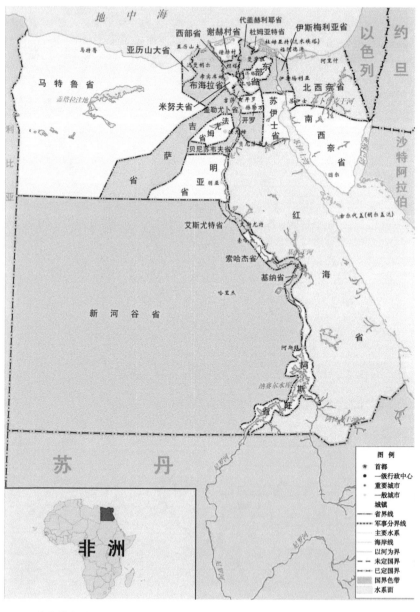

（资料来源：https://www.douban.com/note/638375342/? from=author）

附件6

埃及行政图（英文对照）

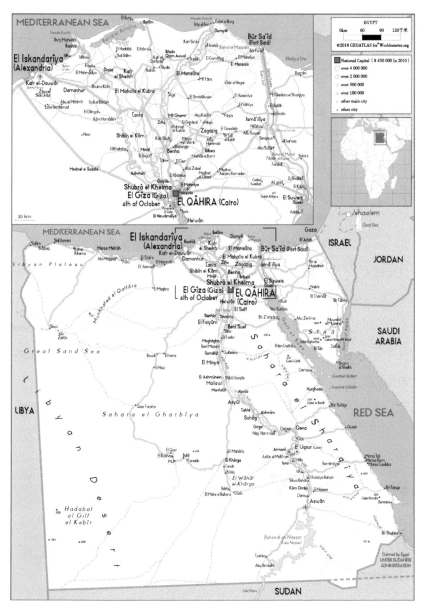

（资料来源：https://www.worldometers.info/img/maps/egypt_road_map.gif）

附件7

埃及8个经济区和29个省一览表

经济区	省份	省会
开罗区	开罗省（Cairo）	开罗（Cairo）
	赫勒万（Helwan）①	赫勒万（Helwan）
	吉萨省（Giza）	吉萨（Giza）
	10月6日城（6th of October）②	10月6日城（6th of October）
三角洲区	盖勒尤比省（Qalyubia）	本哈（Banha）
	曼努菲亚省（Monufia）	史宾·库姆（Shibin el-Kom）
	达米亚特省（Damietta）	达米亚特（Damietta）
	达卡利亚省（Dakahlia）	曼苏拉（Mansura）
	西部省（Gharbia）或卡拉比亚省	坦塔（Tanta）
	卡夫拉·谢赫省（Kafr el-Sheikh）	卡夫拉·谢赫（Kafr el-Sheikh）
上埃及北部区	贝尼·斯韦夫省（Beni Suef）	贝尼·斯韦夫（Beni Suef）
	法尤姆省（Faiyum）	法尤姆（Faiyum）
	米尼亚省（Minya）或明亚省	米尼亚（Minya）或明亚
	苏哈格省（Sohag）	苏哈格（Sohag）
上埃及南部区	基纳省（Qena）	基纳（Qena）
	阿斯旺省（Aswan）	阿斯旺（Aswan）
	红海省（Red Sea）	赫尔格达（Hurghada）
	卢克索省（Luxor）	卢克索（Luxor）

---

① 2011年解散归入开罗省。
② 2011年解散归入吉萨省。

经济区	省份	省会
阿斯尤特区	阿斯尤特省（Asyut）	阿斯尤特（Asyut）
	新河谷省（New Valley）	哈尔加（Kharga）
亚历山大区	亚历山大省（Alexandria）	亚历山大（Alexandria）
	贝赫拉省（Beheira）	达曼胡尔（Damanhur）
苏伊士运河区	北西奈省（North Sinai）	阿里什（Arish）
	南西奈省（South Sinai）	坎塔拉（el-Tor）
	塞得港省（Port Said）	塞得港（Port Said）
	伊斯梅利亚省（Ismailia）	伊斯梅利亚（Ismailia）
	苏伊士省（Suez）	苏伊士（Suez）
	东部省（Sharqia）	扎加齐格（Zagazig）
马特鲁区	马特鲁省（Matruh）	马特鲁（Marsa Matruh）

参考来源：

https://www.thoughtco.com/（截至2019年10月）

https://www.capmas.gov.eg/（截至2017年9月）

附件8

埃及农业主要指标及重要农产品有关统计（2005—2019）

来源：埃及中央公共动员与统计局

（Central Agency for Public Mobilization And Statistics/CAPMAS）

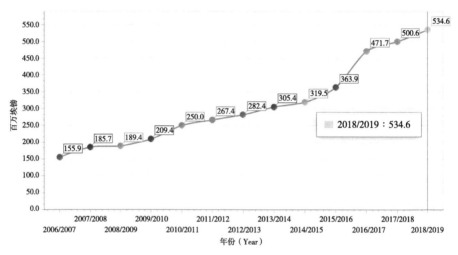

埃及农业产值（Egypt Agricultural Production Value）

指标说明：是农业动植物、昆虫和鱼产品价值的总和（Indicator Description：It is sum of agricultural plant，animal，insect and fish products values）

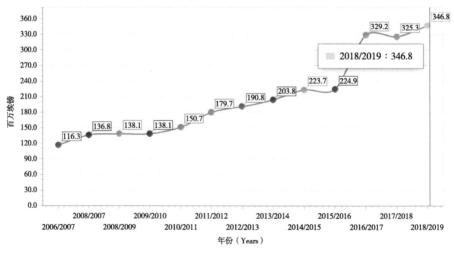

埃及农业净收入（Egypt Net Agricultural Income）

指标说明：农业生产总值，包括"每种植物、动物、杀虫剂和鱼类的生产价值"，不包括农业生产需求总额，包括"种子、化肥、农药、饲料、燃料、油和润滑油、折旧和维护"（Indicator Description：It is total of agricultural production value, which includes 'Values of each plant, animal, insecticide and fish production', excluding total of agricultural production requirements which include 'seeds, fertilizers, pesticides, fodders, fuel, oils and lubricants, depreciation and maintenance'）

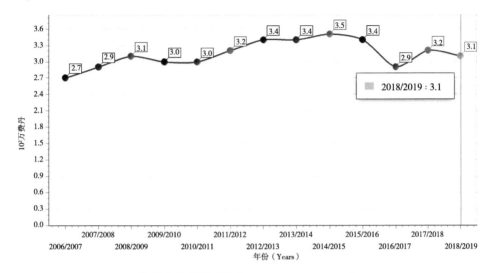

埃及小麦种植面积（Crop area for wheat）

指标说明：小麦是大田作物，冬茬种植（Indicator Description：Wheat is field crop & planted in winter lug）

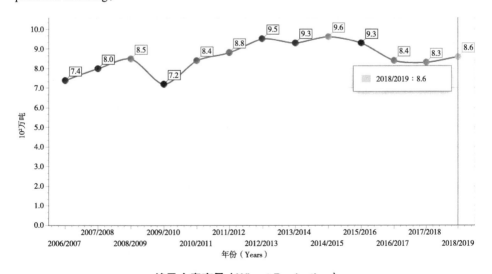

埃及小麦产量（Wheat Production）

指标说明：小麦是大田作物，冬茬种植（Indicator Description：Wheat is field crop & planted in winter lug）

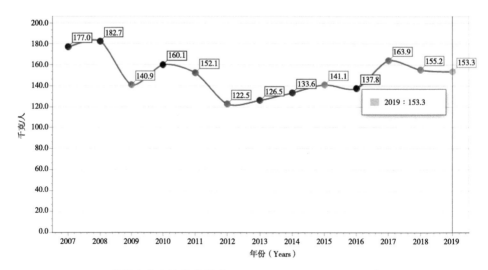

埃及小麦人均消费量（Average per capita of wheat）

指标说明：代表年度小麦个人净消费千克数（Indicator Description：It represents what regards to the individual from net food of wheat in the year in k.g.）

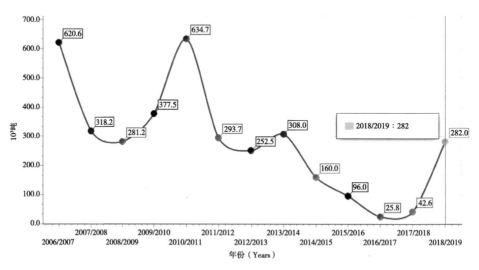

埃及棉花产量（Cotton Production）

指标描述：棉花是一种大田作物，在夏季种植（Indicator Description：Cotton is field crop & planted in summer lug）

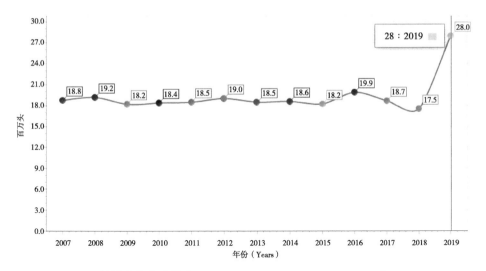

埃及畜牧业产量（No. Of Livestock and Animal Heads）

　　指标说明：是对牲畜和动物数量的估计（Indicator Description：They are estimates of livestock and animals numbers）

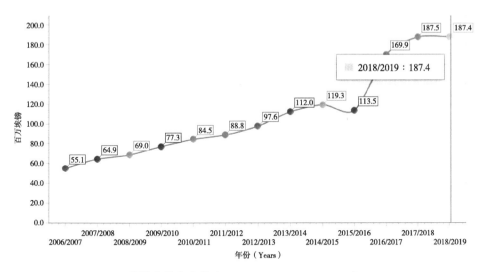

埃及畜牧业产值（Animal Production Value）

　　指标说明：屠宰牛、牛奶、羊毛、毛、皮棉、市政化肥、禽肉、鸡蛋的动物生产总值（Indicator Description：It is total of animal production value of slaughtered cattle，milk，wool，hair，lint，municipal fertilizer，poultry meat and chicken eggs）

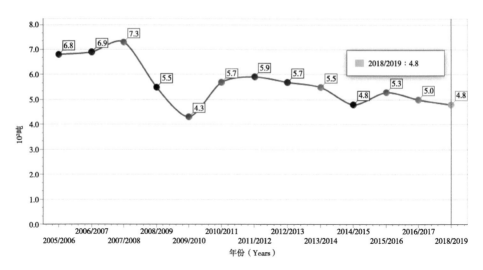

埃及大米产量（Egypt Rice Production）

指标描述：水稻是一种大田作物，在夏季和尼罗河流域种植（Indicator Description：Rice is field crop & planted in summer and Nile lugs）

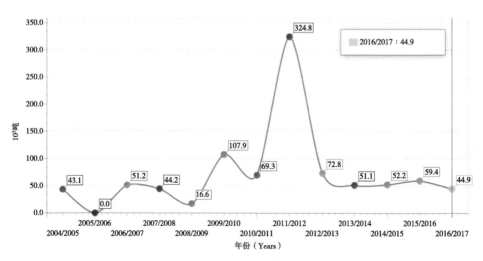

埃及水果和蔬菜期末存量（Fruit & vegetables balance at the year-end）

指标说明：农业动植物、昆虫和鱼类产品价值的总和（Indicator Description：Fruit & vegetables balance at the year-end in Public/Public business sectors by geographical areas）

附件9

中华人民共和国和阿拉伯埃及共和国
关于建立全面战略伙伴关系的联合声明

应中华人民共和国主席习近平阁下邀请，阿拉伯埃及共和国总统阿卜杜勒—法塔赫·塞西阁下于2014年12月22—25日对中华人民共和国进行国事访问。

两国元首就中埃双边关系及深化两国各领域合作进行了正式会谈，并就共同关心的国际和地区问题交换意见。两国元首一致认为，当前国际形势正经历复杂变化，世界正迎来新的多极国际体系，经济全球化深入发展，新兴市场经济体和发展中国家实力增强，保持国际形势稳定具备更多有利条件。

但另一方面，世界仍缺少安全、和平与稳定，局部动荡和冲突时有发生，霸权主义和使用武力干涉别国内政的势头有所上升。维护世界安全与和平需要包括中国和埃及在内的世界各国共同作出更多努力。

两国元首赞赏双边关系发展所取得的成就，这是两国大力支持各领域友好合作关系发展并于1999年宣布建立两国战略合作关系的结果。

两国元首强调，中国和埃及是战略合作伙伴，双方在政治、经贸、人文、军事、执法等领域及国际和地区层面的长期合作取得了重要成果，并不断得到巩固和加强。

同时，中埃两国合作潜力巨大，两国互利合作仍然具有很强的发展后劲。两国致力于推动双边关系在更广领域取得更大发展，这符合中埃两国人民的利益，有利于实现地区和世界的安全、和平与稳定。

鉴于两国高水平的双边关系，在1999年宣布建立的战略合作关系基础上，基于两国对发展友好合作关系的积极取向和把这一取向通过有效机制转化为务实成果的意愿，两国元首决定将中华人民共和国和阿拉伯埃及共和国的双边关系提升为全面战略伙伴关系。

在此框架下，双方愿大力发展以下领域的合作（科技合作部分）：

科技、航天领域

双方一致同意发挥两国科技联委会作用，鼓励和支持两国科研机构、高校、企业开展共建联合实验室、联合科技示范、共建科技园区、举办学术交流与技术合作等形式多样的科技创新合作，鼓励两国科学家特别是青年科学家间的经常性交流。埃方赞赏"中国—非洲科技伙伴计划"，表示将积极参加该计划下项目合作。

双方认为外层空间的和平利用是两国共同利益的一个方面，该领域对支持两国经济发展和社会进步具有重要意义。

双方同意加强在卫星研制、卫星发射、航天测控、卫星应用、数据共享等领域的合作，进一步提升双方在航天领域的合作水平，实现航天技术领域的互利，造福两国人民。中方支持埃及发展遥感和通信卫星的计划，支持埃及的航天能力建设。

双方欢迎中华人民共和国国家航天局与阿拉伯埃及共和国国家遥感空间科学局签署的协定，加强两国在利用卫星开展资源勘查、环境监测、农作物估产等领域卫星监测数据的共用共享，提升两国航天合作水平。

（新华社授权发布）

附件10

中华人民共和国和阿拉伯埃及共和国关于加强两国全面战略伙伴关系的五年实施纲要（2016年1月22日，开罗）

应阿拉伯埃及共和国总统阿卜杜勒—法塔赫·塞西阁下邀请，中华人民共和国主席习近平阁下于2016年1月20—22日对阿拉伯埃及共和国进行国事访问。

两国元首强调，中国与埃及是全面战略伙伴，近年来双方在各领域的互利合作成果显著。同时，为推动双边关系进一步发展，全面落实两国战略伙伴关系，服务于两国和两国人民的利益，双方应付出更多努力，加强协调，将这一伙伴关系转化为更多的具体行动举措。在此框架下，双方同意发表关于加强两国全面战略伙伴关系的五年实施纲要，包括（农业合作部分）：

环境、农业和林业合作

双方同意加强环保合作，以双方环保部门签署的合作备忘录为基础，在污水处理与水环境综合治理技术等领域加强人员培训与合作。

双方同意致力于继续在农业废物利用处理、以环境友好型方式进行固体材料循环利用等领域开展合作。

埃方期待与中方在人工降雨领域开展合作，中方对此表示欢迎。

中方愿就应对气候变化向埃方提供援助，埃方对此表示感谢。

双方愿加强农业领域的合作。鼓励和支持两国企业和科研机构在农业科技、作物种植、土壤改良、畜牧兽医、农产品加工、农业机械和渔业等领域开展交流，并实施合作项目。

双方同意根据2003年签署的林业双边合作协议，加强林业合作，特别是荒漠化防治领域的合作。中方愿通过建立示范中心、开展技术合作等多种合作方式支持埃方开展荒漠化治理与土壤改良等工作。

双方同意建立农业合作联委会，每年轮流在两国各召开一次会议，商定重点合作领域，制定合作计划。

双方同意在水资源和灌溉领域开展合作，包括水资源优化配置与综合管理、地下水管理、灌溉排水、海水淡化、雨水收集利用及水利信息化等领域合作。

（新华社授权发布）

附件11 埃及主要农产品生产部分数据参考（更新至2021年1月）

	2019/2020年							2020/2021年						
	播种面积	产量	出口	进口	消费量	期初/末库存量	市场价格	播种面积	产量	出口	进口	消费量	期初/末库存量	市场价格
大米	46.2	305	2	80	400	156.3/114.3	N/A	76	430	2	20	390	114.3/172.3	9EGP（$0.54）-15（$0.90）/K
小麦	132	845	60	1 268.5	2 010	431.8/456.8	251~262$/T	137	877	60	1 280	2 040	456.8/483.8	44.59$/Q（700EGP/Q）
玉米	85	680	1	970	1 620	184.1/213.1	N/A	80	640	1	1 000	1 690	213.1/162.1	N/A
棉花①	23.6	N/A	70KT	N/A	N/A	N/A	2 100~2 700EGP/Q	18	150	88 KT	200	N/A	N/A	N/A
油料	N/A	N/A	N/A	N/A	N/A	N/A	N/A	220KF②	N/A	N/A	250BEGP③	N/A	N/A	N/A
糖料	N/A	240	N/A	N/A	N/A	N/A	N/A	N/A	470	N/A	N/A	N/A	N/A	N/A
甜菜	15	130	N/A	N/A	N/A	N/A	N/A	23.48④	170	34	N/A	N/A	N/A	N/A

① 面积：万费丹，产量：万坎塔尔。棉花均采用此单位。
② KF：千费丹。
③ BECP：亿埃镑。
④ Egypt today，2021.1.

	2019/2020年							2020/2021年						
	播种面积	产量	出口	进口	消费量	期初/末库存量	市场价格	播种面积	产量	出口	进口	消费量	期初/末库存量	市场价格
甘蔗	12.5 (2016/17)	110	N/A	N/A	N/A	N/A	N/A	332KF	N/A	N/A	N/A	N/A	N/A	N/A
柑橘	16.2	N/A	170	N/A	N/A	N/A	N/A	22.3	N/A	140	N/A	N/A	N/A	15
马铃薯	6.5	68.8	N/A	N/A	N/A	N/A	N/A	11.5	N/A	67.9	N/A	N/A	N/A	10
洋葱	N/A	58.6	N/A	N/A	N/A	N/A	N/A	N/A	N/A	42	N/A	N/A	N/A	10
葡萄	2.9	N/A	N/A	N/A	N/A	N/A	N/A	7.1	N/A	N/A	N/A	N/A	N/A	50
香蕉	1.58	N/A	N/A	N/A	N/A	N/A	N/A	2.61	N/A	N/A	N/A	N/A	N/A	16
	存栏数	产量	出口	进口	消费量	库存量	市场价格	存栏数	产量	出口	进口	消费量	库存量	市场价格
肉类	3 600 000	19.8①	N/A	44.1 (1.21B$)	N/A	N/A	N/A	N/A	N/A	N/A	1.37 B$	N/A	N/A	N/A
牛	N/A	N/A	N/A	2 047.2$	N/A	N/A	N/A	N/A	N/A	N/A	1 042.7$	N/A	N/A	130~170
禽	N/A	N/A	N/A	N/A	N/A	N/A	N/A	110 000	N/A	N/A	N/A	N/A	N/A	40
水产	N/A	140	3	N/A	N/A	N/A	N/A	N/A	200	N/A	N/A	N/A	N/A	40~70

注：1.单位：不特指即面积万公顷（H），产量、进出口和消费量万吨（T），存栏数万头（羽、只），万美元；2.价格：每千克（K）\吨（T）\凯塔尔（Q）\折合美元数（$）\埃镑（EGP），不特指即取年度平均数。

① Elwatannews，2021.1.17.

附件12

埃及建筑师学会主席阿尔纳加①的一封来信

亲爱的丁博士：

您在埃及选择的农业研究将为您带来无穷无尽的宝藏。埃及朴素的农民和长者都是与生俱来的天才和智者。我对此愿意通过您给您的广大中国朋友推荐几位土生土长的，在埃及的沃土、沙漠里的虔诚天才。如果您能很好地认识以及解读他们，那么您就一定会毫无羁绊地把埃及的农业、灌溉和种植等方面的知识经验分享给中国朋友。例如埃及的棉花、杧果、种子、葡萄园、葡萄、水稻和棕榈树。

亲爱的丁博士，您有仔细观察过埃及著名的棕榈树真正的样子，特别是棕榈叶的形状吗？它们究竟是长的还是短的？红颜色的还是黄颜色的？甚至是橙色的吗？

这就是在埃及的奇迹和无处不在的神奇的农业！她的独特之处就在于其多样性的土地，更在于人与思想的多样性。

埃及的农业是埃及文明和世界文明的实验室。

良好的祝愿。

资深建筑师

赛义夫·阿拉·穆罕默德·萨米·阿布·阿尔纳加

2021年9月15日

---

① 国际人口与发展大会（ICPD）主席，发展项目顾问
　埃及建筑师协会（SEA）主席
　非洲建筑师联盟（AUA）主席（2008—2011）
　国际建筑师联盟（UIA）副主席（2005—2008）

Dear Dr. Ding,

Your choice of agriculture research in Egypt will bring you a great treasure that never ends. The simple farmers and the elderly among them are geniuses by nature, and I am willing try to recommend to you some of these religious geniuses who grow in black clay or even in yellow sand.

If you understand them well, you will transfer to China a knowledge as well as experience sharing without borders in agriculture, irrigation and planting care etc. Cotton, mango, seedlings, vineyards, grapes, rice, and palm trees...

Dear Dr. Ding, Do you know what the palm real types and leafs looks like? Including long, short, red, yellow, and orange?

Wonder in Egypt, and the magical agriculture that is everywhere in Egypt! Unique in its diversity of land, people and thought.

This is Egypt, the lab of the civilizations both Egypt and the world.

Best regards.

Diploma in Architecture（Dip.Arch）
Seif Allah Mohamed Samy Abu ALNAGA[①]

September 15th, 2021

[①] Chairman of ICPD, the Consultancy for Development Projects
President of SEA, the Society of Egyptian Architects
President of AUA, the Africa Union Architects（2008—2011）
Vice President of UIA, the International Union Architects（2005—2008）

365

附件13

埃及内阁信息与决策支持中心①《政策展望》出版的 由作者署名的《埃及的绿色农业以及中埃合作展望》专刊

《Green Agriculture in Egypt & Prospects for Cooperation with China》——
Egyptian Cabinet's Information and Decision Support Center（IDSC）

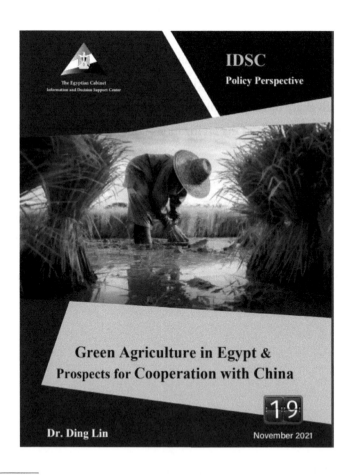

---

① 埃及内阁信息决策支持中心（IDSC）是埃及最大也是最主要的官方智囊机构，研究成果供
埃及总理及内阁官员参考，对政府政策制定发挥着非常关键的作用，研究领域涵盖社会、经
济、政治、法律等各个方面，此外还肩负着向广大民众传递信息，解释政策制定的重任。

IDSC's Commentary

Agriculture is the main driver of Egyptian economy. It contributes to 11.3% of Egypt's GDP and provides a living for nearly 55% of the population, whose living is closely related to agricultural activities. Thus, promoting such a vital sector has become an urgent need to combat and eradicate poverty. Undoubtedly, agricultural growth plays its role in achieving an economic growth, reinforcing food security and increasing job opportunities.

Egypt has exerted tireless efforts towards promoting the agricultural sector. The protocol, signed by the Egyptian Ministry of Agriculture and Land Reclamation with the UN Food and Agriculture Organization (FAO) in 2019, is part and parcel of such efforts. It mainly aims at promoting the Sustainable Agricultural Development Strategy towards 2030 through three major axes, namely improving food productivity, reinforcing food security, and rationalizing use of resources.

Within context, Egypt has sought using digital technology in agricultural activities for their significant role in improving management of agricultural crops and animal wealth as well as developing productivity. In this regard, Egypt has launched an initiative to adopt digital agriculture mechanisms in cooperation with FAO in July 2019. The initiative depends on information technology, communications, and technological methods to promote the agricultural system and provide necessary information for farmers to help them make more rational agricultural decisions, limit wastes, and reduce production costs.

Egypt is still exerting strenuous efforts to promote the agricultural sector. This is evident in the various initiatives launched by the Egyptian leadership over the past few years to expand croplands, improve productivity, and promote Egyptian farmers' standards of living.

That being said, this paper tackles the specialty of agriculture in Egypt and the development strategy of this sector in light of the Egyptian orientation towards sustainable green agriculture. The paper also covers the potential opportunities of promoting Egyptian-Chinese cooperation in the field.

Green Agriculture in Egypt & Prospects for Cooperation with China

Dr. DING Lin

Associate research fellow Department of International Cooperation, Chinese Academy of Agricultural Sciences (CAAS), P.R.China

1. The Geographical Characteristics of Egypt

Traveling to Egypt is a long dream for many people, but most of them may not have the right expectations, just to fit their own curiosity. For those who have really touched Egypt with their own hands, apart from the limited knowledge learned from the world history courses, it is difficult to fully understand -in a short visit- the power that this mysterious country once possessed and has changed the world. In our lives today, there is still more or less a faint flash of civilization of ancient Egypt. Today, I am here to introduce you to some aspects of Egypt. Such aspects are familiar to us, as they are about Egyptian agriculture.

Before the "official debut" of human civilization on earth, the place, where Egypt is located, had become a totally desert-siege-world. However, the grand Nile River pierced through the sand and has been roaring in this hot "fire" land for countless centuries without any change, especially since Ogdoad , the gods "opened the earth and the sky to create the world" . Thereafter, from the age of King Ramses and even Cleopatra thousands of years ago, in the limited written reference, it seems to have never changed. However, it left an astonishing whale skeleton as well as the "Cave of Swimmers" in the hinterland of the desert. Think about it, this is really a miracle of our planet. In such a place full of countless miracles, it is not surprising that one of the most splendid civilizations of mankind was first born here.

1

埃及内阁信息与决策支持中心为本特刊撰写的序言及文章开篇
全文可在埃及内阁信息与决策支持中心官网下载：http://www.idsc.gov.eg

缩 略 语

AfDB	非洲开发银行
AFESD	阿拉伯经济及社会发展基金（阿拉伯经社发展基金）
AFD	法国国际开发署
AICS	意大利国际合作署
AIIB	亚洲基础设施投资银行
Alcotexa	亚历山大出口商协会
ANDA	摩洛哥水产养殖发展局
AOAD	阿拉伯农业发展组织
AUAP	非洲农业专家联盟
B&R	一带一路
BRICs	金砖国家机制
CAPMAS	埃及中央公共动员与统计局
CBE	埃及中央银行
CBT	现金转移
CDC	英国发展金融机构
COEA	埃及农业卓越中心
COEA-CUFA	开罗大学农学院农业卓越中心
COVID-19	新型冠状病毒
DFID	英国国际发展部
EBRD	欧洲复兴开发银行
ECOSOC	经济及社会理事会
EIB	欧洲投资银行
EIP	欧洲外部投资计划
EU	欧洲联盟
EU-JRDP	欧洲联盟—联合农村发展计划

FAO	联合国粮食与农业组织
FAS	美国农业部海外农业服务局
FNSSA	欧盟—非洲粮食与营养安全与可持续农业R&I伙伴关系
GAFI	埃及投资和贸易自由区管理总局
GASC	埃及商品供应总局
GERD	复兴大坝
G20	20国集团
G77	77国集团
HCWW	埃及水和废水控股公司
IAEA	国际原子能机构
ICARDA	国际干旱地区农业研究中心
ICBA	国际生物盐农业中心
IDFR	国际家庭汇款日
IFAD	国际农业发展基金
IFC	国际金融公司
IFPRI	国际食物政策研究所
IMF	国际货币基金组织
INRH	摩洛哥国家渔业研究所
IOM	国际移民组织
JICA	日本国际协力机构
KFAED	科威特阿拉伯经济发展基金
MAECI	意大利外交与国际合作部
MB	穆斯林兄弟会
NBE	埃及国家银行
MCDR	埃及清算、存管与注册中心
MSMEDA	埃及微型、小型和中型企业发展局
NCPC	埃及国家保护性耕作公司
NGO	非政府组织
NUCA	埃及新城市社区管理局
OIE	世界动物卫生组织
PPP	公共私营伙伴关系

PRIMA	地中海地区研究与创新伙伴关系
RBAs	联合国常驻罗马粮农三机构（FAO、WFP、IFAD）
SDGs	可持续发展目标
SSC	南南合作
UN	联合国
UNDP	联合国开发计划署
UNEP	国际联合国环境规划署
UNHCR	联合国难民机构
UNICEF	联合国儿童基金会
USAID	美国国际开发署
USDA	美国农业部
USTDA	美国贸易和发展署
USSEC	美国大豆出口委员会
WB	世界银行
WFP	世界粮食计划署
WHO	世界卫生组织
WTO	世界贸易组织
WWC	世界水理事会

Abbreviations

AfDB	African Development Bank
AFESD	Arab Economic and Social Development Fund
AFD	French Agency for International Development
AICS	Italian Cooperation Agency
AIIB	Asian Infrastructure Investment Bank
Alcotexa	Alexandria Exporters Association
ANDA	Moroccan Aquaculture Development Agency
AOAD	Arab Agricultural Development Organization
AUAP	Union of African Agricultural Experts
B&R	One Belt One Road
BRICs	BRICS Mechanism
CAPMAS	Central Public Mobilization and Statistics Bureau of Egypt
CBE	Central Bank of Egypt
CBT	cash transfer
CDC	UK Development Finance Institution
COEA	Egypt Center of Agricultural Excellence
COEA-CUFA	Center of Excellence for Agriculture-Cairo University Faculty of Agriculture
COVID-19	new coronavirus
DFID	UK Department for International Development
EBRD	European Bank for Reconstruction and Development
ECOSOC	Economic and Social Council
EIB	European Investment Bank
EIP	European External Investment Program
EU	European Union

EU-JRDP	European Union-Joint Rural Development Plan
FAO	Food and Agriculture Organization of the United Nations
FAS	U.S. Department of Agriculture Overseas Agricultural Service
FNSSA	EU-Africa Food and Nutrition Security and Sustainable Agriculture R&I Partnership
GAFI	General Authority For Investment and Free Zones
GASC	General Administration of Goods Supply of Egypt
GERD	Grand Ethiopian Renaissance Dam
G20	Group of 20
G77	Group of 77
HCWW	Egyptian Water and Wastewater Holding Company
IAEA	International Atomic Energy Agency
ICARDA	International Center for Agricultural Research in Arid Areas
ICBA	International Biological Salt Agriculture Center
IDFR	International Family Remittance Day
IFAD	International Agricultural Development Fund
IFC	International Finance Corporation
IFPRI	International Food Policy Research Institute
IMF	International Monetary Fund
INRH	Morocco National Fisheries Research Institute
IOM	International Organization for Migration
JICA	Japan International Cooperation Agency
KFAED	Kuwait Arab Economic Development Fund
MAECI	Italian Ministry of Foreign Affairs and International Cooperation
MB	Muslim Brotherhood
NBE	National Bank of Egypt
MCDR	Misr for Central Clearng，Depository and Registry
MSMEDA	Egyptian Micro，Small and Medium Enterprise Development Agency

NCPC	National Cleaner Production Centre
NGO	Non-Governmental Organization
NUCA	New City Community Authority of Egypt
OIE	World Organization for Animal Health
PPP	Public Private Partnership
PRIMA	Mediterranean Research and Innovation Partnership
RBAs	Three United Nations Permanent Organizations for Food and Agriculture in Rome（FAO，WFP，IFAD）
SDGs	Sustainable Development Goals
SSC	South-South Cooperation
UN	United Nations
UNDP	United Nations Development Programme
UNEP	International United Nations Environment Programme
UNHCR	United Nations Refugee Agency
UNICEF	United Nations Children's Fund
USAID	United States Agency for International Development
USDA	United States Department of Agriculture
USTDA	U.S. Trade and Development Agency
USSEC	US Soybean Export Committee
WB	World Bank
WFP	World Food Program
WHO	World Health Organization
WTO	World Trade Organization
WWC	World Water Council

"喝过尼罗河水的人，不管离开埃及多远，都会再次回到埃及。"

——拉美西斯二世，埃及法老

"Anyone who has drunk the Nile water will return to Egypt no matter how far away they are."

——Ramses Ⅱ, Egyptian Pharaoh

"由于埃及坚定地相信并坚信'土地可以容纳所有人'，因此埃及将尽最大的努力实现'2030愿景'。"

——法塔赫·塞西，阿拉伯埃及共和国总统

"Since Egypt has a firm conviction and strong belief in the idea that 'the land contains all, Egypt will make the utmost efforts to achieve that '2030vision'."

——Abdel Fattah El-Sisi, the President of the Arab Republic of Egypt

"农业在抗击新冠疫情方面提供了最大程度的应对措施。"

——赛义德·库赛尔，埃及农业与土地开垦部部长

"Agriculture raises the degree of maximum preparedness to confront Corona virus."

——Al-Sayed el-Quseir, Minister of Agriculture and Land Reclamation

作者声明：文中所有观点均为个人观点，不代表任何政府、组织和机构观点。

免责声明：本书中出现的任何建议和判断，均为学术观点，不对双边外交工作构成任何建议。本书所收集的原始资料和数据来源于公开数据库、政府网站、公共媒体及互联网，对其进行适当补充、修改和处理的目的在于形成更多的创新思路和观点用于分享和讨论，并不代表作者赞同其观点和对其真实性负责，也不构成任何负有责任的建议，无商业目的。

本书中所有出于研究和交流分享目的而引用的数据、图表等知识产权归原始发布者所有，严禁通过本书进行加工并用于出售目的。

例如书中引用的埃及中央公共动员和统计局（CAPMAS）发布的各类数据库信息，加工及转售以上数据将首先触犯埃及法律。

The author's statement: All views in the book are personal views and do not represent the views of any government, organization or institution.

Disclaimer: Any suggestion and judgment in this book is academic viewpoint and do not constitute any proposal for bilateral diplomatic work. The original materials and data collected in this book are from public databases, government websites, public media and the Internet. The purpose of appropriate replenishing, revising and processing is to stimulate innovative ideas for readers, sharing and discussion. It does not mean that the author agrees with any views or is responsible for its authenticity. It does not constitute any responsible suggestions and has no commercial purpose.

All the intellectual property rights of data, diagrams, and others cited in this book which for research, exchange and sharing purposes are belong to the original publisher, and it is strictly forbidden to processed and sale through this book.

For example, the various database information released by the Egyptian Central Public Mobilization and Statistics Agency (CAPMAS) cited in the book should not be sold to others. Violating this rule is a crime with severe penalties align with Egyptian law firstly.

致 谢

感谢我的妻子杜南南再次随我常驻，并以她的博学为著作增色不少；感谢我的家人们，感谢你们的一切，激励我继续勇闯天涯，也鞭策我前行之途——"性静情逸，心动神疲。守真志满，逐物意移"①，你们的默默祝福，帮助我远离浮躁和取巧，追求"以识为主，以才为辅"②的境界，就像湮没在西奈半岛荒原上的通往圣凯瑟琳山"圣峰"的那条一如意大利"苦修之路"③一样，无时无刻不启发我们。

感谢中国农业科学技术出版社及白姗姗编辑促成该书的出版；感谢我的博士生导师路文如教授再次给予了精心的指导；特别感谢中国农业科学院的各位领导及科学家、同事和朋友们，以及农业农村部人事劳动司和国际合作司的各位领导、同事们，你们的学术和精神支持，帮助我在艰苦的非洲特别是新冠疫情肆虐之际仍不懈地开展"接地气"式地调研，并坚定地完成农业农村部派出的重要任务。

感谢粮农三机构（FAO/WFP/IFAD）的Harriet Spanos等朋友们的支持。感谢Gabriella Marcelja小姐对本人长期的无私帮助。感谢埃及的Sherif Mostafa阁下、Marwa Fawzy等挚友的支持，真主保佑你们。感谢国际食物政策研究所（IFPRI）所长樊胜根提供的研究资源，感谢徐世艳、贾伶、郑倩情女士给予我重要指导和支持。最后特别感谢一位意大利汉学家以及多位国内外业界专家、好友的长期幕后支持，向你们表示我最深深的敬意。

---

① 周兴嗣，《千字文》，南北朝。
② 许学夷·明，原文出自：学者以识为主，以才为辅之。
③ "Via Francigena"，中世纪著名"朝圣之路"，自英格兰坎特伯雷经法国、瑞士，穿越意大利至梵蒂冈教廷，约1 800千米。

Acknowledgment

THANKS TO MY WIFE, DU NANNAN, WHO WILLINGLY ACCOMPANIE and support me during all my tenures has been quite phenomenal. Thanks to my family who always spur me to strive to improve myself— "Quietness brings comfort, Impetuousness brings fatigue. To abide by innate goodness brings fulfillment, and material desires lead to change" [1]. To stay away from impetuosity and fickleness and pursue the realm of "knowledge as the mainstay and talent as the supplement" [2], just like the wild but determined and fearless way to the "Holy Peak" in St. Catherine mountain which has submerged in Sinai Peninsula as well as the road of pilgrim "Via Francigena" [3] in Italy brings profound meaning to people.

I would like to thank again China Agricultural Science and Technology Press and editor Ms. BAI Shanshan, thank you for your help and guidance for the publication of the book; thanks to my doctoral supervisor, Professor LU Wenru, for giving me professional guidance in detail; Special thanks to my leadership in my dispatched units, the Chinese Academy of Agricultural Sciences (CAAS), and fellow scientists, colleagues and friends of the CAAS, as well as the HR department of the Ministry of Agriculture and Rural Affairs and the International Cooperation Department. Dear leaders and friends, without your firm academic, spiritual support and scientific guidance, it would have been impossible to continue and carry out the "grounded" investigations during the arduous period of the "Africa Mission", especially when the COVID-19 pandemic spread, it was impossible to complete the important task from the Ministry of Agriculture and Rural Affairs, it was difficult to freely communicate with various agricultural institutions with

---

[1] Zhou Xingsi, 《Thousand-Character Classic》, southern and Northern Dynasties, 469AD-521AD.

[2] XU Xueyi, Ming Dynasty.

[3] The famous "pilgrimage road" in the Middle Ages, from Canterbury, England, through France, Switzerland, through Italy to the Holy See in the Vatican, about 1 800 kilometers.

its experts in Egypt, and it was even more difficult to accumulate such a rich and fruitful systematic research work.

I would like to thank my friends in FAO, WFP and IFAD, Ms. Harriet Spanos with her outstanding colleagues for providing me useful information. Thanks to Ms. Gabriella Marcelja for her always selfless assistance, Thanks to H.E. Sherif Mostafa, Ms.Marwa Fawzy and others,my intimates in Egypt. Allah bless you all. And to Dr. FAN Shenggen, the director of IFPRI who linked me valuable resource, and Ms. XU Shiyan, Ms. JIA Ling and Ms. ZHENG Qianqian for yours critical guidances and supports as well. Finally, I appreciate a respectful Italian sinologist and my circle of intimates for their always behind-the-scene support.